DIE GRUNDLEHREN DER

MATHEMATISCHEN WISSENSCHAFTEN

IN EINZELDARSTELLUNGEN MIT BESONDERER BERÜCKSICHTIGUNG DER ANWENDUNGSGEBIETE

GEMEINSAM MIT

W. BLASCHKE
HAMBURG

M. BORN
GÖTTINGEN

C. RUNGE †
GÖTTINGEN

HERAUSGEGEBEN VON

R. COURANT

GÖTTINGEN

BAND XXXVI

DIE GRUPPENTHEORETISCHE METHODE IN DER QUANTENMECHANIK

VON

B. L. VAN DER WAERDEN

SPRINGER-VERLAG BERLIN HEIDELBERG GMBH

DIE GRUPPENTHEORETISCHE METHODE IN DER QUANTENMECHANIK

VON

DR. B. L. VAN DER WAERDEN

O. PROFESSOR AN DER UNIVERSITÄT
LEIPZIG

MIT 7 ABBILDUNGEN

SPRINGER-VERLAG BERLIN HEIDELBERG GMBH

ISBN 978-3-662-01892-7   ISBN 978-3-662-02187-3 (eBook)
DOI 10.1007/978-3-662-02187-3

Vorwort.

Die quantenmechanische Behandlung der Atome und Moleküle mittels der Schroedingerschen Wellengleichung stößt auf große Schwierigkeiten, die in der Kompliziertheit des Problems ihre Ursache haben. Daß man trotzdem über die Eigenfunktionen und Eigenwerte allgemeine Aussagen machen kann, die in spektroskopischen Regelmäßigkeiten ihre Bestätigung finden, ist durch die Symmetrie-Eigenschaften der Wellengleichung, nämlich durch ihre Drehungsinvarianz, Spiegelungsinvarianz und Invarianz bei Permutationen der Elektronen (bzw. Kerne) bedingt. Die mathematischen Hilfsmittel zur Begründung dieser Regelmäßigkeiten liefert die Gruppentheorie, speziell die Darstellungstheorie der endlichen und kontinuierlichen Gruppen.

Diese mathematischen Begriffsbildungen und ihre physikalische Anwendung in möglichst einfacher Weise zu erklären, ist der Zweck dieses Büchleins. Ich habe mich bemüht, immer mit den einfachsten Hilfsmitteln auszukommen und in den mathematischen Entwicklungen nicht über das physikalisch Bedeutsame hinauszugehen. Insbesondere habe ich der neuesten Entwicklung durch die Arbeiten von DIRAC, SLATER u. a. Rechnung getragen, welche die recht komplizierte Darstellungstheorie und Charakterenberechnung der symmetrischen Permutationsgruppe in den Hintergrund gedrängt und zu vermeiden gelehrt hat. Wer tiefer in die Darstellungstheorie der symmetrischen Gruppe und ihren Zusammenhang mit den linearen Gruppen eindringen will, möge das Buch von H. WEYL, Gruppentheorie und Quantenmechanik, 2. Aufl., Leipzig 1931 und die Originalabhandlungen von G. FROBENIUS, I. SCHUR und H. WEYL zur Hand nehmen.

Das Kernstück dieses Buches, welches auch die größte Aufmerksamkeit beim Leser beansprucht, bildet die Darstellungstheorie der Drehungsgruppe im dritten Kapitel zusammen mit der darauf beruhenden Spintheorie des vierten Kapitels.

Um das Erscheinen dieses Buches trotz des im vorigen Jahr erschienenen gleichgerichteten Buches von E. WIGNER: Gruppentheorie und ihre Anwendung auf die Quantenmechanik der Atome, Berlin 1931 zu rechtfertigen, möge (abgesehen von der abweichenden Behandlung mancher Einzelheiten) auf das letzte Kapitel über Moleküle und auf die Paragraphen über die Lorentzgruppe und über die relativistische Wellengleichung hingewiesen werden.

Die Grundbegriffe der Wellenmechanik und der Spektroskopie werden in diesem Buch als bekannt vorausgesetzt. Die Gruppentheorie dagegen und die Theorie des „spinning Elektron" werden von Grund aus neu entwickelt.

Leipzig, im Januar 1932.

B. L. V. D. WAERDEN.

Inhaltsverzeichnis.

Seite

V. Die Permutationsgruppe und das Pauliverbot.

VI. Molekülspektren.

I. Quantenmechanische Einleitung.

§ 1. Die Schroedingersche Differentialgleichung.

Die Wellenmechanik lehrt, alle Fragen über das Verhalten eines Elektrons, eines Atoms oder eines Systems von Elektronen und Atomkernen zurückzuführen auf das Studium der Schroedingerschen Differentialgleichung, welche in unrelativistischer Form so lautet:

$$H\Psi + \frac{\hbar}{i}\frac{\partial\Psi}{\partial t} = 0 . \tag{1.1}$$

Dabei ist Ψ, die *Wellenfunktion*, eine von der Zeit abhängige komplexwertige Funktion der rechtwinkligen Koordinaten $q_0, q_1, \ldots, q_f$ (oder ausführlicher: $x_0, y_0, z_0; \ldots; x_f, y_f, z_f$) der $f+1$ Massenpunkte (Elektronen und Kerne) des Systems und H der *Energie-Operator*, der aus dem klassischen Ausdruck der Energie (Hamiltonschen Funktion)

$$T + U = \sum_{\lambda=0}^{f} \frac{1}{2\mu_\lambda}(p_{x_\lambda}^2 + p_{y_\lambda}^2 + p_{z_\lambda}^2) + U(q) \tag{1.2}$$

bei Ersetzung der Impulskomponenten p_x, p_y, p_z durch $\frac{\hbar}{i}\frac{\partial}{\partial x}$, $\frac{\hbar}{i}\frac{\partial}{\partial y}$, $\frac{\hbar}{i}\frac{\partial}{\partial z}$ entsteht:

$$H = \sum_\lambda -\frac{\hbar^2}{2\mu_\lambda}\left(\frac{\partial^2}{\partial x_\lambda^2} + \frac{\partial^2}{\partial y_\lambda^2} + \frac{\partial^2}{\partial z_\lambda^2}\right) + U(q) = \sum_\lambda -\frac{\hbar^2}{2\mu_\lambda}\Delta_\lambda + U(q) .$$

Dabei bedeutet:

    μ_λ die Masse eines Elektrons oder Kerns,

    $2\pi\hbar$ das Plancksche Wirkungsquantum,

    $U(q)$ die potentielle Energie als Funktion der Koordinaten q.

Von der Wellenfunktion Ψ wird angenommen, daß sie den Zustand des Systems zu einem bestimmten Zeitpunkt festlegt, und daß die Wahrscheinlichkeit dafür, daß das System sich zur Zeit t in irgendeinem Bereich B des q-Raums (Konfigurationsraums) befindet, proportional dem Quadratintegral

$$\int_B \overline{\Psi}\Psi\, dq$$

ist. Ist λ eine Konstante, so sollen Ψ und $\lambda\Psi$ denselben Zustand darstellen.

Die wichtigsten Lösungen der Differentialgleichung (1. 1) sind die stehenden Wellen oder „Eigenschwingungen":

$$\Psi = \psi(q)\, e^{i\omega t},$$

wo ψ eine von der Zeit unabhängige Funktion bedeutet, welche offenbar der Differentialgleichung

$$H\psi = E\psi \quad (\text{mit } E = \hbar\omega) \tag{1. 3}$$

genügen muß. Die Gleichung (1. 3) hat die Form eines linearen *Eigenwertproblems*, in welchem zwei Unbekannte vorkommen: die *Eigenfunktion* ψ und der *Eigenwert* E. Die Eigenwerte E des Energie-Operators sind die möglichen Energiestufen des Systems; sie werden mit Rücksicht auf die Spektroskopie auch „Terme" genannt, da sich aus ihnen vermöge der Formel

$$E_1 - E_2 = \hbar\nu$$

die Frequenz[1] ν des beim Quantensprung $E_1 \to E_2$ emittierten bzw. beim Quantensprung $E_2 \to E_1$ absorbierten Lichtes berechnet[2].

Physikalisch bedeutsam sind nur diejenigen Eigenfunktionen, welche im q-Raum im Unendlichen beschränkt bleiben. Nimmt man an, daß die potentielle Energie U im Unendlichen Null wird, so gibt es zwei Arten von Eigenfunktionen: Erstens die mit $E > 0$, welche im Bereich $U = 0$ sich als Superpositionen von ebenen Wellen darstellen lassen; diese Wellen erstrecken sich ins Unendliche und ihre Energiewerte bilden ein kontinuierliches Spektrum, das die ganze positive E-Achse überdeckt. Zweitens gibt es Eigenfunktionen mit $E < 0$, welche nur in den „Potentialsenken", genauer im Gebiet $U < E$ erheblich von Null verschieden sind, dagegen im Gebiet $U > E$ zum Unendlichen hin sehr stark (exponentiell) abnehmen; ihre Eigenwerte bilden ein diskretes Termspektrum, welches nach aufsteigenden Energiewerten geordnet werden kann: E_1, E_2, ... Man macht sich alle diese Sachen am besten klar an einfachen Beispielen mit einem Freiheitsgrad oder mit Kugelsymmetrie, wo man alles wirklich durchrechnen kann.

Für die mathematische Behandlung dieser Eigenwertprobleme, insbesondere bei der Begründung der Störungsrechnung ist es zweckmäßig, die Problemstellung etwas zu modifizieren, indem man das betreffende Atom oder Molekül etwa in eine reflektierende Kugel (Hohlraum) mit sehr großem Radius R einsperrt. Die Eigenfunktionen ψ müssen dann am Rande der Kugel verschwinden. Bei dieser Beschränkung wird das

---

[1] Unter Frequenz wird hier die Zahl der Schwingungen in 2π Sekunden verstanden.

[2] Die „Terme" werden gewöhnlich in Wellenzahlen, d. h. umgekehrten Wellenlängen gemessen. Der zur Energie E gehörige Term ist also $\dfrac{1}{\lambda} = \dfrac{\omega}{2\pi c} = \dfrac{E}{2\pi h c}$. Auch mißt man häufig die Atom-Energie in Volt, indem man $E = eV$ setzt, wo e die Ladung des Elektrons bedeutet.

ganze Spektrum diskret. Im Gebiet $E > 0$ liegen die Eigenwerte sehr dicht zusammen[1] und ergeben in der Grenze für $R \to \infty$ das kontinuierliche Spektrum, während sie im Gebiet $E < 0$ viel weiter getrennt liegen und für $R \to \infty$ in die Eigenwerte des diskreten Termspektrums übergehen.

Die eben skizzierte Beschränkung des Konfigurationsraumes hat den Vorteil, daß die Eigenfunktionen ein endliches Quadratintegral besitzen und in den meisten Fällen ein vollständiges Orthogonalsystem bilden (vgl. § 2). Wir denken uns die Beschränkung im folgenden immer ausgeführt, wo es für die mathematische Behandlung bequem ist.

§ 2. Lineare Operatoren. Orthogonalsysteme.

Unter „Funktionen" verstehen wir in diesem Paragraphen stets komplexwertige Funktionen der Koordinaten eines Systems von Massenpunkten.

Unter dem *skalaren Produkt* (φ, ψ) zweier Funktionen φ, ψ verstehen wir das über den ganzen Phasenraum erstreckte Integral

$$(\varphi, \psi) = \int \overline{\varphi} \psi \, dV .$$

Offenbar ist (φ, ψ) konjugiert-komplex zu (ψ, φ) und es gilt für konstantes α:

$$(\varphi, \alpha \psi) = \alpha \cdot (\varphi, \psi) ,$$
$$(\alpha \varphi, \psi) = \bar{\alpha} \cdot (\varphi, \psi) ,$$
$$(\varphi, \psi_1 + \psi_2) = (\varphi, \psi_1) + (\varphi, \psi_2) ,$$
$$(\varphi_1 + \varphi_2, \psi) = (\varphi_1, \psi) + (\varphi_2, \psi) .$$

Ein Spezialfall des skalaren Produktes ist das *Quadratintegral* oder die *Norm*

$$N \psi = (\psi, \psi) = \int \overline{\psi} \psi \, dV = \int |\psi|^2 \, dV .$$

Es gilt die *Schwarzsche Ungleichung*:

$$|(\varphi, \psi)|^2 \leq N \varphi \cdot N \psi .$$

Eine Funktion ψ heißt *normiert*, wenn ihre Norm Eins ist. Zwei Funktionen heißen *orthogonal*, wenn ihr Skalarprodukt $(\varphi, \psi) = 0$ ist.

Der Energie-Operator H des vorigen Paragraphen hat die folgenden Eigenschaften: Er ist *linear*, d. h. es ist

$$H(\varphi + \psi) = H(\varphi) + H(\psi) ,$$
$$H(\alpha \varphi) = \alpha H(\varphi) ,$$

und er ist *symmetrisch* oder *selbstadjungiert*, d. h. es ist für alle am

---

[1] Vgl. Courant-Hilbert: Methoden der mathematischen Physik, Bd. I, 2. Aufl. (Bd. XII dieser Sammlung). 1931. Kap. VI.

Rande des Bereichs (bzw. im Unendlichen genügend stark) verschwindenden Funktionen φ, ψ

$$(\varphi, H\psi) = (H\varphi, \psi), \qquad (2.1)$$

was man in bekannter Weise durch partielle Integration einsieht.

In der Quantenmechanik ordnet man nicht nur der Energie, sondern ebenso jeder anderen meßbaren Größe einen linearen Operator zu, z. B. den Impulskomponenten $p_x = m\dot{x}$ (usw.) die Operatoren $\frac{h}{i}\frac{\partial}{\partial x}$ (usw.), und den Drehimpulskomponenten $y\,p_z - z\,p_y$ (usw.) die Operatoren

$$h\,L_x = \frac{h}{i}\left(y\frac{\partial}{\partial z} - z\frac{\partial}{\partial y}\right)$$

usw. Die angeführten Operatoren sind ebenfalls selbstadjungiert. Wenn die Wellenfunktion ψ eine Eigenfunktion des Operators Ω ist, also wenn ψ die Randbedingung erfüllt und

$$\Omega\psi = \lambda\psi$$

ist, so sagt man, *die physikalische Größe Ω habe im Zustand ψ den scharfen Wert λ.* Für jeden Zustand ψ (also auch für solche, die nicht Eigenfunktionen von Ω sind) kann man den *Mittelwert $\hat{\Omega}$* der physikalischen Größe Ω definieren durch

$$\hat{\Omega} = (\psi, \Omega\psi) = \int \overline{\psi}\cdot\Omega\,\psi\,dV,$$

wobei ψ als normiert angenommen ist. Die Selbstadjungiertheit des Operators Ω hat die Realität aller Mittelwerte und insbesondere aller Eigenwerte zur Folge.

Zwei Eigenfunktionen eines selbstadjungierten Operators Ω, die zu verschiedenen Eigenwerten gehören, sind immer orthogonal.

Beweis: Aus $\Omega\psi_1 = \lambda_1\psi_1$, $\Omega\psi_2 = \lambda_2\psi_2$ und $(\Omega\psi_1, \psi_2) = (\psi_1, \Omega\psi_2)$ folgt

$$(\lambda_1\psi_1, \psi_2) = (\psi_1, \lambda_2\psi_2)$$

$$(\lambda_1 - \lambda_2)(\psi_1, \psi_2) = 0,$$

$$(\psi_1, \psi_2) = 0.$$

Besonders wichtig sind die mit dem Energie-Operator vertauschbaren Operatoren. Für sie gilt der folgende *Erhaltungssatz*, in dem die Erhaltungssätze für Energie, Impuls und Drehimpuls als Spezialfälle enthalten sind:

Wenn ein Operator Ω mit dem Energie-Operator H vertauschbar ist, so bleiben sowohl die Eigenwerte als die Mittelwerte von Ω im Laufe der Zeit konstant, wenn der Zustand Ψ sich nach (1.1) ändert.

Beweis: a) Konstanz der Eigenwerte. Zur Zeit $t = 0$ sei $\Omega\Psi = \lambda\Psi$. Wir betrachten die Zeitableitung der Funktion $F = (\Omega - \lambda)\Psi$. Es ist

$$\frac{h}{i}\frac{\partial F}{\partial t} = \frac{h}{i}(\Omega - \lambda)\frac{\partial\Psi}{\partial t} = -(\Omega - \lambda)H\Psi = -H(\Omega - \lambda)\Psi = -HF.$$

Durch diese Differentialgleichung und den Anfangswert: $F = 0$ für $t = 0$, ist die Funktion F vollständig bestimmt. Also ist $F = 0$ für alle t, d. h. die Funktion Ψ bleibt für alle Zeiten Eigenfunktion von Ω zum Eigenwert λ.

b) Konstanz der Mittelwerte.

$$\frac{h}{i}\frac{d}{dt}\bar{\Omega} = \frac{h}{i}\frac{d}{dt}(\Psi, \Omega\Psi) = \frac{h}{i}\left(\frac{\partial\Psi}{\partial t}, \Omega\Psi\right) + \frac{h}{i}\left(\Psi, \Omega\frac{\partial\Psi}{\partial t}\right)$$

$$= \left(-\frac{h}{i}\frac{\partial\Psi}{\partial t}, \Omega\Psi\right) + \left(\Psi, \Omega\frac{h}{i}\frac{\partial\Psi}{\partial t}\right)$$

$$= (H\Psi, \Omega\Psi) - (\Psi, \Omega H\Psi)$$

$$= (\Psi, H\Omega\Psi) - (\Psi, H\Omega\Psi) = 0.$$

Eine andere wichtige Eigenschaft der mit H vertauschbaren Operatoren Ω ist, daß sie die Eigenfunktionen ψ einer bestimmten Energiestufe E immer wieder in ebensolche transformieren: aus $H\psi = E\psi$ folgt $H\Omega\psi = E\Omega\psi$, wie sofort ersichtlich.

Für die quantenmechanischen Energie-Eigenwertprobleme

$$H\psi = E\psi \tag{2.2}$$

gelten (bei Beschränkung auf einen endlichen Raumteil) die folgenden Sätze, deren exakter Beweis meines Wissens noch nicht in allen Fällen geliefert ist:

I. Die Eigenwerte bilden eine unbeschränkt aufsteigende unendliche Folge:
$$E_1, E_2, E_3, \ldots.$$

II. Zu jedem Eigenwert gibt es nur endlichviele linear-unabhängige Eigenfunktionen, aus denen sich alle anderen linear (mit komplexen Koeffizienten) zusammensetzen. Ist ihre Anzahl $k > 1$, so spricht man von einer *k-fachen Entartung*. Man kann diese k Eigenfunktionen dann immer zueinander orthogonal wählen. Tut man das für alle Energiewerte und ordnet alle erhaltenen Funktionen nach aufsteigenden Eigenwerten, so erhält man ein System von unendlich vielen zueinander orthogonalen Eigenfunktionen $\varphi_1, \varphi_2, \varphi_3, \ldots.$

III. Bei stetiger Änderung eines im Operator H vorkommenden Parameters (z. B. einer Masse oder der Feldstärke eines äußeren Feldes usw.) hängen die Eigenwerte stetig und differenzierbar von diesem Parameter ab.

IV. Die Eigenfunktionen $\varphi_1, \varphi_2, \ldots$ bilden ein *vollständiges Funktionensystem*. Das bedeutet, daß jede stetige Funktion ψ sich durch eine passend gewählte Summe $\sum_1^n c_\nu \varphi_\nu$ „im Mittel" beliebig genau approximieren läßt, d. h. daß man für jedes ε durch Wahl der c_ν und n erreichen kann, daß das „mittlere Fehlerquadrat"

$$N\left(\psi - \sum_1^n c_\nu \varphi_\nu\right) \tag{2.3}$$

kleiner als ε ausfällt.

Wir denken uns das vollständige Orthogonalsystem φ_1, φ_2, φ_3, $\ldots$ normiert:

$$N(\varphi_\nu) = (\varphi_\nu, \varphi_\nu) = 1.$$

Damit nun bei der Approximation einer Funktion ψ durch eine Summe $\sum\limits_1^n c_\nu\, \varphi_\nu$ das „mittlere Fehlerquadrat" (2. 3) bei gegebenem n möglichst klein wird, hat man für die c_ν die „*Entwicklungskoeffizienten*"

$$c_\nu = (\varphi_\nu, \psi) \qquad (2.\ 4)$$

zu wählen. Es wird dann

$$N\left(\psi - \sum\limits_1^n c_\nu\, \varphi_\nu\right) = N(\psi) - \sum\limits_1^n \bar{c}_\nu\, c_\nu\,.$$

Daraus folgt sofort die „*Besselsche Ungleichung*":

$$\sum\limits_1^n \bar{c}_\nu\, c_\nu \leqq N(\psi)$$

und als Kriterium für Vollständigkeit des Funktionensystems die „*Vollständigkeitsrelation*"

$$N(\psi) = \sum\limits_1^\infty \bar{c}_\nu\, c_\nu\,, \qquad (2.\ 5)$$

welche für alle stetigen Funktionen ψ erfüllt sein muß.

Die Entwicklungskoeffizienten c_ν (2. 4) bestimmen die Funktion ψ vollständig, denn wenn etwa ψ_1 und ψ_2 dieselben Entwicklungskoeffizienten haben, so sind die Entwicklungskoeffizienten ihrer Differenz $\psi_1 - \psi_2$ gleich Null, woraus nach (2. 5) folgt

$$N(\psi_1 - \psi_2) = 0\,, \qquad \text{mithin} \qquad \psi_1 = \psi_2\,.$$

Insbesondere ist eine stetige Funktion ψ, deren Entwicklungskoeffizienten alle Null sind, d. h. die auf allen φ_ν orthogonal steht, identisch gleich Null.

Die Reihe $\sum\limits_1^\infty c_\nu\, \varphi_\nu$ heißt *die Entwicklung von ψ nach dem vollständigen Orthogonalsystem der φ_ν*. Sie braucht nicht notwendig zu konvergieren, tut es aber meistens, sobald ψ hinreichend oft differenzierbar ist. Da die Reihe die Funktion ψ eindeutig bestimmt, kann man symbolisch schreiben (auch im Fall der Divergenz):

$$\psi \sim \sum\limits_1^\infty c_\nu\, \varphi_\nu\,. \qquad (2.\ 6)$$

Für die Zwecke der Bildung von Skalarprodukten und Normen kann man die Funktion ψ mit beliebiger Genauigkeit durch $\sum c_\nu\, \varphi_\nu$ ersetzen, denn es ist für jede Funktion φ nach der Schwarzschen Ungleichung:

$$\left|(\varphi, \psi) - \left(\varphi, \sum\limits_1^n c_\nu\, \varphi_\nu\right)\right| = \left|\left(\varphi, \psi - \sum c_\nu\, \varphi_\nu\right)\right| \leqq \sqrt{N(\varphi) \cdot N\left(\psi - \sum c_\nu\, \varphi_\nu\right)}$$

$$\leqq \sqrt{\varepsilon \cdot N(\varphi)}\,.$$

Daraus folgt

$$(\varphi,\,\psi) = \sum_1^\infty c_\nu\,(\varphi,\,\varphi_\nu) = \sum \overline{(\varphi_\nu,\,\varphi)}\,c_\nu = \sum \bar b_\nu\,c_\nu\,, \qquad (2.\,7)$$

wenn b_ν die Entwicklungskoeffizienten der Funktion φ sind.

Jedem linearen Operator Ω kann man mit Hilfe des Orthogonalsystems der φ_ν eine *unendliche Matrix* zuordnen, indem man $\Omega\,\varphi_\nu$ nach den φ_μ entwickelt:

$$\Omega\,\varphi_\nu \sim \sum \omega_{\mu\nu}\,\varphi_\mu\,.$$

Die Matrixelemente $\omega_{\mu\nu}$ bedeuten

$$\omega_{\mu\nu} = (\varphi_\mu,\,\Omega\,\varphi_\nu)\,.$$

Ist Ω selbstadjungiert, so ist die Matrix $(\omega_{\mu\nu})$ „Hermitesch symmetrisch":

$$\overline{\omega}_{\mu\nu} = \omega_{\nu\mu}\,.$$

Wir wollen nun die Entwicklungskoeffizienten von $\Omega\,\psi$ berechnen, wenn die von

$$\psi \sim \sum c_\nu\,\varphi_\nu \qquad (2.\,8)$$

gegeben sind. Setzen wir

$$\Omega\,\psi \sim \sum d_\nu\,\varphi_\nu\,,$$

so ist nach dem obigen Satz (2. 7), wenn Ω selbstadjungiert ist:

$$d_\mu = (\varphi_\mu,\,\Omega\,\psi) = (\Omega\,\varphi_\mu,\,\psi) = \sum \overline{\omega}_{\nu\mu}\,c_\nu = \sum \omega_{\mu\nu}\,c_\nu\,.$$

Das heißt: *Die Entwicklungskoeffizienten von $\Omega\,\psi$ sind dieselben, die man erhält, wenn man auf die Reihe (2. 8) links und rechts gliedweise den Operator Ω anwendet, sodann rechts alles nach den φ entwickelt und umordnet.*

Ist der Operator Ω mit dem Energieoperator H, dessen Eigenfunktionen die φ_λ sind, *vertauschbar*, so müssen alle Matrixelemente $\omega_{\mu\nu}$, deren Indices $\mu,\,\nu$ sich auf Eigenfunktionen $\varphi_\mu,\,\varphi_\nu$ mit *verschiedenen* Eigenwerten $E_\mu \neq E_\nu$ beziehen, gleich Null sein. Die zu einem Energiewert E gehörigen φ_μ werden durch Ω linear untereinander transformiert und können, wie wir im § 7 noch genauer erörtern werden, so gewählt werden, daß sie zugleich Eigenfunktionen von Ω sind. Die vertauschbaren Operatoren Ω und H besitzen also ein *gemeinsames* vollständiges System von Eigenfunktionen.

Die Vollständigkeit des Systems der Eigenfunktionen ist für die praktische Lösung von Eigenwertproblemen von großer Bedeutung. Zum Beispiel werden wir sehen (§ 5), daß die „Störungsrechnung" wesentlich auf der Vollständigkeit beruht. Eine weitere Anwendung stellt die Methode der *Trennung der Variablen* dar, welche in vielen Fällen die Lösung von Eigenwertproblemen sehr vereinfacht. Die Methode beruht auf folgendem: Die Variablen $q_1, \ldots, q_s$, welche in den Funktionen ψ auftreten, seien irgendwie in zwei Teilklassen

$\{q_1, \ldots, q_\eta\}$ und $\{q_{\eta+1}, \ldots, q_s\}$ zerlegt und der Operator H bestehe aus zwei Teilen: $H = H_1 + H_2$, von denen der erste Teil sich nur auf $q_1, \ldots, q_\eta$, der zweite Teil nur auf $q_{\eta+1}, \ldots, q_s$ bezieht. Dann können die Eigenfunktionen von H als Produkte $\varphi(q_1, \ldots, q_\eta) \cdot \psi(q_{\eta+1}, \ldots, q_s)$ angesetzt werden, wo φ eine Eigenfunktion von H_1 und ψ eine Eigenfunktion von H_2 ist. Daß man in dieser Weise Eigenfunktionen von H erhält, ist klar, denn es ist

$$H \varphi \psi = (H_1 + H_2)\, \varphi\, \psi = (H_1 \varphi) \cdot \psi + \varphi \cdot (H_2 \psi) = E_1\, \varphi\, \psi + E_2\, \varphi\, \psi$$
$$= (E_1 + E_2)\, \varphi\, \psi\, .$$

Der Eigenwert E ist gleich $E_1 + E_2$. Die Frage ist aber, ob man in dieser Weise *alle* Eigenfunktionen des Problems erhält. Die Frage ist bejahend zu beantworten, sobald man weiß, daß wenigstens die φ (oder die ψ) ein vollständiges Orthogonalsystem bilden. Ist nämlich χ eine beliebige Eigenfunktion des Operators H, so kann man χ als Funktion von $q_1, \ldots, q_\eta$ nach den Eigenfunktionen $\varphi_1, \varphi_2, \ldots$ entwickeln:

$$\chi \sim \sum_1^\infty \varphi_\nu (q_1, \ldots, q_\eta)\, c_\nu (q_{\eta+1}, \ldots, q_n)\, . \tag{2.9}$$

Nach dem obenbewiesenen Satz kann man $H_1 \chi$ und $H_2 \chi$ berechnen durch formales gliedweises Operieren:

$$H \chi = H_1 \chi + H_2 \chi \sim \sum_1^\infty E_\nu\, \varphi_\nu\, c_\nu + \sum_1^\infty \varphi_\nu\, H_2\, c_\nu\, .$$

Andererseits soll χ Eigenfunktion von H sein:

$$H \chi = E \chi \sim \sum E\, \varphi_\nu\, c_\nu\, .$$

In den beiden Entwicklungen von $H \chi$ müssen alle Koeffizienten übereinstimmen:

$$E_\nu\, c_\nu + H_2\, c_\nu = E\, c_\nu\, ,$$
$$H_2\, c_\nu = (E - E_\nu)\, c_\nu\, .$$

Die c_ν sind also Eigenfunktionen von H_2 zu den Eigenwerten $E'_\nu = E - E_\nu$. Bei wachsendem ν wächst E_ν über alle Grenzen, also wird E'_ν einmal kleiner als der kleinste Eigenwert von H_2; dann muß aber $c_\nu = 0$ werden. Mithin gibt es in der Summe (2.9) nur endlichviele Glieder, von denen jedes einzelne schon eine Eigenfunktion von H, und zwar ein Produkt $\varphi_\nu \psi_\mu$ ist. Somit bilden diese Produkte in der Tat eine Basis für alle Eigenfunktionen des Operators H.

Die Methode findet unter anderem immer dann Anwendung, wenn das betrachtete System aus zwei Teilsystemen besteht, deren Wechselwirkungsenergie Null ist oder vernachlässigt wird. Die Eigenfunktionen sind dann Produkte, die Eigenwerte Summen von denen der Teile.

§ 3. Die Wellengleichung eines Atoms und die eines Moleküls.

Wir knüpfen wieder an die Schroedingergleichung eines Systems von $f+1$ Massenpunkten mit Massen $\mu_0, \mu_1, \ldots, \mu_f$ an:

$$\left(-\sum_0^f \frac{h^2}{2\mu_\lambda} \Delta_\lambda + U\right)\psi = E\psi \qquad (3.1)$$

und denken dabei insbesondere an ein Atom mit f Elektronen oder an ein zweiatomiges Molekül mit $f-1$ Elektronen. Um die Differentialgleichung (3. 1) zu vereinfachen, führen wir statt der Koordinaten $q_0, \ldots, q_f$ die Koordinaten q_s des Schwerpunktes und die Koordinaten q'_ν der Massen $\mu_1, \ldots, \mu_n$ in bezug auf den Schwerpunkt ein:

$$\left.\begin{array}{l} M q_s = \mu_0 q_0 + \mu_1 q_1 + \cdots + \mu_f q_f; \quad M = \mu_0 + \mu_1 + \cdots + \mu_f; \\ q'_\nu = q_\nu - q_s \qquad (\nu = 1, 2, \ldots, f). \end{array}\right\}$$

Sie geht dann über in:

$$\left\{-\frac{h^2}{2M}\Delta_s - \sum_1^f \frac{h^2}{2\mu_\lambda}\Delta'_\lambda + \frac{h^2}{2M}\left(\sum_1^f \frac{\partial}{\partial q'_\lambda}\right)^2 + U\right\}\psi = E\psi. \qquad (3.2)$$

Dabei ist $\frac{h}{i}\sum \frac{\partial}{\partial q'_\lambda}$ der Vektoroperator für die Summe der Impulse der Massenpunkte $\mu_1, \ldots, \mu_f$ in bezug auf den Schwerpunkt oder, wie man auch sagen kann, der negativ genommene Impuls des Massenpunktes μ_0. Das Quadrat ist als skalares Vektorquadrat zu nehmen.

Bei fehlenden äußeren Kräften hängt die potentielle Energie U nur von den relativen Koordinaten q' ab.$^\times$ In anderen Fällen ist U meist eine Summe von Gliedern, die nur von den relativen Koordinaten abhängen, und solchen, die nur von q_s abhängen. In allen diesen Fällen kann man die Variablen trennen und ansetzen:

$$\psi = \psi_1(q_s) \cdot \psi_2(q'_1, \ldots, q'_f).$$

Für die Wellenfunktion ψ_1 des Schwerpunktes erhält man eine gewöhnliche Schroedingergleichung mit der Masse M. Für ψ_2 erhält man, wenn statt q' wieder q und statt E_2 wieder E geschrieben wird, die Differentialgleichung

$$\left\{-\sum_1^f \frac{h^2}{2\mu_\nu}\Delta_\nu + \frac{h^2}{2M}\left(\sum_1^f \frac{\partial}{\partial q_\lambda}\right)^2 + U\right\}\psi = E\psi. \qquad (3.3)$$

Im einfachsten Fall eines Kerns und eines Elektrons mit den Massen μ_0 und μ_1 und mit $M = \mu_0 + \mu_1$ erhält man:

$$\left(-\frac{h^2}{2\mu_1}\frac{\mu_0}{\mu_0 + \mu_1}\Delta + U\right)\psi = E\psi,$$

also dieselbe wie für ein Elektron im Kräftefeld eines *festen* Kerns, nur mit dem Korrekturfaktor $\dfrac{\mu_0 + \mu_1}{\mu_0}$ an der Masse, welche die Mitbewegung des Kerns zum Ausdruck bringt. Der Faktor liegt sehr nahe an Eins (bekanntlich hat $\mu_1 : \mu_0$ für das H-Atom den Wert $1 : 1850$, für das He-Atom den Wert $1 : 4 \cdot 1840$) und kann, wenn es sich nicht um die *genaue* Lage der Terme handelt, außer acht gelassen werden. Das kommt also auf die Streichung des Gliedes mit $h^2/2M$ in der Gleichung (3. 3) hinaus. Diese Vernachlässigung ist um so mehr erlaubt bei Atomen, mit mehr Elektronen, wo man sowieso die Lage der Terme (wegen der Kompliziertheit der Differentialgleichung) nur ungefähr berechnen kann, und wo außerdem das Verhältnis $\mu : M$ noch kleiner ist als bei Wasserstoff. *Diese Betrachtung ergibt also die theoretische Berechtigung für das übliche Verfahren, die Schroedingersche Gleichung für die Atome · so anzusetzen, als ob der Kern ein festes Kraftzentrum wäre.*

Komplizierter wird die Sache im Fall eines zweiatomigen Moleküls. Es seien μ_0 und μ_1 die Massen der Kerne, $\mu_2 = \cdots = \mu_f = \mu$ die der Elektronen. In der Differentialgleichung (3. 3) wird man wieder die kleinen Glieder streichen wollen. Man darf aber in diesem Fall nicht von vornherein annehmen, daß die Glieder mit $\dfrac{1}{M}$ oder $\dfrac{1}{\mu_1}$ klein sind gegen die mit $\dfrac{1}{\mu}$. In den Gliedern mit $\dfrac{1}{M}$ kommen nämlich auch Faktoren $h^2 \dfrac{\partial^2}{\partial q^2}$ vor, welche Quadrate von Impulskomponenten der Kerne darstellen und welche groß sein können gegenüber den Quadraten der Impulskomponenten der Elektronen.

Um die kleinen Glieder von den größeren reinlich zu trennen, formen wir die Gleichung (3. 3) um durch Einführung eines „fiktiven Kerns" mit Koordinaten $q_* = q_1 - q_0$, der durch Abtragen des Kernverbindungsvektors $q_1 - q_0$ vom Schwerpunkt aus entsteht. Die Lage des fiktiven Kerns bestimmt (bei gegebener Schwerpunkts- und Elektronenlage) die der beiden Kerne. Man erhält durch Umrechnung von (3. 3) auf die neuen Koordinaten $q_*, q_2, \ldots, q_f$:

$$\left\{ -\frac{h^2}{2M_*} \Delta_* - \frac{h^2}{2\mu} \sum_2^f \Delta_\nu + \frac{h^2}{M} \left(\sum_2^f \frac{\partial}{\partial q_\lambda} \right)^2 + U \right\} \psi = E\psi, \qquad (3.4)$$

mit $M_* = \dfrac{\mu_0 \mu_1}{\mu_0 + \mu_1}$. Das dritte Glied in der Klammer ist verschwindend klein im Vergleich zum zweiten[1] und kann daher weggelassen werden. Die potentielle Energie U der elektrischen Kräfte kann näherungsweise so berechnet werden, als ob die Kerne q_0 und q_1 sich an den Stellen

---

[1] Ein Operator heißt „klein" im Vergleich zu anderen Operatoren, wenn seine für die Störungsrechnung maßgebenden Matrixelemente relativ klein sind.

$-\dfrac{\mu_1}{\mu_0+\mu_1}\,q_*$ und $\dfrac{\mu_0}{\mu_0+\mu_1}\,q_*$ auf beiden Seiten vom Schwerpunkt befinden würden.

Wir werden später (§ 30) die Gleichung (3.4) weiter diskutieren und zeigen, wie man das Eigenwertproblem (3.4) näherungsweise zurückführen kann auf das einfachere Problem eines Systems von Elektronen im Feld von zwei *festen* Kernen und eine Schwingungsgleichung mit nur einem Freiheitsgrad, welche die Schwingungs- und Rotationsaufspaltung der Elektronenterme beherrscht.

Die Übergangswahrscheinlichkeiten. Die Wahrscheinlichkeit für einen Quantensprung des Systems vom Zustand ψ_n mit der Energie E zu einem Zustand $\psi_{n'}$ mit Energie $E' < E$ bei gleichzeitiger Aussendung eines parallel zur x-, y- oder z-Achse polarisierten Lichtquants mit $h\,\nu = E - E'$ wird nach folgender Vorschrift berechnet[1]: Man entwickle das Produkt $X\,\psi_n$ (bzw. $Y\,\psi_n$ oder $Z\,\psi_n$), wo $X = \sum\limits_{0}^{f} e_\nu\, x_\nu$ das elektrische Moment des Systems in der x-Richtung ist, nach dem Orthogonalsystem der Eigenfunktionen und bestimme in dieser Entwicklung den Koeffizienten $X_{n'n}$ von $\psi_{n'}$:

$$X_{n'n} = (\psi_{n'}\,,\, X\,\psi_n)\,.$$

Dann ist

$$|X_{n'n}|^2 \frac{4\,\nu^3}{3\,h\,c^3}$$

die gesuchte Wahrscheinlichkeit, zu der natürlich die Intensität des ausgestrahlten Lichtes proportional ist. Ebenso ist die Intensität des beim Sprung $E' \to E$ absorbierten Lichtes proportional zu $|X_{n'n}|^2$. Im Fall der Entartung hat man $|X_{n'n}|^2$ zu ersetzen durch die Quadratsumme $\sum |X_{n'n}|^2$ über alle n und n', für die $E_n = E$ und $E_{n'} = E'$ ist.

Aus der Intensitätsregel folgt die *Auswahlregel*: Wenn $X_{n'n} = Y_{n'n} = Z_{nn'} = 0$ ist für alle $E_n = E$ und $E_{n'} = E'$, so kommt der Quantensprung $E \to E'$ praktisch nicht vor: die entsprechende Spektrallinie *fehlt*.

Das elektrische Moment X für ein Atom kann in bezug auf dessen Schwerpunkt gebildet werden. Der Beitrag des Kerns ist zu vernachlässigen in Vergleich mit denen der Elektronen, da dessen Entfernung zum Schwerpunkt größenordnungsmäßig $\dfrac{\mu}{M}$ mal kleiner ist. Man kann also

$$X = -\,e \sum\limits_{1}^{f} x_\nu$$

setzen.

---

[1] Für eine Begründung dieser Vorschrift mittels der Theorie der Lichtquanten siehe P. A. M. Dirac: Principles of Quantum Mechanics. Cambridge 1930. (Deutsch von W. Bloch. Berlin 1930.)

§ 4. Elektron im zentralsymmetrischen Feld.

Ist in der Schroedingerschen Differentialgleichung eines Elektrons

$$-\frac{h^2}{2\mu}\,\Delta\psi - eV\psi = E\,\psi \qquad (4.1)$$

das Potential V eine Funktion vom Radius r allein (Wasserstoffatom, Heliumion), so kann man bekanntlich die Variablen separieren durch Einführung von Polarkoordinaten r, ϑ, φ:

$$\Delta = \frac{\partial^2}{\partial r^2} + \frac{2}{r}\,\frac{\partial}{\partial r} + \frac{1}{r^2}\,\Lambda\,, \qquad \Lambda = \frac{1}{\sin\vartheta}\,\frac{\partial}{\partial\vartheta}\sin\vartheta\,\frac{\partial}{\partial\vartheta} + \frac{1}{\sin^2\vartheta}\,\frac{\partial^2}{\partial\varphi^2}\,. \qquad (4.2)$$

Man erhält also die Eigenfunktionen in Form von Produkten:

$$\psi = f(r)\,Y_l(\vartheta, \varphi)\,, \qquad (4.3)$$

$$\Lambda\,Y_l = \lambda\,Y_l\,, \qquad (4.4)$$

$$-\frac{h^2}{2\mu}\Big(\frac{\partial^2}{\partial r^2} + \frac{2}{r}\,\frac{\partial}{\partial r} + \frac{\lambda}{r^2}\Big)f - eVf = Ef\,. \qquad (4.5)$$

Die Y_l sind *Kugelfunktionen l-ter Ordnung*, welche am einfachsten definiert werden können als Potentialformen l-ten Grades U_l (d. h. als homogene Polynome vom Grad l in x, y, z, welche der Potentialgleichung $\Delta U_l = 0$ genügen), dividiert durch r^l:

$$U_l = r^l\,Y_l\,, \qquad \Delta U_l = 0\,.$$

Für den Eigenwert λ in (4.4) ergibt sich vermöge $\Delta U_l = 0$ sofort der Wert

$$\lambda = -\,l\,(l+1)\,. \qquad (4.6)$$

Die Kugelfunktionen Y_l setzen sich linear zusammen aus $2l + 1$ linear unabhängigen Funktionen von der Gestalt

$$Y_l^{(m)} = e^{im\varphi}\,y_l^{(m)}(\vartheta) \qquad (-\,l \leqq m \leqq l)\,.*$$

Da sie nach (4.4) Eigenfunktionen des selbstadjungierten Operators Λ sind, so sind nach § 2 je zwei Kugelfunktionen verschiedener Ordnung zueinander orthogonal:

$$\int \overline{Y}_l\,Y_{l'}\,dv = 0 \qquad \text{für}\quad l' \neq l\,.$$

Ebenso sind je zwei Kugelfunktionen $Y_l^{(m)}$ zu verschiedenen Werten

---

* Beweis: Setzt man die Potentialform U_l in der Gestalt

$$U_l = \Sigma\Sigma\,c_{pq}(x + iy)^p\,(x - iy)^q\,z^{l-p-q}$$

an, so ergibt die Potentialgleichung $\Delta U_l = 0$ die Rekursionsformel

$$2\,(p+1)\,(q+1)\,c_{p+1,q+1} + (l - p - q)\,(l - p - q - 1)\,c_{pq} = 0$$

für die Koeffizienten. Versteht man nun unter $U_l^{(m)}$ denjenigen Teil des Ausdrucks U_l, dessen Glieder eine konstante Differenz $p - q = m$ besitzen, so sind durch die Rekursionsformel die Koeffizienten von $U_l^{(m)}$ bis auf einen gemeinsamen Faktor bestimmt und es ist $U_l = \sum\limits_m U_l^{(m)}$ und $U_l^{(m)} = r^l\,e^{im\varphi}\,y_l^{(m)}(\vartheta)\,.$

von m zueinander orthogonal:

$$\int Y_l^{(m)} Y_l^{(m')} dv = 0 \qquad \text{für} \quad m' \neq m,$$

weil der Faktor $e^{-im\varphi}\, e^{im'\varphi} = e^{i(m'-m)\varphi}$ bei der Integration nach φ von 0 bis 2π Null ergibt.

Die Kugelfunktionen $Y_l^{(m)}$ bilden ein *vollständiges Orthogonalsystem* auf der Kugel: *jede stetige Funktion auf der Kugel läßt sich gleichmäßig mit beliebiger Genauigkeit durch eine Summe von Kugelfunktionen approximieren.* Beweis: Da sich jede stetige Funktion auf der Kugel leicht stetig in das Innere fortsetzen läßt und da jede stetige Funktion in einem abgeschlossenen Bereich des Raumes sich bekanntlich durch ein Polynom in x, y, z beliebig genau approximieren läßt, so genügt es, zu zeigen, daß jedes Polynom auf der Kugel einer Summe von Kugelfunktionen gleich ist. Jedes Polynom ist eine Summe von homogenen Polynomen (Formen) verschiedener Grade. Nun wird behauptet, daß jede Form n-ten Grades F sich durch Potentialformen U_l folgendermaßen ausdrücken läßt:

$$F = U_n + r^2 U_{n-2} + r^4 U_{n-4} + \cdots + r^{2h} U_{n-2h}. \tag{4.7}$$

Die Behauptung ist klar für Formen nullten und ersten Grades, die ja selber stets Potentialformen sind. Wird sie als richtig vorausgesetzt für alle Polynome vom Grad $< n$, so verfährt man für die Polynome f vom Grad n so: man stellt zunächst das Polynom $(n-2)$-ten Grades ΔF in der angegebenen Weise dar:

$$\Delta F = U_{n-2}^* + r^2 U_{n-4}^* + r^4 U_{n-6}^* + \cdots, \tag{4.8}$$

man setzt

$$U_l^* = (n-l)(n+l+1) U_l \quad (l = n-2,\ n-4, \ldots) \tag{4.9}$$

und man bestimmt U_n aus (4.7). Zu beweisen ist nur noch, daß dieses U_n der Potentialgleichung genügt. Übt man auf beide Seiten von (4.8) den Δ-Operator aus, so ergibt sich nach leichter Rechnung

$$\Delta F = \Delta U_n + \sum_{l=n-2k} (n-l)(n+l+1) r^{2k-2} U_l$$
$$= \Delta U_n + U_{n-2}^* + r^2 U_{n-4}^* + \cdots. \tag{4.10}$$

Der Vergleich von (4.7) mit (4.10) ergibt $\Delta U_n = 0$, w. z. b. w.

Aus der Vollständigkeit der Kugelfunktionen ergibt sich nach § 2 Schluß, daß die Produkte (4.3) schon *alle* Eigenfunktionen von (4.1) darstellen.

Die Eigenwerte E von (4.5) werden für jeden Wert der *azimutalen Quantenzahl* l nach aufsteigender Größe numeriert durch eine *Hauptquantenzahl* $n = l+1,\ l+2,\ l+3,\ \ldots$. Jede Energiestufe $E(l, n)$ ist noch $(2l+1)$-fach ausgeartet, da man für Y_l in (4.3) alle $Y_l^{(m)}$ mit $-l \leqq m \leqq l$ wählen kann. Die Zahl m heißt die *magnetische Quantenzahl*.

Für die weitere Diskussion des Eigenwertproblems (4. 5) verweisen wir auf die bekannte Literatur[1]. Im Fall eines Coulombschen Anziehungsfeldes (Wasserstoff, He$^+$) mit Potential $V = \dfrac{Z\,e}{r}$ fallen die Terme mit gleichem n und $l = 0, 1, \ldots, n-1$ zusammen und es wird

$$E(n, l) = E_n = -\frac{B}{n^2}; \qquad B = \frac{Z^2\,\mu\,e^4}{2\,h^2}.$$

Das ergibt für die Terme in „Wellenzahlen" (umgekehrte Wellenlängen) in Übereinstimmung mit der Erfahrung:

$$\frac{1}{\lambda} = \frac{2\,\pi\,\nu}{c} = \frac{E}{2\,\pi\,h\,c} = \frac{R}{n^2}, \qquad R = \frac{Z^2\,\mu\,e^4}{4\,\pi\,h^3\,c} = 109\,722 \text{ cm}^{-1}.$$

Die Übergänge

$$E_n \to E_2, \qquad E_n \to E_3, \qquad E_n \to E_1$$

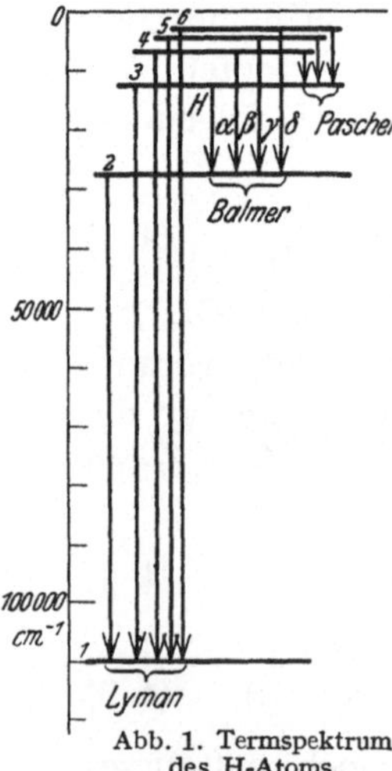

Abb. 1. Termspektrum des H-Atoms.

ergeben die Balmer-, Paschen- und Lymanserie des Wasserstoffspektrums (siehe Abb. 1).

Für ein nicht-Coulombsches Feld werden im allgemeinen die Terme mit verschiedenen l verschieden sein.

Die Übergangswahrscheinlichkeiten erhält man nach § 3 durch Entwicklung von $X\psi_{nl} = -e\,x\,\psi_{nl}$, $Y\psi_{nl}$ und $Z\psi_{nl}$ nach Eigenfunktionen $\psi_{n'l'}$. Um die Entwicklung einer Größe wie

$$x\,\psi_{nl} = x\,f_{nl}(r)\,Y_l(\vartheta, \varphi) \qquad (4.\,11)$$

nach den $\psi_{n'l'}$ zu erhalten, hat man zunächst $x\,Y_l$ auf der Kugel nach Kugelfunktionen zu entwickeln. Wir wenden auf das Polynom $f = x\,U_l$ die obige Entwicklung (4. 7) an. Man findet leicht

$$\Delta f = \Delta(x\,U_l) = \frac{\partial}{\partial x}\,U_l = U_{l-1}^*.$$

Da $\dfrac{\partial}{\partial x}\,U_l$ schon eine Potentialform ist, so kommt in der Entwicklung (4. 8) nur das Anfangsglied vor; daraus folgt

$$x\,U_l = U_{l+1} + r^2\,U_{l-1}.$$

Setzt man wieder $U_l = r^l\,Y_l$, so folgt:

$$x\,Y_l = r\,Y_{l+1} + r\,Y_{l-1}. \qquad (4.\,12)$$

In der Entwicklung von $x\psi_{nl}$ (4. 11) nach Eigenfunktionen kommen also nur solche Glieder $\psi_{n'l'} = f_{n'l'}(r)\,Y_{l'}$ vor, für die $l' = l \pm 1$ ist. Dasselbe gilt für $y\psi_{nl}$ und $z\psi_{nl}$, *mithin gilt für die azimutale Quanten-*

---

[1] SCHROEDINGER, E.: Abhandlungen zur Wellenmechanik, Leipzig 1927. COURANT u. HILBERT: Methoden der mathematischen Physik 2. Aufl. Kap. V § 12. 1931.

zahl die Auswahlregel

$$l \to l \pm 1.$$

Die Regel ist beim Wasserstoff nicht an der Erfahrung zu prüfen, da die Terme mit verschiedenen l zusammenfallen. Ein „wasserstoffähnliches" Spektrum haben jedoch, wie die Erfahrung lehrt, die Alkalimetalle Li, Na, K, Cs. Ihre beobachteten Terme lassen sich in Serien anordnen: die s-, p-, d-, f-, und eventuell. noch die g-Serie. Die Terme einer einzelnen Serie werden durch eine Hauptquantenzahl n numeriert; man schreibt also

$$1\,s,\ 2\,s,\ 3\,s,\ \ldots \text{ für die Terme der } s\text{-Serie,}$$

$$2\,p,\,3\,p,\ \ldots \text{ für die Terme der } p\text{-Serie usw.}$$

Für die Termwerte ns, np, nd, nf, ng gilt die Formel

$$-\frac{R}{(n-\varkappa)^2}, \qquad (4.\,13)$$

wo $\varkappa$ eine von n nur wenig abhängige Korrektur ist, welche meistens zwischen $\frac{1}{2}$ und 0 und für die höheren (d-, f-, usw.) Serien sehr nahe an Null liegt. Die Spektrallinien entstehen durch Übergänge von einem Term einer Serie zu einem Term einer *benachbarten* Serie. Also: die s-Terme kombinieren nur mit den p-Termen, die p-Terme mit den s- und den d-Termen, usw. (siehe Abb. 2). Damit das mit der obigen Auswahlregel für l übereinstimmt, muß man den Serien s, p, d, f, $\ldots$ die Werte $l = 0, 1, 2, 3, \ldots$ zuordnen.

Der wasserstoffähnliche Charakter des Spektrums erklärt sich, wenn man annimmt, daß

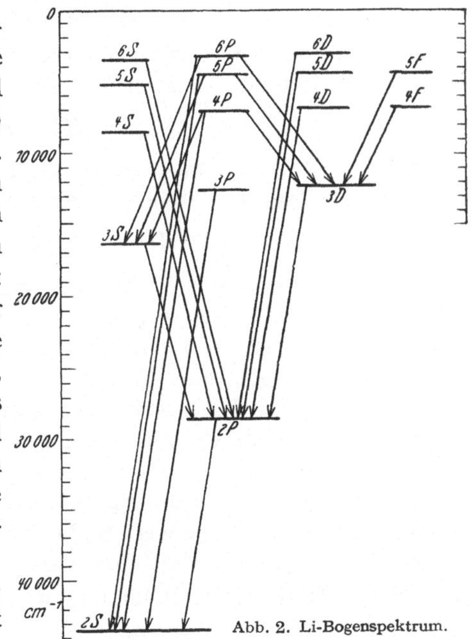

Abb. 2. Li-Bogenspektrum.

z. B. das Li-Atom besteht aus einem kugelsymmetrischen „Rumpf" Li$^+$ (Kern und zwei Elektronen), welcher in der Regel im Grundzustand verharrt, und einem Leuchtelektron, welches die Quantensprünge ausführt. Das Feld eines Rumpfes ist ungefähr das eines Kernes, dessen Ladung durch die inneren Elektronen abgeschirmt wird[1].

---

[1] Dazu kommt natürlich noch, in der zweiten Näherung, die „Polarisation" des Rumpfes durch das Leuchtelektron.

Die Abschirmung ist vollständig für weit nach außen gelegene Punkte, unvollständig in der Nähe des Kernes. Das abgeschirmte Feld ist also kein reines Coulombfeld. Man kann es in großer Entfernung annähernd betrachten als ein Coulombfeld wie beim H-Atom, zu dem aber in kleineren Entfernungen als „Störung" eine stärkere Anziehung hinzukommt, welche die Abnahme der potentiellen Energie und damit auch der Eigenwerte zur Folge hat. Aus der „Störungstheorie" (siehe § 5) entnimmt man, daß der Einfluß der Störung klein ist, wenn die Eigenfunktionen des ungestörten Problemes in der Nähe des Kerns klein sind, dagegen groß, wenn die Eigenfunktionen in der Nähe des Kernes erhebliche Werte annehmen. Nun sind gerade bei den größeren Werten von l die Eigenfunktionen des H-Problemes klein für kleine r; ihre Potenzreihenentwickelung fängt nämlich mit r^l an. Das erklärt also die immer größere Wasserstoffähnlichkeit der Serien bei wachsendem l.

§ 5. Störungsrechnung.

Das Problem der Störungsrechnung ist das folgende: Der Energieoperator H bestehe aus zwei Teilen:

$$H = H^0 + \varepsilon W,$$

von denen der zweite, das „Störungsglied" mit einem kleinen Faktor ε versehen ist. Das zu lösende Eigenwertproblem heißt also:

$$(H^0 + \varepsilon W)\,\psi = E\,\psi\,. \tag{5.1}$$

Das ungestörte Problem $H^0\psi = E^0\psi$ sei schon gelöst; wir nehmen an, daß die Eigenfunktionen $\varphi_1,\ \varphi_2,\ \ldots$ ein normiertes vollständiges Orthogonalsystem bilden und daß die zugehörigen Eigenwerte $E_1^0,\ E_2^0,\ \ldots$ der Größe nach geordnet sind. Das Problem ist: die Eigenfunktionen und vor allem die Eigenwerte des gestörten Problemes in erster Annäherung, das heißt bis auf einen Fehler von der Größenordnung ε^2, zu bestimmen.

Wir nehmen an, daß die Eigenwerte stetig und differenzierbar von ε abhängen. Der n-te Eigenwert E_n liegt also in der Nähe des n-ten Eigenwertes E_n^0 des ungestörten Problems und wird, nach Potenzen von ε entwickelt (Taylorsche Reihe mit Restglied), durch

$$E_n = E_n^0 + \zeta_n \varepsilon + \cdots \tag{5.2}$$

dargestellt. Wir lassen zunächst wieder den Index n fort, und entwickeln beide Seiten von (5.1) nach dem Orthogonalsystem der φ_r. Es sei

$$\psi \sim \sum_1^\infty c_\lambda \varphi_\lambda\,,$$

$$W\varphi_\mu \sim \sum_1^\infty w_{\lambda\mu}\,\varphi_\lambda\,,$$

$$H^0 \varphi_\lambda = E_\lambda^0 \varphi_\lambda\,.$$

Durch Gleichsetzen der Entwicklungskoeffizienten in (5. 1) erhält man:

$$c_\lambda E_\lambda^0 + \varepsilon \sum_1^\infty w_{\lambda\mu} c_\mu = c_\lambda E \, . \qquad (5.\,3)$$

Diese Gleichung gilt noch streng. E liegt in der Nähe eines E_n^0. Wenn also $E_\lambda^0 \neq E_n^0$ ist, so liegt für kleine Werte von ε auch $|\,E_\lambda^0 - E\,|$ oberhalb einer festen positiven Zahl, mithin kann man (5. 3) nach c_λ auflösen:

$$c_\lambda = \frac{\varepsilon \sum_1^\infty w_{\lambda\mu} c_\mu}{E_\lambda^0 - E} \, . \qquad (5.\,4)$$

Es handelt sich also darum: Welche E_λ^0 sind $\neq E_n^0$?

Es mögen etwa k aufeinanderfolgende gleiche Eigenwerte des ungestörten Problems vorkommen, die wir mit $E_n^0 = E_{n+1}^0 = \cdots = E_{n+k-1}^0$ bezeichnen (k-fache Entartung). Dann kann man für $\lambda \neq n, n + 1, \ldots,$ $n + k - 1$ die Auflösung (5. 4) benutzen, aus der man ersieht: *Die c_λ mit $\lambda \neq n, n + 1, \ldots, n + k - 1$ sind klein von der Größenordnung ε.*

Aber $c_n, c_{n+1}, \ldots, c_{n+k-1}$ sind nicht klein, wenigstens nicht alle. Ihre Grenzwerte für $\varepsilon = 0$ seien $c_n^0, c_{n+1}^0, \ldots, c_{n+k-1}^0$, also

$$c_\lambda = c_\lambda^0 + \cdots . \qquad (5.\,5)$$

Setzt man (5. 2) und (5. 5) in (5. 3) ein, und vergleicht man die Glieder mit ε unter Berücksichtigung der Größenordnung der Glieder c_λ mit $\lambda \neq n, n + 1, \ldots, n + k - 1$, so erhält man

$$\sum_n^{n+k-1} w_{\lambda\mu} c_\mu^0 = \zeta c_\lambda^0 \qquad (\lambda = n, n + 1, \ldots, n + k - 1) \, . \qquad (5.\,6)$$

Durch Elimination der c_μ^0 folgt die „Säkulargleichung"

$$\begin{vmatrix} w_{nn} - \zeta & w_{n,\,n+1} & \cdots w_{n,\,n+k-1} \\ w_{n+1,\,n} & w_{n+1,\,n+1} - \zeta & \cdots w_{n+1,\,n+k-1} \\ \cdots & \cdots & \cdots \\ w_{n+k-1,\,n} & w_{n+k-1,\,n+1} & \cdots w_{n+k-1,\,n+k-1} - \zeta \end{vmatrix} = 0, \qquad (5.\,7)$$

deren Wurzeln $\zeta_n, \zeta_{n+1}, \ldots, \zeta_{n+k-1}$ vermöge (5. 2) die Energiestufen des gestörten Problems in erster Annäherung bestimmen. Der k-fach entartete Term E_n^0 wird also durch die Störung in k (nicht notwendig verschiedene) Terme „aufgespalten". Zu jeder Wurzel ζ_λ bestimmen sich vermittels (5. 6) gewisse Werte für $c_n^0, \ldots, c_{n+k-1}^0$, die Anfangsglieder der Reihe für $c_n, \ldots, c_{n+k-1}$. Die Anfangsglieder der Reihen für die übrigen c_λ (d. h. die Glieder mit ε) ergeben sich aus (5. 4). Die Entwicklungskoeffizienten der so gefundenen Lösung des gestörten Problems unterscheiden sich nur in den Gliedern erster und höherer Ordnung von denen einer Linearkombination $c_n^0 \varphi_n + \cdots + c_{n-k-1}^0 \varphi_{n+k-1}$. Das „Hauptachsenproblem" (5. 6) werden wir in § 8 noch weiter diskutieren: es wird sich zeigen, daß zu einer i-fachen Wurzel von (5. 7) auch i linear unabhängige Lösungen von (5. 6) gehören, wie es unser Eigenwertproblem erfordert. Wie man sieht, liefert die Lösung des Hauptachsenproblems (5. 6) gleichzeitig die „erste Approximation" des Eigenwertes und die „nullte Approximation" der Eigenfunktionen. Man kann die Approximation natürlich auch bis zu höheren ε-Potenzen weitertreiben, doch gehen wir darauf nicht näher ein.

Die gefundene erste Approximation der Eigenwerte wird bei wachsendem ε ungenau, sobald in (5. 4) der Nenner von derselben Größenordnung wird wie der Zähler, also wenn der gestörte Wert von E in die Nähe eines anderen Termes $E_\lambda^0 \neq E_n^0$ kommt. Man sagt dann, daß die Terme E_λ^0 und E_n^0 *sich gegenseitig stören.* Die gegenseitige Störung hört aber auf, sobald die im Zähler vorkommenden $w_{\mu\lambda}$ verschwinden, d. h.: Zwei Terme E', E'' stören sich nicht, wie nahe sie auch beisammen sind, wenn $w_{\lambda\mu} = 0$ für $E_\lambda^0 = E'$, $E_\mu^0 = E''$ ist.

Eine Modifikation erleidet das Verfahren der Störungsrechnung, wenn die „ungestörten" Eigenfunktionen $\varphi_1, \varphi_2, \ldots$ nicht Eigenfunktionen eines einzigen Operators H_0, sondern Lösungen von verschiedenen approximativen Eigenwertproblemen sind und dementsprechend auch kein Orthogonalsystem bilden. Wir nehmen an, daß die Funktionen φ_ν trotzdem ein vollständiges Funktionensystem bilden, oder wenigstens, daß die Eigenfunktionen ψ des richtigen Operators H mit genügender Annäherung durch Summen $\sum_1^N c_\mu \varphi_\mu$ ersetzt werden dürfen, wo die Summe eine große, aber endliche Anzahl von Gliedern enthält. Das Eigenwertproblem $H\psi = E\psi$ heißt nunmehr:

$$\sum c_\mu H \varphi_\mu = E \sum c_\mu \varphi_\mu.$$

In der „nullten Näherung" ist $H\varphi_\mu = E_\mu \varphi_\mu$, und die Gleichsetzung des Koeffizienten links und rechts ergibt wie vorhin, daß alle c_μ in nullter Näherung gleich Null sind, mit Ausnahme derjenigen c_μ, deren Eigenwerte E_μ in nullter Näherung mit E übereinstimmen. Diese c_μ seien wiederum mit $c_n, c_{n+1}, \ldots, c_{n+k-1}$ bezeichnet. Statt nun wie vorhin in (5. 3) beide Seiten nach den φ_μ zu entwickeln, was wegen der Nichtorthogonalität der φ_λ gewisse Schwierigkeiten mit sich bringt, bilden wir auf beiden Seiten von (5. 8) das Skalarprodukt mit φ_λ für $\lambda = n, n+1, \ldots, n+k-1$:

$$\sum c_\mu (\varphi_\lambda, H \varphi_\mu) = E \sum c_\mu (\varphi_\lambda, \varphi_\mu).$$

Die $(\varphi_\lambda, \varphi_\mu)$ mit $\lambda \neq \mu$ sind sehr klein, da die φ_λ als fast-Eigenfunktionen des Operators H fast ein Orthogonalsystem bilden. Ebenso sind $(\varphi_\lambda, H \varphi_\mu)$ für $\lambda \neq \mu$ sehr klein, da $H \varphi_\mu$ fast $= E_\mu \varphi_\mu$ ist. Lassen wir diese kleinen Glieder, soweit sie außerdem mit kleinen Koeffizienten c_μ multipliziert werden (also für $\mu \neq n, n+1, \ldots, n+k-1$), ganz weg, entsprechend der früheren Vernachlässigung der Glieder mit ε^2, so bleibt das endliche, zu (5. 6) analoge lineare Gleichungssystem:

$$\sum_{n}^{n+k-1} c_\mu (\varphi_\lambda, H \varphi_\mu) = E \sum_{n}^{n+k-1} c_\mu (\varphi_\lambda, \varphi_\mu)$$

übrig. Setzt man zur Abkürzung $(\varphi_\lambda, \varphi_\mu) = g_{\lambda\mu}$ und $(\varphi_\lambda, H \varphi_\mu) = h_{\lambda\mu}$, so lautet unser Gleichungssystem

$$\sum_{n}^{n+k-1} (h_{\lambda\mu} - E g_{\lambda\mu}) c_\mu = 0 \, .$$

Die Elimination der c_μ ergibt wieder eine Art von Säkulargleichung

$$|h_{\lambda\mu} - E g_{\lambda\mu}| = 0 \, ,$$

aus der sich die Energiewerte in erster Näherung bestimmen.

Wenn man bei der obigen Rechnung die kleinen Glieder mit $\mu \neq n$, $n + 1, \ldots, n + k - 1$ nicht vernachlässigt, sondern die ganze Summe $\sum_{1}^{N} c_\mu \varphi_\mu$ berücksichtigt und dabei N immer anwachsen läßt, so erhält man eine Säkulargleichung von immer wachsendem Grad, aus der man die Eigenwerte immer genauer bestimmen kann. Das ist das *Ritzsche Verfahren* zur approximativen Lösung von Eigenwertproblemen.

Man kann die Störungsrechnung auch benutzen zur Untersuchung des Verhaltens einer vorgegebenen Wellenfunktion bei einer zeitabhängigen Störung. Ich verweise dafür auf die Lehrbücher der Quantenmechanik.

§ 6. Impulsmoment und infinitesimale Drehungen.

Nach § 2 entsprechen den Komponenten des Drehimpulses eines f-Elektronensystems die Operatoren:

$$\left.\begin{aligned} h L_x &= \frac{h}{i} \sum \left(y \frac{\partial}{\partial z} - z \frac{\partial}{\partial y} \right), \\ h L_y &= \frac{h}{i} \sum \left(z \frac{\partial}{\partial x} - x \frac{\partial}{\partial z} \right), \\ h L_z &= \frac{h}{i} \sum \left(x \frac{\partial}{\partial y} - y \frac{\partial}{\partial x} \right), \end{aligned}\right\} \qquad (6. 1)$$

wo die Summation sich über alle Elektronen erstreckt. Für das Quadrat des Gesamtdrehimpulses hat man ebenso den Operator:

$$h^2 \mathfrak{L}^2 = h^2 (L_x^2 + L_y^2 + L_z^2) \, .$$

Die Operatoren L_x, L_y, L_z haben eine einfache Beziehung zu den räumlichen Drehungen. Bei einer Drehung aller Punkte (x, y, z) des Konfigurationsraums eines einzelnen Elektrons etwa um die z-Achse um einen „unendlich kleinen" Winkel $\delta\alpha$ erleiden die Koordinaten x, y, z die Änderungen:

$$\delta x = - y \, \delta\alpha; \qquad \delta y = x \, \delta\alpha; \qquad \delta z = 0$$

(bis auf Größen, die klein gegen $\delta\alpha$ sind). Eine Funktion $\psi(q) = \psi(x, y, z)$

wird bei einer Drehung D des Raumes übergeführt in eine Funktion $D\psi = \psi'$, die durch:

$$\psi'(Dq) = \psi(q) \quad \text{oder} \quad \psi'(q) = \psi(D^{-1}q)$$

definiert wird[1], wo D^{-1} die umgekehrte oder inverse Drehung ist. Es ist also

$$\psi'(x, y, z) = \psi(x - \delta x,\ y - \delta y,\ z - \delta z),$$

$$\delta\psi = \psi' - \psi = -\frac{\partial\psi}{\partial x}\delta x - \frac{\partial\psi}{\partial y}\delta y - \frac{\partial\psi}{\partial z}\delta z$$

$$= \left(y\frac{\partial\psi}{\partial x} - x\frac{\partial\psi}{\partial y}\right)\delta\alpha.$$

Die Operation $-\left(x\dfrac{\partial}{\partial y} - y\dfrac{\partial}{\partial x}\right)$, welche demnach den Zuwachs der Funktion ψ bei der Drehung $\delta\alpha$ bis auf Größen höherer Ordnung bestimmt, heißt eine *infinitesimale Drehung* um die Z-Achse. Für eine Funktion von mehreren Variablenreihen $\psi\,(q_1,\ldots,q_f)$ berechnet sich der Zuwachs bei einer *gleichzeitigen* Drehung aller Punkte $q_1,\ldots,q_f$ um denselben Winkel durch den Operator

$$I_z = -\sum_1^f\left(x\frac{\partial}{\partial y} - y\frac{\partial}{\partial x}\right) = -iL_z.$$

Die Operatoren I_x, I_y, I_z genügen, wie man leicht nachrechnet, den Vertauschungsrelationen

$$\left.\begin{aligned}
I_x I_y - I_y I_x &= I_z,\\
I_y I_z - I_z I_y &= I_x,\\
I_z I_x - I_x I_z &= I_y.
\end{aligned}\right\} \tag{6.3}$$

Im Fall eines kugelsymmetrischen Feldes gehen die Eigenfunktionen einer bestimmten Energiestufe bei jeder Drehung und daher auch bei jeder infinitesimalen Drehung I_x, I_y oder I_z wieder in Eigenfunktionen derselben Energiestufe über; die lineare Schar dieser Eigenfunktionen erleidet also jedesmal eine lineare Transformation. Im Fall eines einzigen Elektrons sind die Eigenfunktionen Produkte von Funktionen $f(r)$ mit Kugelfunktionen l-ten Grades U_l. Diese erleiden durch die Operationen I_x, I_y und I_z bestimmte lineare Transformationen. Der Faktor $f(r)$ bleibt invariant und tut daher nichts zur Sache. Zum Beispiel ist (weil $Y_l^{(m)}$ vom Winkel φ nur durch den Faktor $e^{im\varphi}$ abhängt)

$$I_z\,Y_l^{(m)} = -i\,m\,Y_l^{(m)},$$

also

$$L_z\,Y_l^{(m)} = m\,Y_l^{(m)}.$$

---

[1] Das bedeutet, daß das graphische Bild der Funktion (das System ihrer Niveauflächen im Raum) der Drehung D unterworfen wird.

Die Funktion $Y_l^{(m)}$ *gehört also zum Eigenwert* m *von* L_z, *oder:*
Im Zustand $f(r)\,Y_l^{(m)}$ *hat* L_z *den scharfen Wert* m.

Wir rechnen nun den Operator $\mathfrak{L}^2$ aus. Im Fall eines Elektrons ist

$$- \mathfrak{L}^2 = \left(y\frac{\partial}{\partial z} - z\frac{\partial}{\partial y}\right)^2 + \left(z\frac{\partial}{\partial x} - x\frac{\partial}{\partial z}\right)^2 + \left(x\frac{\partial}{\partial y} - y\frac{\partial}{\partial x}\right)^2$$

$$= \left(y^2\frac{\partial^2}{\partial z^2} + z^2\frac{\partial^2}{\partial y^2} - 2yz\frac{\partial^2}{\partial y\,\partial z} - y\frac{\partial}{\partial y} - z\frac{\partial}{\partial z}\right) + \cdots + \cdots$$

$$= r^2\,\varDelta - \left(x\frac{\partial}{\partial x} + y\frac{\partial}{\partial y} + z\frac{\partial}{\partial z}\right)^2 - \left(x\frac{\partial}{\partial x} + y\frac{\partial}{\partial y} + z\frac{\partial}{\partial z}\right).$$

Rechnet man das auf Polarkoordinaten um mit Hilfe von (4. 2) und
$x\frac{\partial}{\partial x} + y\frac{\partial}{\partial y} + z\frac{\partial}{\partial z} = r\frac{\partial}{\partial r}$, so ergibt sich:

$$- \mathfrak{L}^2 = \varLambda. \tag{6. 4}$$

Daraus folgt wegen (4. 4) und (4. 6):

$$\mathfrak{L}^2\,Y_l = l(l+1)\,Y_l$$

und ebenso, da der $\varLambda$-Operator nur auf ϑ und φ, nicht auf r wirkt,

$$\mathfrak{L}^2 f(r)\,Y_l = l(l+1)\,f(r)\,Y_l.$$

D. h.: *Im Zustand* $f(r)\,Y_l$ *hat* $\mathfrak{L}^2$ *den scharfen Wert* $l(l+1)$.

Das Impulsmoment $h\,\mathfrak{L}$ ist also ein Vektor, dessen Quadrat in den
Zuständen $f(r)\,Y_l^{(m)}$ $(m = l, l-1, \ldots, -l)$ den Wert $h^2 l(l+1)$ und
dessen z-Komponente die Werte hm hat. Man veranschaulicht sich
die Sache, indem man einen Vektor der Länge hl zeichnet, dessen
Richtung so gewählt wird, daß seine Z-Komponente einen der allein
möglichen Werte hl, $h(l-1)$, $\ldots$, $-hl$ annimmt.

Wenn die z-Komponente einen scharfen Wert hat, kann die Komponente in einer anderen Richtung keinen scharfen Wert haben: die
Operatoren L_x und L_z sind nicht vertauschbar, besitzen daher auch kein
gemeinsames System von Eigenfunktionen. Die Kugelfunktionen $Y_l^{(m)}$,
die wir (willkürlich) als Basis für alle Kugelfunktionen angenommen
haben, sind gerade die Eigenfunktionen von L_z in der linearen Schar
aller Kugelfunktionen.

Zeemaneffekt. Das lineare magnetische Störungsglied in der Schroedin-
gergleichung eines Elektrons lautet, wenn μ die Masse, e die Ladung des
Elektrons, $\mathfrak{A}$ das Vektorpotential (rot $\mathfrak{A} = \mathfrak{H}$) und $\mathfrak{p}$ den Vektor mit
Komponenten $\mathfrak{p}_x = \frac{h}{i}\frac{\partial}{\partial x}$, usw. bezeichnet:

$$W = \frac{e}{\mu c}\,(\mathfrak{A}\cdot\mathfrak{p}),$$

oder, was für ein konstantes homogenes Magnetfeld der Stärke $\mathfrak{H}_z$ in der z-Richtung $(\mathfrak{A}_x = \frac{1}{2} y \,\mathfrak{H}_z;\ \mathfrak{A}_y = + \frac{1}{2} x \,\mathfrak{H}_z;\ \mathfrak{A}_z = 0)$ auf dasselbe hinauskommt:

$$W = \varkappa \,\mathfrak{H}_z L_z\,; \qquad \varkappa = \frac{e\,h}{2\,\mu\,c} = \text{Bohrsches Magneton.}$$

Ist H_0 der ungestörte (zentralsymmetrische) Energieoperator, so kann man nach dem Obigen die Eigenfunktionen von H_0 zu einem bestimmten Eigenwert E_0 so wählen, daß sie gleichzeitig zu einem bestimmten Eigenwert m von L_z gehören. Sie sind dann zugleich Eigenfunktionen der Summe $H = H_0 + W = H_0 + \varkappa \,\mathfrak{H}_z L_z$ zum Eigenwert

$$E = E_0 + \varkappa \,\mathfrak{H}_z\, m\,. \tag{6.5}$$

Daher beträgt die Termaufspaltung durch den Zeemaneffekt genau $\varkappa \,\mathfrak{H}_z\, m$. Das gleiche gilt wörtlich auch für ein System von mehreren Elektronen gleicher Ladung und Masse, vorausgesetzt, daß man die Eigenfunktionen einer jeden Energiestufe so wählt, daß sie zugleich Eigenfunktionen von L_z sind. Der Eigenwert m von L_z wird als die „magnetische Quantenzahl" bezeichnet, weil das Atom sich nach dem Obigen benimmt wie ein Magnet, dessen magnetisches Moment in der Z-Richtung m Bohrsche Magnetonen beträgt. Die Frequenz ν der ausgesandten Spektrallinien wird durch

$$h\,\nu = E - E' = (E_0 - E_0') + \varkappa \,\mathfrak{H}_z\,(m - m') \tag{6.6}$$

bestimmt.

Die Auswahlregel für m. Die Übergangswahrscheinlichkeiten, denen die Intensitäten der ausgesandten Linien beim Zeemaneffekt proportional sind, erhält man nach § 3 durch Entwicklung der Produkte $X\psi_n$, $Y\psi_n$, $Z\psi_n$ nach den Eigenfunktionen $\psi_{n'}$. Wählt man wieder die ψ_n und $\psi_{n'}$ so, daß sie bei einer Drehung D_α um die z-Achse mit Drehungswinkel α die Faktoren $e^{-im\alpha}$ bzw. $e^{-im'\alpha}$ annehmen und ist dann

$$(X + i\,Y)\,\psi_n \sim \sum (X_{n'n} + i\,Y_{n'n})\,\psi_{n'},$$

$$(X - i\,Y)\,\psi_n \sim \sum (X_{n'n} - i\,Y_{n'n})\,\psi_{n'},$$

$$Z\,\psi_n \sim \sum Z_{n'n}\,\psi_{n'},$$

so nehmen die linken Seiten dieser Reihen bei der Drehung D_α die Faktoren $e^{-i(m+1)\alpha}$, $e^{-i(m-1)\alpha}$, $e^{-im\alpha}$ an. Auf die rechten Seiten kann man die Drehung D_α in zweierlei Weisen ausüben: entweder, indem man auf alle Glieder die Drehung D_α ausübt, was beim Glied $\psi_{n'}$ den Faktor $e^{-im'\alpha}$ ergibt, oder indem man die ganze Reihe mit $e^{-i(m+1)\alpha}$ bzw. $e^{-i(m-1)\alpha}$ bzw. $e^{-im\alpha}$ multipliziert. Beide Operationen müssen das Gleiche liefern. Daraus folgt, daß in der ersten Reihe nur Glieder mit $m' = m + 1$, in der zweiten nur Glieder mit $m' = m - 1$

und in der dritten nur Glieder mit $m' = m$ wirklich vorkommen können. Es gilt also die Auswahlregel:

$$m' = m + 1, m, m - 1 \qquad (6.\,7)$$

mit dem Zusatz, daß im Fall $m' = m$ nur linear parallel zur z-Achse polarisiertes Licht ausgesandt wird, während für $m' = m \pm 1$ ein Beobachter in der xy-Ebene ein parallel zu dieser Ebene linear polarisiertes Licht, ein Beobachter in der z-Richtung aber zirkular polarisiertes Licht wahrnimmt[1].

Die obigen Betrachtungen sind absichtlich so allgemein gehalten, daß sie für ein beliebiges axialsymmetrisches Kraftfeld und bei beliebig viel Elektronen gelten, vorausgesetzt, daß die Eigenfunktionen wirklich so gewählt werden können, daß sie bei Drehungen D_α mit $e^{-im\alpha}$ multipliziert werden. Im Fall des Zeemaneffekts hängen nach (6. 6) die Wellenzahlen der verschiedenen Aufspaltungskomponenten der Spektrallinien nur von den Differenzen $m - m'$ ab, welche nach (6. 7) nur 0 oder ± 1 sein können. Das heißt, *jede Linie spaltet sich in drei äquidistante Komponenten, die den Sprüngen $m \to m + 1$, $m \to m$, $m \to m - 1$ entsprechen und für welche die obigen Polarisationsregeln gelten.* Das ist der *normale* Zeemaneffekt. Für den anomalen ergibt sich hier noch keine Erklärungsmöglichkeit; wir kommen auf ihn im vierten Kapitel bei der Besprechung des „spinning electron" zurück.

II. Gruppen und ihre Darstellungen.

§ 7. Lineare Transformationen.

Ein *n-dimensionaler Vektorraum* $(e_1, \ldots, e_n)$ besteht aus den Linearkombinationen $c_1 e_1 + \cdots + c_n e_n$ von n linear-unabhängigen *Basisvektoren* $e_1, \ldots, e_n$ mit komplexen Koeffizienten $c_1, \ldots, c_n$. Jede Schar von Größen irgendwelcher Art, die aus den Linearkombinationen von n linear-unabhängigen Größen bestehen, nennen wir ebenfalls einen Vektorraum. Z. B. bilden die Eigenfunktionen einer jeden Energiestufe bei den im Kap. I behandelten Problemen einen Vektorraum.

Ein *linearer Operator* oder eine *lineare Transformation* A des Vektorraumes in sich ordnet jedem Basisvektor e_μ einen neuen Vektor e'_μ zu,

$$A e_\mu = e'_\mu = \sum e_\lambda a_{\lambda\mu}, \qquad (7.\,1)$$

und ordnet jeder Linearkombination $v = \sum e_\lambda c_\lambda$ dementsprechend dieselbe Linearkombination der e'_λ zu:

$$A v = \sum \sum e_\lambda a_{\lambda\mu} c_\mu.$$

---

[1] Diese Tatsache folgt leicht aus den klassischen Gesetzen der Elektrodynamik, wenn man die Änderung des Drehimpulses um ± 1 korrespondenzmäßig korrekt mit einer „zirkulären Bahnbewegung" der Elektronen in Beziehung setzt.

Die Bestimmungszahlen von $A\,v$ sind also:

$$c_\lambda' = \sum a_{\lambda\mu}\,c_\mu. \tag{7.2}$$

Die lineare Transformation A wird demnach bei einer bestimmten Wahl der Basisvektoren $e_1, \ldots, e_n$ durch eine Matrix

$$\begin{pmatrix} a_{11} & a_{12} & \cdots & a_{1n} \\ \vdots & & & \vdots \\ a_{n1} & a_{n2} & \cdots & a_{nn} \end{pmatrix}$$

dargestellt, die man häufig ebenfalls mit A bezeichnet[1].

Werden zwei lineare Transformationen A und B nacheinander ausgeführt: erst B, dann A, so erhält man eine Produkttransformation $A\,B$, welche wegen

$$A\,B\,e_\mu = A\,(B\,e_\mu) = A \sum e_\lambda\,b_{\lambda\mu} = \sum \sum e_\varkappa\,a_{\varkappa\lambda}\,b_{\lambda\mu}$$

durch die *Produktmatrix* $(a_{\varkappa\lambda}) \cdot (b_{\lambda\mu})$ mit den Elementen $\sum\limits_\lambda a_{\varkappa\lambda}\,b_{\lambda\mu}$ dargestellt wird.

Die Relation (7.2) kann als Matrixgleichung so geschrieben werden:

$$\begin{pmatrix} c_1' \\ \vdots \\ c_n' \end{pmatrix} = (a_{\lambda\mu}) \cdot \begin{pmatrix} c_1 \\ \vdots \\ c_n \end{pmatrix}.$$

Ist die Determinante $|\,A\,|$ der Matrix A von Null verschieden, so kann man (7.2) nach den c_μ auflösen und erhält so eine Transformation A^{-1}, welche die Transformation A rückgängig macht:

$$A^{-1}A\,v = v \quad \text{für jeden Vektor } v.$$

Das Produkt $A^{-1}A$ und ebenso $A\,A^{-1}$ ist dann die „identische Transformation" 1, dargestellt durch die „Einheitsmatrix"

$$E = \begin{pmatrix} 1 & 0 & \cdots & & 0 \\ 0 & 1 & & & 0 \\ \vdots & & \ddots & & \vdots \\ 0 & 0 & \cdots & & 1 \end{pmatrix}.$$

Ist dagegen $|\,A\,| = 0$, so hat A keine Inverse und heißt eine *singuläre* Matrix.

---

[1] Es ist bei den Anwendungen dieser Formeln darauf zu achten, daß jede einzelne Gleichung (7.1) einer *Spalte* der Matrix A, jede Gleichung (7.2) einer *Zeile* von A entspricht. Schreibt man die Gleichungen (7.1) ganz aus:

$$A\,e_1 = e_1\,a_{11} + e_2\,a_{21} + \cdots + e_n\,a_{n1}$$
$$A\,e_2 = e_1\,a_{12} + e_2\,a_{22} + \cdots + e_n\,a_{n2}$$
$$\cdots\cdots\cdots\cdots\cdots\cdots\cdots\cdots\cdots,$$

so erscheint die Koeffizientenmatrix A rechts in *gespiegelter* Form.

Führt man neue Basisvektoren $d_1, \ldots, d_n$ ein durch eine Basistransformation mit der nichtsingulären Matrix $P = (p_{\lambda\mu})$:

$$d_\nu = P e_\nu, \quad e_\nu = P^{-1} d_\nu, \quad P^{-1} = (q_{\varkappa\lambda}),$$

so wird

$$A d_\nu = A \sum e_\mu p_{\mu\nu} = \sum\sum e_\lambda a_{\lambda\mu} p_{\mu\nu} = \sum\sum\sum d_\varkappa q_{\varkappa\lambda} a_{\lambda\mu} p_{\mu\nu};$$

mithin wird dieselbe Transformation A, auf die neue Basis bezogen, durch die Matrix $P^{-1} A P$ dargestellt. Transformiert man dagegen den ganzen Raum durch eine Transformation Q, so wird dabei die Transformation A übergeführt in eine neue Transformation $Q A Q^{-1}$. Denn wenn die alte Transformation A den Vektor v in w transformiert, so muß die neue den Vektor $Q v$ in $Q w$ überführen, und das tut gerade die Transformation $Q A Q^{-1}$.

Wir reden von einem *unitären Vektorraum*, wenn eine *Hermitesche Form*

$$(v, v) = \sum\sum g_{\lambda\mu} \bar{c}_\lambda c_\mu; \quad g_{\lambda\mu} = \bar{g}_{\mu\lambda}$$

festgelegt ist, deren Wert für jeden Vektor $v = (c_1, \ldots, c_n)$, ausgenommen $v = 0$, stets positiv ist (*positiv-definite* Hermitesche Form). Das *Skalarprodukt* zweier Vektoren wird dann durch

$$(v, w) = \sum\sum g_{\lambda\mu} \bar{c}_\lambda d_\mu \tag{7.3}$$

definiert; ist es Null, so heißen die Vektoren *orthogonal*.

Man kann die Basisvektoren $e_1, \ldots, e_n$ stets *orthogonal* wählen, so daß $(e_\lambda, e_\mu) = 0$ für $\lambda \neq \mu$ wird[1]; dann wird $g_{\lambda\mu} = 0$ für $\lambda \neq \mu$. Sodann kann man sie so *normieren*, daß $(e_\lambda, e_\lambda) = 1$ oder $g_{\lambda\lambda} = 1$ wird. Man hat dann

$$(v, v) = \sum \bar{c}_\lambda c_\lambda; \quad (v, w) = \sum \bar{c}_\lambda d_\lambda,$$

und die Matrix $(g_{\lambda\mu})$ aus (7.3) wird für die neuen, orthogonalen Basisvektoren die Einheitsmatrix.

Ein m-dimensionaler *linearer Unterraum* oder *Teilraum* $(v_1, \ldots, v_m)$ eines Vektorraumes $(e_1, \ldots, e_n)$ besteht aus allen Linearkombinationen von m linear-unabhängigen Vektoren $v_1, \ldots, v_m$. Auch dann, wenn die v_λ nicht linear-unabhängig sind, bilden ihre Linearkombinationen einen Teilraum $(v_1, \ldots, v_m)$; nur ist dann dessen Dimension kleiner als m.

Zu jedem m-dimensionalen Teilraum $\mathfrak{r} = (v_1, \ldots, v_m)$ eines unitären Vektorraumes $\mathfrak{R}_n$ existiert ein *total senkrechter* Teilraum $\mathfrak{r}'$, bestehend aus allen Vektoren w, die zu v_1 bis v_m orthogonal sind. Ergänzt man v_1 bis v_m durch weitere, zu ihnen orthogonale Basisvektoren v_{m+1} bis v_n zu einer Basis für den ganzen Raum, so ist leicht zu sehen, daß der total-senkrechte Raum $\mathfrak{r}'$ aus allen Linearkombinationen von v_{m+1} bis v_n besteht. Also hat $\mathfrak{r}'$ die Dimension $n - m$. $\mathfrak{r}$ und $\mathfrak{r}'$ spannen zu-

---

[1] Beweis: Sind e_1 bis e_n nicht orthogonal, so ersetzen wir zunächst für $\lambda = 2, 3, \ldots, n$ jedes e_λ durch $e'_\lambda = e_\lambda + \beta_\lambda e_1$, wo β so gewählt wird, daß $(e_1, e'_\lambda) = (e_1, e_\lambda) + \beta \cdot (e_1, e_1) = 0$ ist. In derselben Weise ersetzt man dann für $\lambda = 3, \ldots, n$ jedes e'_λ durch $e''_\lambda = e'_\lambda + \beta'_\lambda e'_2$, so daß $(e'_2, e''_\lambda) = 0$ wird, usw.

sammen den ganzen Raum $\mathfrak{R}_n$ auf, d. h. jeder Vektor von $\mathfrak{R}_n$ ist Summe eines Vektors von $\mathfrak{r}$ und eines Vektors von $\mathfrak{r}'$.

Eine lineare Transformation A heißt *unitär*, wenn sie alle Skalarprodukte ungeändert läßt, d. h. wenn stets gilt:

$$\sum g_{\lambda\mu}\,\bar{c}'_\lambda\,d'_\mu = \sum g_{\lambda\mu}\,\bar{c}_\lambda\,d_\mu \quad \text{für} \quad c'_\lambda = \sum a_{\lambda\mu}\,c_\mu, \quad d'_\lambda = \sum a_{\lambda\mu}\,d_\mu.$$

Das ergibt, wenn $\tilde{A}$ die gespiegelte konjugiert komplexe Matrix zu A ist und $G = (g_{\lambda\mu})$ gesetzt wird, die Bedingung

$$\tilde{A} G A = G$$

oder, wenn G speziell die Einheitsmatrix ist,

$$\tilde{A} A = E \quad \text{oder} \quad \sum \bar{a}_{\lambda\mu}\,a_{\lambda\nu} = \delta_{\mu\lambda}. \tag{7.4}$$

Daher ist $\tilde{A}$ die inverse Matrix zu A:

$$A^{-1} = \tilde{A}. \tag{7.5}$$

Eine lineare Transformation A heißt *Hermitesch symmetrisch* oder *selbstadjungiert* (vgl. § 1), wenn stets $(A v, w) = (v, A w)$ ist. Bezieht man die Matrix A auf ein normiert-orthogonales System von Grundvektoren, so wird die Selbstadjungiertheit ausgedrückt durch

$$a_{\lambda\mu} = \bar{a}_{\mu\lambda}. \tag{7.6}$$

Satz. *Wenn eine selbstadjungierte oder unitäre Transformation A einen linearen Unterraum in sich transformiert, so transformiert sie auch den dazu total senkrechten Unterraum in sich.*

Für die unitären Transformationen ist der Satz klar. Für die selbstadjungierten folgt er so: Sind $v_1, \ldots, v_m$ die Basisvektoren des ersten Unterraumes und ist w ein beliebiger Vektor des dazu senkrechten, so ist

$$(A w, v_\lambda) = (w, A v_\lambda) = 0,$$

mithin $A w$ zu allen v_λ orthogonal.

Aus diesem Satz folgt leicht, daß *sowohl jede selbstadjungierte als auch jede unitäre Transformation ein vollständiges (d. h. aus n Vektoren bestehendes) Orthogonalsystem von Eigenvektoren v,*

$$A v = \lambda v, \quad$$

besitzt.

Nämlich: Mit Hilfe der Säkulargleichung (vgl. § 5):

$$\begin{vmatrix} a_{11} - \lambda & a_{12} & \cdots a_{1n} \\ a_{21} & a_{22} - \lambda & \cdots a_{2n} \\ \cdots & \cdots\cdots & \cdots\cdots \end{vmatrix} = 0 \tag{7.7}$$

findet man sofort einen Eigenvektor v_1, dessen Komponenten $c_1, \ldots, c_n$ eine Lösung des Gleichungssystems

$$(a_{11} - \lambda)\,c_1 + \qquad a_{12}\,c_2 + \cdots = 0$$
$$a_{21}\,c_1 + (a_{22} - \lambda)\,c_2 + \cdots = 0$$
$$\vdots \qquad\qquad\qquad \vdots$$
$$a_{n1}\,c_1 + \qquad a_{n2}\,c_2 + \cdots = 0$$

bilden. Der dazu vollständig senkrechte Raum $\mathfrak{R}_{n-1}$ wird durch A nach dem obigen Satz in sich transformiert, also findet man nach derselben Methode in $\mathfrak{R}_{n-1}$ wieder einen Eigenvektor v_2, usw.

Benutzt man die gefundenen $v_1, \ldots, v_n$ als Basisvektoren von $\mathfrak{R}_n$, so wird die Transformation A durch eine Diagonalmatrix:

$$\begin{pmatrix} \lambda_1 & 0 & \cdots & \\ 0 & \lambda_2 & & \\ \vdots & & \ddots & \\ \vdots & & & \ddots \\ \cdot & & & \cdot \end{pmatrix}$$

dargestellt. Man sagt, die Transformation A sei *auf Hauptachsen transformiert*. Hieraus schließt man leicht: Jeder Eigenwert λ von A kommt unter den λ_ν schon vor und alle zugehörigen Eigenvektoren setzen sich linear zusammen aus denjenigen v_ν, für die $\lambda_\nu = \lambda$ ist.

Satz. *Jedes System von miteinander vertauschbaren unitären oder selbstadjungierten Matrices ist gleichzeitig auf Hauptachsen transformierbar.*

Beweis. Sind alle Matrices des Systems Vielfache der Einheitsmatrix, so ist alles trivial. Es sei also A eine Matrix des Systems, die nicht gleich einem Vielfachen der Einheitsmatrix ist. Ein vollständiges Orthogonalsystem von Eigenvektoren von A sei:

$$v_1,\ v_2,\ \ldots,\ v_k; \qquad w_1,\ \ldots,\ w_h; \qquad \ldots;$$

die zugehörigen Eigenwerte seien:

$$\lambda_1,\ \lambda_1,\ \ldots,\ \lambda_1; \qquad \lambda_2,\ \ldots,\ \lambda_2; \qquad \ldots \quad (\lambda_1 \neq \lambda_2,\ \text{usw.}).$$

Zum Eigenwert λ_1 gehört dann ein linearer Teilraum $\mathfrak{R}_k = (v_1, \ldots, v_k)$ bestehend aus allen Eigenvektoren zu diesem Eigenwert, ebenso zu λ_2 ein Raum $\mathfrak{R}_h$, usw. Damit nun eine weitere Matrix B mit A vertauschbar sei, muß B die Räume $\mathfrak{R}_k, \mathfrak{R}_h$ einzeln in sich transformieren (ist nämlich v ein Vektor in $\mathfrak{R}_k$, also $A v = \lambda_1 v$, so folgt $A B v = B A v = B \lambda_1 v = \lambda_1 B v$, also gehört $B v$ wieder zu $\mathfrak{R}_k$). Setzt man nun unseren Satz für Räume von kleinerer Dimensionszahl als der gegebene als bewiesen voraus (für Dimension 1 ist ja alles trivial), so kann man in den Räumen $\mathfrak{R}_k, \mathfrak{R}_h, \ldots, \mathfrak{R}_m$ alle Transformationen $A, B, \ldots$ gleichzeitig auf Hauptachsen transformieren. Daraus folgt die Behauptung ohne weiteres.

Die linke Seite der Säkulargleichung (7. 7) kann als Determinante $|A - \lambda E|$ der Matrix $A - \lambda E$ angesehen werden. Unter ihren Koeffizienten sind besonders wichtig der Koeffizient von $(-\lambda)^{n-1}$: die *Spur von A*:

$$S(A) = a_{11} + a_{22} + \cdots + a_{nn}$$

sowie das von λ unabhängige Glied: die Determinante $|A|$. Da nun die linke Seite $|A - \lambda E|$ der Säkulargleichung bei Transformation der Matrix A auf eine andere Basis invariant bleibt:

$$|P^{-1}AP - \lambda E| = |P^{-1}(A - \lambda E)P| = |P|^{-1}|A - \lambda E| \cdot |P| = |A - \lambda E|,$$

so sind alle ihre Koeffizienten ebenfalls Invarianten. Insbesondere ist

$$S(P^{-1}AP) = S(A).$$

§ 8. Gruppen.

Eine Menge $\mathfrak{g}$ von *Elementen* $a, b, \ldots$ irgendwelcher Art (z. B. von Zahlen, von Transformationen) heißt eine *Gruppe*, wenn folgende vier Bedingungen erfüllt sind:

(8. 1.) Jedem Elementepaar a, b ist ein „Produkt" $a \cdot b$ (oder ab), das wieder zu $\mathfrak{g}$ gehört, zugeordnet.

(8. 2.) Das Assoziativgesetz: $ab \cdot c = a \cdot bc$.

(8. 3.) Es gibt ein „Einselement", e oder 1, mit der Eigenschaft $ae = ea = a$.

(8. 4.) Zu jedem a von $\mathfrak{g}$ existiert ein Inverses a^{-1} in $\mathfrak{g}$, so daß $a \cdot a^{-1} = a^{-1}a = 1$ ist.

Die Gruppe heißt *Abelsch*, wenn stets $ab = ba$ ist.

Sind die Elemente der Gruppe Transformationen (etwa lineare) oder Permutationen (Vertauschungen einiger Objekte) und ist das Produkt $a \cdot b$ die Transformation oder Permutation, die entsteht, wenn *zuerst* b und *dann* a ausgeführt wird (wie im § 7), so ist das Assoziativgesetz (8. 2) automatisch erfüllt; die Einheit e ist die „identische Transformation", die alle Objekte ungeändert läßt, und a^{-1} ist die inverse Transformation, die die Transformation a rückgängig macht. *Eine Menge von nichtsingulären) Transformationen ist also eine Gruppe, wenn sie zu je zwei Transformationen auch deren Produkt und zu jeder auch die Inverse enthält.* Dasselbe gilt für die Gruppen von Permutationen.

Z. B. bilden die reellen Drehungen des 3-dimensionalen Raumes um einen festen Punkt eine nicht-Abelsche Gruppe: die Drehungsgruppe $\mathfrak{d}_3$. Eine umfassendere Gruppe erhält man, wenn man noch die Spiegelungen hinzunimmt. Die Drehungen um eine feste Achse bilden eine Abelsche Gruppe. Die Lorentztransformationen, d. h. die reellen nichtsingulären Transformationen des 4-dimensionalen Vektorraumes, welche die quadratische Form $x^2 + y^2 + z^2 - c^2t^2$ invariant lassen und die Richtung des Zeitablaufes nicht umkehren, bilden die *Lorentzgruppe*. Die linearen Transformationen von der Determinante Eins im n-dimensionalen Vektorraum bilden die *spezielle lineare Gruppe* $\mathfrak{c}_n$; die unitären Transformationen von der Determinante Eins bilden die *spezielle unitäre Gruppe* $\mathfrak{u}_n$. Die Permutationen von n Objekten bilden die *symmetrische Gruppe* $\mathfrak{S}_n$.

Die Permutationen der symmetrischen Gruppe werden folgendermaßen bezeichnet. Ist etwa P eine Permutation der Ziffern 1, 2, 3, 4, 5, welche 1 in 5, 5 in 4, 4 in 1 und weiter 2 in 3, 3 in 2 überführt, so schreibt man $P = (1\ 5\ 4)\ (2\ 3)$. Die Schreibweise gibt an, daß P das Produkt der „zyklischen Vertauschungen" $(1\ 5\ 4)$ und $(2\ 3)$ ist. Ähnlich ist $(1\ 2\ 3\ 4)$ die zyklische Permutation, die 1 in 2, 2 in 3, 3 in 4 und 4 in 1 überführt.

Die eben erklärte „Zykelschreibweise" ist besonders bequem, wenn es sich darum handelt, die zu einer Permutation P „*konjugierten*" Permutationen $Q P Q^{-1}$ zu berechnen. Man hat zu dem Zweck nur P als Produkt von zyklischen Vertauschungen zu schreiben und auf die in diesen Zyklen vorkommenden Symbole die Permutation Q auszuüben. Ist z. B.

$$P = (1\ 2\ 3\ 4\ 5), \qquad Q = (2\ 3),$$

so ist

$$Q\,P\,Q^{-1} = (1\ 3\ 2\ 4\ 5)\,.$$

Die zu einem Gruppenelement s in einer beliebigen Gruppe $\mathfrak{g}$ konjugierten Elemente $t s t^{-1}$ bilden eine *Klasse von untereinander konjugierten Gruppenelementen*.

Jede Permutation kann als Produkt von *Transpositionen* vom Typus $(i\,k)$, die nur zwei Ziffern vertauschen, geschrieben werden. Z. B. ist

$$(1\ 2\ 3\ 4\ 5) = (1\ 2)\ (2\ 3)\ (3\ 4)\ (4\ 5)\,.$$

Die *geraden Permutationen*, d. h. die Produkte aus einer geraden Anzahl von Transpositionen, bilden für sich allein eine Gruppe, die *alternierende Gruppe* $\mathfrak{A}_n$.

In manchen Abelschen Gruppen wird das aus a und b zusammengesetzte Element nicht wie bisher mit $a \cdot b$, sondern mit $a + b$ bezeichnet. In diesem Fall schreibt man 0 statt 1 (wegen $a + 0 = a$) und $-a$ statt a^{-1} (wegen $-a + a = 0$). Zu diesen *additiven Gruppen* gehören z. B. alle Vektorräume, welche ja den Bedingungen (8. 2) bis (8. 4) [in der additiven Schreibweise, z. B. $(a + b) + c = a + (b + c)$] genügen.

Der Vektorraum hat noch eine Besonderheit: man kann seine Elemente (Vektoren) nicht nur miteinander durch die Addition verbinden, sondern auch mit den (komplexen) Zahlen durch die Multiplikation: Zahl θ mal Vektor ergibt Vektor, und es ist

$$\theta\,(u + v) = \theta\,u + \theta\,v\,. \tag{8. 5}$$

Man redet allgemein, wenn zu einer additiven Gruppe gewisse „Multiplikatoren" oder „Operatoren" θ mit der Eigenschaft (8. 5) hinzugenommen werden, von einer *Gruppe mit Operatoren*. Z. B. kann man jedes System von linearen Transformationen eines Vektorraums zusammen mit allen Zahlen θ als Operatorenbereich für diesen Vektorraum auffassen.

Eine *Untergruppe* ist eine Teilmenge einer Gruppe, die mit derselben Verknüpfung $a \cdot b$ wieder eine Gruppe bildet. Damit das der Fall sei, muß sie mit a und b auch $a \cdot b$, mit a auch a^{-1} enthalten. Beispiel: die alternierende Gruppe $\mathfrak{A}_n$ ist eine Untergruppe der symmetrischen Gruppe $\mathfrak{S}_n$. Bei additiven Gruppen muß eine Untergruppe entsprechend stets $a + b$ und $-a$ enthalten. Bei einer Gruppe mit Operatoren verlangt man außerdem, daß die Teilmenge mit a auch θa enthält (*zulässige Untergruppe*). Beispiele: die Teilräume eines Vektorraumes sind zulässige Untergruppen; die ganzzahligen Vielfachen eines Vektors bilden eine nicht zulässige Untergruppe.

Ein allgemeines Beispiel einer Untergruppe einer nicht-Abelschen Gruppe G ist das *Zentrum* von $\mathfrak{G}$, welches aus denjenigen Gruppenelementen z besteht, welche mit allen Elementen von $\mathfrak{G}$ vertauschbar sind.

Die *Nebenklassen* oder *Restklassen* $a\mathfrak{g}$ nach einer Untergruppe $\mathfrak{g}$ in einer Gruppe $\mathfrak{G}$ entstehen, wenn man alle Elemente von $\mathfrak{g}$ von links mit einem beliebigen festen Element a von $\mathfrak{G}$ multipliziert. Zwei Elemente a, b gehören zur selben Restklasse, wenn $b^{-1}a$ zu $\mathfrak{g}$ gehört. Zwei verschiedene Restklassen haben nichts miteinander gemein und alle Restklassen zusammen füllen die ganze Gruppe $\mathfrak{G}$ aus. Beispiel: Die Restklassen nach der $\mathfrak{A}_n$ in der $\mathfrak{S}_n$ sind die Klassen der geraden und der ungeraden Permutationen.

Multipliziert man die Elemente einer Restklasse $a\mathfrak{g}$ mit den Elementen einer anderen Restklasse $b\mathfrak{g}$, so entsteht nicht immer wieder eine Restklasse nach $\mathfrak{g}$. Wohl aber ist das der Fall, wenn die Gruppe $\mathfrak{g}$ mit allen ihren „konjugierten" Untergruppen $a\mathfrak{g}a^{-1}$ identisch ist. Solche Untergruppen heißen *Normalteiler*. Z. B. ist $\mathfrak{A}_n$ Normalteiler in $\mathfrak{S}_n$, ebenso ist das Zentrum einer beliebigen Gruppe stets ein Normalteiler, dagegen ist die $\mathfrak{S}_n$ kein Normalteiler von $\mathfrak{S}_{n+1}$. Multipliziert man die Restklassen $a\mathfrak{g}$ und $b\mathfrak{g}$ eines Normalteilers $\mathfrak{g}$ miteinander in der angegebenen Weise und bezeichnet die entstehende Restklasse $ab\mathfrak{g}$ als das Produkt der beiden Ausgangs-Restklassen, so ergibt sich leicht, daß diese Restklassen, als Elemente aufgefaßt, wieder eine Gruppe bilden: die *Faktorgruppe* oder *Restklassengruppe* $\mathfrak{G}/\mathfrak{g}$. Bei einer Abelschen Gruppe (z. B. bei einem Vektorraum) ist jede Untergruppe Normalteiler; man kann daher stets die Faktorgruppe bilden. Zur Bildung der Faktorgruppe eines Vektorraums $\mathfrak{R} = (e_1, \ldots, e_n)$ nach einem Unterraum $\mathfrak{r} = (v_1, \ldots, v_n)$ hat man die Vektoren, die aus einem Vektor durch Addition aller Vektoren des Unterraums entstehen, in eine Klasse zu vereinigen und diese Restklassen als Elemente einer neuen additiven Gruppe aufzufassen. Bei Multiplikation mit einer Zahl θ geht der Unterraum in sich über (d. h. er ist eine zulässige Untergruppe) und daher jede Restklasse wieder in eine Restklasse; also kann man auch für die Restklassen die Multiplikation mit einer Zahl θ erklären: Die Restklassengruppe ist wieder eine Gruppe mit Operatoren. Ergänzt man die Basis $(v_1, \ldots, v_m)$ des Unterraums durch Hinzunahme weiterer linear-unabhängiger $v_{m+1}, \ldots, v_n$ zu einer Basis des ganzen

Raums, so besteht eine Restklasse aus allen Vektoren $c_1 v_1 + \cdots$ $+ c_{m+1} v_{m+1} + \cdots + c_n v_n$ mit *festen* c_{m+1} bis c_n. Die Restklassen werden also eindeutig durch Vektoren $c_{m+1} v_{m+1} + \cdots + c_n v_n$ repräsentiert. Daraus folgt: *Die Restklassengruppe $\Re/\mathfrak{r}$ ist ein $(n - m)$-dimensionaler Vektorraum.*

Allgemeiner kann man bei jeder additiven Gruppe mit Operatoren θ auch die Restklassen nach einer Untergruppe $\mathfrak{g}$ mit den Operatoren θ multiplizieren (vorausgesetzt, daß die Untergruppe eine zulässige ist); also ist die Faktorgruppe $\mathfrak{G}/\mathfrak{g}$ eine Gruppe mit demselben Operatorenbereich.

Ist jedem Element a einer Gruppe $\mathfrak{g}$ ein Element $\bar{a}$ einer Gruppe $\bar{\mathfrak{g}}$ zugeordnet, derart, daß dem Produkt $a\,b$ das Produkt $\bar{a}\,\bar{b}$ entspricht (und daher auch dem Einselement das Einselement und dem Inversen das Inverse) und wird dabei jedes Element von $\bar{\mathfrak{g}}$ auch mindestens einmal als „Bildelement" $\bar{a}$ benutzt, so spricht man von einer *homomorphen Abbildung* von $\mathfrak{g}$ auf $\bar{\mathfrak{g}}$. (Beispiel: $\mathfrak{g}$ sei die symmetrische Gruppe $\mathfrak{S}_n$. Man ordne jeder geraden Permutation die Zahl $+1$, jeder ungeraden die Zahl -1 zu. $\bar{\mathfrak{g}}$ ist dann die Gruppe, deren Elemente die Zahlen $+1$ und -1 sind.) Entsprechen verschiedenen a, b auch stets verschiedene Bilder $\bar{a}, \bar{b}$ (was im obigen Beispiel nur für $n = 2$ der Fall ist), so heißt die Abbildung ein *Isomorphismus* und die Gruppen *isomorph*: sie sind dann nur in der Bezeichnung der Elemente voneinander verschieden, in ihrer Struktur ganz gleich. Man schreibt dann

$$\mathfrak{g} \cong \bar{\mathfrak{g}} \, .$$

Bei additiven Gruppen mit Operatoren verlangt man von einem Homo- bzw. Isomorphismus, außer daß er der Summe $a + b$ die Summe $\bar{a} + \bar{b}$ zuordnet, auch noch, daß er θa in $\theta \bar{a}$ überführt (beide Gruppen müssen also denselben Operatorenbereich haben). Man spricht dann von *Operator-Homo-* (bzw. *Iso-*) *morphismen*. Z. B. sind zwei Vektorräume stets operatorisomorph, wenn sie dieselbe Dimensionszahl haben, weil man dann den Basisvektoren des einen die Basisvektoren des anderen und jeder Linearkombination der ersteren dieselbe Linearkombination der letzteren zuordnen kann. Jede lineare Transformation eines Vektorraumes ist ein Operatorhomomorphismus, solange nur Zahlen als Operatoren in Betracht gezogen werden.

Ist eine Gruppe $\mathfrak{g}$ auf $\bar{\mathfrak{g}}$ homomorph, aber nicht isomorph abgebildet, so sieht man sehr leicht ein, daß die Elemente von $\mathfrak{g}$, denen das Einselement in $\bar{\mathfrak{g}}$ entspricht, einen Normalteiler $\mathfrak{h}$ in $\mathfrak{g}$ bilden, und daß die Elemente von $\mathfrak{g}$, denen ein beliebiges festes Element von $\bar{\mathfrak{g}}$ zugeordnet ist, immer eine Restklasse nach diesem Normalteiler bilden. So entspricht jeder Restklasse nach $\mathfrak{h}$ umkehrbar eindeutig ein Element von $\bar{\mathfrak{g}}$, und diese Zuordnung ist ein Isomorphismus. So erhält man den

Homomorphiesatz. *Ist $\mathfrak{g}$ homomorph auf $\bar{\mathfrak{g}}$ abgebildet, so ist $\bar{\mathfrak{g}}$ isomorph zur Faktorgruppe $\mathfrak{g}/\mathfrak{h}$, wo $\mathfrak{h}$ besteht aus den Elementen von $\mathfrak{g}$,* *denen das Einselement in* $\bar{g}$ *entspricht. Umgekehrt wird auch stets* g *ho-momorph auf jede Faktorgruppe* g/h *abgebildet, wenn man jedem Element diejenige Restklasse, in der es liegt, zuordnet.* (Im obigen Beispiel, wo $\bar{g}$ aus den Zahlen $+1$, -1 bestand, wird h gerade die alternierende Gruppe.)

Der Homomorphiesatz gilt ungeändert für Gruppen mit Operatoren, wenn man für Homo- und Isomorphie stets Operatorhomo- bzw. Isomorphie liest.

Ein wichtiger Spezialfall des Homomorphismusbegriffs entsteht, wenn die zugeordnete Gruppe $\bar{g}$ aus linearen Transformationen eines Vektorenraumes $\mathfrak{R}$ besteht. Es wird also jedem Element der Gruppe g eine nichtsinguläre lineare Transformation A des Raumes $\mathfrak{R}$ zugeordnet, derart, daß dem Produkt ab stets das Produkt AB entspricht. Man spricht dann von einer *Darstellung der Gruppe* g *durch lineare Transformationen* (oder durch Matrices). Die Dimensionszahl n des Darstellungsraumes heißt der *Grad* der Darstellung. Ist die Zuordnung umkehrbar eindeutig, also isomorph, so spricht man von einer *treuen* Darstellung. Ist die Darstellung nicht treu, so ist sie nach dem Homomorphiesatz stets eine treue Darstellung einer Faktorgruppe g/h.

Für eine ausführlichere Darstellung der Grundlagen der Gruppentheorie vergleiche man: A. SPEISER: Theorie der Gruppen von endlicher Ordnung, oder B. L. VAN DER WAERDEN: Moderne Algebra I, beide in dieser Sammlung erschienen.

Die Anwendung der Darstellungen von Gruppen auf die Quantenmechanik beruht auf folgendem.

Die Schroedingersche Differentialgleichung eines Systems geht in sich über bei gewissen Transformationen der in der Wellenfunktion vorkommenden Variablen, wie z. B.:

a) die Vertauschungen der Koordinaten der verschiedenen Elektronen (oder eventuell Kerne), welche in der Gleichung gleichwertig vorkommen;

b) die Translationen, Drehungen und Spiegelungen des Raumes, welche das vorhandene Kraftfeld ungeändert lassen. Wird beim Atom der Kern als festes Kraftzentrum angesehen, so kommen die Drehungen des Raumes um diesen Punkt und die Spiegelung an diesem Punkt in Betracht. Beim Atom im homogenen magnetischen oder elektrischen Feld hat man die ganze Drehungsgruppe durch die Untergruppe der Drehungen um eine feste Achse zu ersetzen. Werden im zweiatomigen Molekül die beiden Atomkerne (in erster Annäherung) als feste Kraftzentren betrachtet, so sind die Drehungen um die Kernverbindungslinie und die Spiegelungen an Ebenen durch diese zu betrachten. Bei zwei Kernen von gleicher Ladung kommt noch die Spiegelung an der Mittelebene senkrecht zur Kernverbindungslinie dazu, usw.

Die betrachteten Transformationen des Schroedingerschen Eigenwertproblems bilden jedesmal eine *Gruppe,* nämlich im Fall a) die symmetrische Permutationsgruppe $\mathfrak{S}_f$, wenn f Elektronen im Spiel sind, und im Fall b) eine Gruppe aus Drehungen und Spiegelungen. Die Transformationen dieser Gruppe ergeben jedesmal Transformationen der Wellenfunktionen ψ, wenn festgesetzt wird, daß eine räumliche Transformation T (Drehung oder Spiegelung), welche das Punktsystem $q_1, q_2, \ldots, q_f$ in $q_1' \ldots, q_f'$ überführt, die Wellenfunktion ψ in ψ' überführt, wo

$$\psi'(q_1', \ldots, q_f') = \psi(q_1, \ldots, q_f)$$

oder, was dasselbe ist,

$$\psi'(q_1, \ldots, q_f) = \psi(T^{-1}q_1, \ldots, T^{-1}q_f)$$

gesetzt wird. Die Funktionen ψ werden in dieser Weise *linear* transformiert, und es gilt, wenn S und T zwei Transformationen sind,

$$(ST)\psi = S(T\psi).$$

Da bei diesen Transformationen die Schroedingersche Differentialgleichung sich nicht ändert, so müssen ihre Eigenfunktionen wieder in Eigenfunktionen zum gleichen Eigenwert übergehen. *Die Eigenfunktionen einer jeden Energiestufe werden also linear transformiert und diese Transformationen bilden eine Darstellung der fraglichen Gruppe.*

Wenn es gelingt, die verschiedenen überhaupt möglichen Darstellungen der in Betracht kommenden Gruppen aufzustellen und zu klassifizieren, so ist damit gleichzeitig eine Klassifikation der Eigenfunktionen und Eigenwerte der Atome und Moleküle gegeben. Darauf beruht die „gruppentheoretische Ordnung der Termsysteme".

§ 9. Äquivalenz und Reduzibilität von Darstellungen.

Es ist oft zweckmäßig, den Vektorraum $\mathfrak{R}$ einer Darstellung als eine additive Gruppe mit Operatoren aufzufassen: die Operatoren sind dann die Gruppenelemente a, und die Multiplikation av von a mit einem Vektor v bedeutet, daß auf den Vektor v die zu a zugeordnete lineare Transformation A ausgeführt werden soll. Diese Schreibweise ergibt sich fast von selbst bei den quantenmechanischen Anwendungen: das Ergebnis einer Drehung D oder Permutation P, angewandt auf eine Eigenfunktion ψ, wird naturgemäß mit $D\psi$ bzw. $P\psi$ bezeichnet. Bei dieser Schreibweise vermeidet man die Einführung der zugeordneten Matrices A, was auch sehr zweckmäßig ist, da man oft verschiedene Darstellungsräume, Unterräume usw. gleichzeitig betrachtet, für deren Transformationen man also immer neue Buchstaben A, A', usw. einführen müßte. Schließlich hat man noch den Vorteil, daß man alle gruppentheoretischen Begriffe und Sätze unmittelbar auf Darstellungsräume anwenden kann, indem man diese als additive Gruppen mit Operatoren auffaßt. So ergibt der Begriff des Operatorisomorphismus, angewandt auf zwei Darstellungsräume $\mathfrak{R}$, $\mathfrak{R}'$ derselben Gruppe $\mathfrak{g}$, sofort den Begriff der *Äquivalenz* zweier Darstellungen: *die beiden Darstellungen von $\mathfrak{g}$ in $\mathfrak{R}$ und $\mathfrak{R}'$ heißen äquivalent, wenn man in $\mathfrak{R}$ und $\mathfrak{R}'$ die Basisvektoren so wählen kann, daß jedes Gruppenelement in beiden Räumen durch dieselbe Matrix dargestellt wird.* Das heißt: eine durch Matrices A vermittelte Darstellung ist zur Darstellung $P^{-1}AP$ äquivalent, wenn P irgendeine feste Matrix ist.

Der Begriff einer zulässigen (d. h. gegenüber den Operatoren θ invarianten) Untergruppe ergibt den Begriff eines *invarianten Unterraums*, d. h. eines solchen linearen Unterraums, der bei den Transformationen der Darstellung in sich transformiert wird. Wenn es einen solchen invarianten Unterraum $\mathfrak{r}$ gibt, der nicht nur aus dem Nullvektor besteht und nicht der ganze Raum $\mathfrak{R}$ ist, so heißt die Darstellung *reduzibel* und ebenso der Vektorraum *reduzibel* (in bezug auf die Gruppe $\mathfrak{g}$)[1].

Wie sehen die Matrices einer reduziblen Darstellung aus? Wir wählen ein System von Basisvektoren $u_1, \ldots, u_h$ im invarianten Unterraum $\mathfrak{r}$, und ergänzen es zu einer Basis $(u_1, \ldots, u_n)$ für den ganzen Raum $\mathfrak{R}$. Dann ist:

$$\left.\begin{aligned}
a\,u_\mu &= \sum_1^h u_\lambda p_{\lambda\mu} && (\mu = 1, \ldots, h)\,, \\[2mm]
a\,u_\nu &= \sum_1^h u_\lambda q_{\lambda\nu} + \sum_{h+1}^n u_\lambda s_{\lambda\nu} && (\nu = h+1, \ldots, n)\,,
\end{aligned}\right\} \qquad (9.\,1)$$

mithin hat die Matrix A die Gestalt:

$$A = \begin{pmatrix} P & Q \\ O & S \end{pmatrix},$$

wo P, Q und S wieder Matrices sind und O die Nullmatrix bedeutet. Die Matrices P gehören zur Darstellung von $\mathfrak{g}$ im Unterraum $\mathfrak{r}$. Was bedeuten die Matrices S?

Der Faktorraum $\mathfrak{R}/\mathfrak{r}$ gestattet wieder die Operatoren a von $\mathfrak{g}$. Gehen wir in den Gleichungen (9. 1) von den Vektoren u zu den ihnen entsprechenden Restklassen $\bar{u}$ von $\mathfrak{R}/\mathfrak{r}$ über (vgl. den zweiten Teil des Homomorphiesatzes), so werden $\bar{u}_1, \ldots, \bar{u}_h$ gleich Null, da $u_1, \ldots, u_h$ ja alle im Unterraum $\mathfrak{r}$, d. h. in der Restklasse der Null liegen, dagegen bilden $\bar{u}_{h+1}, \ldots, \bar{u}_n$ eine linear-unabhängige Basis für den Faktorraum $\mathfrak{R}/\mathfrak{r}$. Es wird also:

$$a\,\bar{u}_\nu = \sum_{h+1}^n \bar{u}_\lambda s_{\lambda\nu} \qquad (\nu = h+1, \ldots, n)\,,$$

mithin gehören die Matrices S genau zu der Darstellung, die durch den Faktorraum $\mathfrak{R}/\mathfrak{r}$ vermittelt wird.

---

[1] Für den Begriff der Reduzibilität ist es nicht notwendig, daß die Operatoren (a oder θ) eine Gruppe bilden: es kann irgendein System von Operatoren gegeben sein, welche lineare Transformationen von $\mathfrak{R}$ in sich hervorrufen.

Die Wahl der ergänzenden Basisvektoren u_{h+1} bis u_n enthält natürlich eine gewisse Willkür.

Wenn man durch spezielle Wahl dieser Basisvektoren erreichen kann, daß die Matrixelemente q alle gleich Null werden, so spannen die $(u_{h+1}, \ldots, u_n)$ wieder einen invarianten Unterraum $\mathfrak{s}$ auf, und man sagt, daß der Raum $\mathfrak{R}$ *zerfällt* in die invarianten Unterräume $\mathfrak{r}$ und $\mathfrak{s}$:

$$\mathfrak{R} = \mathfrak{r} + \mathfrak{s}. \tag{9.2}$$

Auch von der durch $\mathfrak{R}$ vermittelten Darstellung $\mathfrak{D}$ sagt man, daß sie zerfällt in die durch $\mathfrak{r}$ und $\mathfrak{s}$ vermittelten Darstellungen $\mathfrak{D}_1$ und $\mathfrak{D}_2$, und schreibt:

$$\mathfrak{D} = \mathfrak{D}_1 + \mathfrak{D}_2.$$

Die Matrices S gehören in diesem Fall zur Darstellung im Raum $\mathfrak{s}$. Daraus ergibt sich sofort der *Isomorphiesatz: Aus* (9.2) *folgt* $\mathfrak{s} \cong \mathfrak{R}/\mathfrak{r}$ (und ebenso $\mathfrak{r} \cong \mathfrak{R}/\mathfrak{s}$)*.

Wir werden es im folgenden hauptsächlich mit Darstellungen von Gruppen durch unitäre Transformationen zu tun haben. Bei diesen gibt es zu jedem invarianten Teilraum $\mathfrak{r}$ einen totalsenkrechten invarianten Teilraum $\mathfrak{s}$, *also folgt in diesem Fall aus der Reduzibilität sofort das Zerfallen.*

Man schreibt, wenn $\mathfrak{a}$ und $\mathfrak{b}$ Untergruppen einer additiven Abelschen Gruppe sind, $(\mathfrak{a}, \mathfrak{b})$ für die *Vereinigungsgruppe*, die aus allen Summen $a + b$ (a aus $\mathfrak{a}$, b aus $\mathfrak{b}$) besteht. Ist jedes Element von $\mathfrak{s} = (\mathfrak{a}, \mathfrak{b})$ sogar *eindeutig* als Summe $a + b$ darstellbar, so heißt $\mathfrak{s}$ die *direkte Summe* von $\mathfrak{a}$ und $\mathfrak{b}$ und man schreibt $\mathfrak{s} = \mathfrak{a} + \mathfrak{b}$, wie in Gleichung (9.2). Ein Kriterium für die Direktheit der Summe ist, daß die Untergruppen $\mathfrak{a}$ und $\mathfrak{b}$ nur das Nullelement gemein haben[1]. Entsprechend definiert man die direkte Summe von mehr als zwei Untergruppen: die Schreibweise

$$\mathfrak{s} = \mathfrak{a}_1 + \cdots + \mathfrak{a}_h$$

bedeutet, daß jedes Element von $\mathfrak{s}$ eindeutig als Summe $a_1 + \cdots + a_h$ darstellbar ist. Ein Kriterium dafür ist, daß jedes $\mathfrak{a}_\nu$ mit der Summe aller vorangehenden $\mathfrak{a}_\lambda$ nur das Nullelement gemein hat.

Eine additive Gruppe $\mathfrak{G}$ mit Operatoren (speziell ein Vektorraum bei einer Darstellung) heißt *irreduzibel* oder *minimal*, wenn sie keine invariante Untergruppe (außer sich selbst und der Null) enthält. Sie

---

* Der Satz ist ein Spezialfall des allgemeinen gruppentheoretischen Isomorphiesatzes:

$$\mathfrak{B}/\mathfrak{A} \cong \mathfrak{B}/\mathfrak{D},$$

in welchem $\mathfrak{B}$ die Vereinigungsgruppe, $\mathfrak{D}$ den Durchschnitt der Untergruppen $\mathfrak{A}$, $\mathfrak{B}$ darstellt, der gültig ist, sobald $\mathfrak{A}$ Normalteiler in $\mathfrak{B}$ ist. Siehe B. L. VAN DER WAERDEN: Moderne Algebra I, § 40.

[1] Bei nicht-Abelschen Gruppen muß man außerdem noch verlangen, daß $\mathfrak{a}$ und $\mathfrak{b}$ Normalteiler in $\mathfrak{s}$ sind.

heißt *vollständig reduzibel*, wenn sie eine direkte Summe von irreduziblen (zulässigen) Untergruppen ist:

$$\mathfrak{G} = \mathfrak{g}_1 + \cdots + \mathfrak{g}_h \,.$$

Ebenso heißt eine Darstellung vollständig reduzibel, wenn der zugehörige Vektorraum es ist; die Darstellung erscheint dann in der „ausreduzierten Gestalt":

$$\mathfrak{D} = \mathfrak{D}_1 + \cdots + \mathfrak{D}_h {}^* .$$

Unter den $\mathfrak{D}_\nu$ können natürlich äquivalente Paare vorkommen.

Beispiel einer vollständigen reduziblen Darstellung. Nimmt man drei Basisvektoren e_1, e_2, e_3 und unterwirft diese allen Permutationen der symmetrischen Gruppe $\mathfrak{S}_3$:

$$(12)\, e_1 = e_2 \,, \qquad (123)\, e_1 = e_2 \,,$$
$$(12)\, e_2 = e_1 \,, \qquad (123)\, e_2 = e_3 \,,$$
$$(12)\, e_3 = e_3 \,, \qquad (123)\, e_3 = e_1 \,, \text{ usw.,}$$

so erhält man eine Darstellung der Permutationsgruppe durch lineare (unitäre) Transformationen. Die Darstellung ist reduzibel, denn der Vektor $s = e_1 + e_2 + e_3$ ist bei allen Permutationen invariant und dasselbe gilt daher von dem Teilraum oder „Strahl" $\mathfrak{r}_1$, der aus allen Vielfachen $s\,\alpha$ besteht. Der zu diesem Strahl senkrechte Teilraum $\mathfrak{r}_2$, der von den Differenzen $e_1 - e_2$, $e_2 - e_3$ aufgespannt wird, ist ebenfalls invariant und enthält, wie leicht zu sehen, keinen invarianten Teilraum mehr. Also ist der dreidimensionale Vektorraum $\mathfrak{G}$ vollständig reduzibel:

$$\mathfrak{G} = \mathfrak{r}_1 + \mathfrak{r}_2 \,,$$

und die Darstellung zerfällt in zwei irreduzible Darstellungen der Grade 1 und 2. Die Matrices dieser Darstellungen sind sehr leicht explizite aufzustellen. Die Darstellung ersten Grades ist die „identische Darstellung", die jeder Permutation die Einheitsmatrix zuordnet. Die Darstellung zweiten Grades hat die Matrices

$$(12) \sim \begin{pmatrix} -1 & 1 \\ 0 & 1 \end{pmatrix}; \quad (13) \sim \begin{pmatrix} 0 & -1 \\ -1 & 0 \end{pmatrix}; \quad (23) \sim \begin{pmatrix} 1 & 0 \\ 1 & -1 \end{pmatrix};$$

$$(123) \sim \begin{pmatrix} 0 & -1 \\ 1 & -1 \end{pmatrix}; \quad (132) = \begin{pmatrix} -1 & 1 \\ -1 & 0 \end{pmatrix}; \quad 1 \sim \begin{pmatrix} 1 & 0 \\ 0 & 1 \end{pmatrix}.$$

---

* Die Matrices der Darstellung sehen dann so aus:

$$A = \begin{pmatrix} A_1 & & & 0 \\ & A_2 & & \\ & & \ddots & \\ 0 & & & A_h \end{pmatrix},$$

wo die Matrices A_ν zu den irreduziblen Darstellungen $\mathfrak{D}_\nu$ gehören.

Unitäre Darstellungen (Darstellungen durch unitäre Transformationen) und überhaupt Systeme von unitären Transformationen sind stets (entweder irreduzibel oder) vollständig reduzibel, denn wenn der Vektorraum $\Re$ reduzibel und $\mathfrak{r}$ ein invarianter Teilraum ist, so zerfällt $\Re$ in $\mathfrak{r}$ und einen dazu total-senkrechten invarianten Teilraum $\mathfrak{r}$; ist einer von diesen beiden Räumen wieder reduzibel, so zerfällt er in derselben Weise usw.

Die in der Quantentheorie vorkommenden Darstellungen sind stets unitär, weil bei jeder Drehung oder Permutation das über den ganzen Phasenraum erstreckte Integral

$$N \psi = \int \overline{\psi}\, \psi\, dV$$

invariant bleibt.[°]

Die Bedeutung der Reduzibilität einer Darstellung für die Quantentheorie beruht auf folgendem:

Wenn die Energiestufen eines Systems, z. B. eines Mehr-Elektronensystems, bekannt sind bei Vernachlässigung gewisser Glieder des Energieausdrucks, die als Störungsglieder εW nachher wieder hinzugefügt werden (wobei man ε stetig von 0 an wachsen läßt), so weiß man oft von den Störungsgliedern, daß sie ebenso wie der ungestörte Operator H_0 invariant sind bei einer Gruppe $\mathfrak{g}$. Sowohl die ungestörten wie die gestörten Eigenfunktionen erleiden bei den Operationen der Gruppe $\mathfrak{g}$ ein System von linearen Transformationen, das reduzibel oder irreduzibel sein kann. Beim Grenzübergang $\varepsilon \to 0$ muß die Transformation der gestörten Eigenfunktion in die der ungestörten übergehen. Nun ist aber klar, daß eine reduzible Transformationsgruppe bei einem Grenzübergang niemals in eine irreduzible übergehen kann: Matrices $\begin{pmatrix} P & Q \\ 0 & S \end{pmatrix}$ bzw. $\begin{pmatrix} P & 0 \\ 0 & S \end{pmatrix}$ geben ja in der Grenze immer wieder Matrices derselben Gestalt. Auch ändert sich der Grad der Darstellung beim Grenzübergang nicht: höchstens können verschiedene Energieniveaus zusammenrücken und dadurch zwei oder mehrere Räume der Dimensionen n_1, n_2 zu einem Raum der Dimension $n_1 + n_2$ verschmolzen werden, in welchem Raum dann eine reduzible Darstellung stattfindet.

Daraus folgt: Wenn in der Grenze für $\varepsilon = 0$ eine irreduzible Darstellung n-ten Grades vorliegt, so hat man auch für kleine ε eine irreduzible Darstellung desselben Grades. Und da man durch stetiges Anwachsen ε schließlich so groß machen kann wie man will, so gilt dasselbe Ergebnis auch noch für große Störungsglieder: *Liegt vor der Störung eine irreduzible Darstellung der Gruppe $\mathfrak{g}$ vom Grade n vor, und ist die Störung bei der Gruppe $\mathfrak{g}$ invariant, so kann die Störung, wie groß sie auch sei, niemals eine Termspaltung hervorrufen, sondern es bleibt immer eine irreduzible Darstellung der Ordnung n.* Ebenso sieht man ein: *Wenn für $\varepsilon = 0$ eine vollständig reduzible Darstellung vom*

Grade n vorliegt, die zerfällt in die irreduziblen $\Sigma_1 + \Sigma_2 + \cdots + \Sigma_r$, *so kann der n-fache Term sich durch die Störung höchstens in r Terme spalten, deren Eigenfunktionen dann im Limes für* $\varepsilon \to 0$ *die irreduziblen Darstellungen* $\Sigma_1, \ldots, \Sigma_r$ *erleiden.*

Wir werden später für alle hier in Betracht kommenden Gruppen alle überhaupt möglichen irreduziblen Darstellungen aufstellen. Sie können in allen vorkommenden Fällen durch Nummern (Quantenzahlen) voneinander unterschieden werden. Bei der stetigen Änderung der Größe ε kann eine solche Nummer nicht plötzlich springen, also muß die Darstellung bei wechselndem ε stets bis auf Äquivalenz dieselbe bleiben. Im obigen Fall bleibt sie also stets eine der Darstellungen $\Sigma_1, \ldots, \Sigma_r$ (oder eventuell eine Summe von einigen von diesen).

§ 10. Darstellung Abelscher Gruppen. Beispiele.

Bei einer unitären Darstellung einer Abelschen Gruppe sind die Matrices der Darstellung alle miteinander vertauschbar und können daher nach § 7, Schluß, alle zusammen auf Hauptachsen transformiert werden. Sind $v_1, \ldots, v_n$ die Hauptachsen oder Eigenvektoren, so sind die eindimensionalen Teilräume $(v_1), \ldots, (v_n)$ invariant gegenüber allen Transformationen der Gruppe, also zerfällt die Darstellung in lauter Darstellungen ersten Grades, die selbstverständlich irreduzibel sind.

Beispiel 1. Die darzustellende Gruppe sei *zyklisch von der Ordnung n,* d. h. sie bestehe aus den Potenzen $1, a, a^2, \ldots, a^{n-1}$ eines Elementes a, während $a^n = 1$ ist. In einer Darstellung ersten Grades werde das Element a durch die Matrix (α) dargestellt. Dann muß a^2 durch (α^2), usw., schließlich $a^n = 1$ durch (α^n) dargestellt werden. Also muß $\alpha^n = 1$ sein, mithin α eine n-te Einheitswurzel. Es gibt n verschiedene n-te Einheitswurzeln:

$$\alpha = e^{\frac{2\pi i m}{n}}. \qquad (m = 0, 1, \ldots, n-1),$$

mithin hat eine zyklische Gruppe der Ordnung n genau n verschiedene Darstellungen ersten Grades. Jede beliebige Darstellung zerfällt in solche ersten Grades, wobei natürlich eine bestimmte Darstellung ersten Grades auch mehrmals vorkommen kann.

Eine zyklische Gruppe der Ordnung 2 ist z. B. die Gruppe der Permutationen von zwei Objekten (Elektronen). Die Darstellungen sind, wenn a die Vertauschung der beiden Objekte darstellt, durch

$$a \to (+1), \qquad a \to (-1)$$

gegeben. Die zur Darstellung $(+1)$ gehörigen Vektoren v_+ bleiben bei der Operation a invariant, die zu (-1) gehörigen v_- wechseln dabei ihr Vorzeichen:

$$a\,v_+ = v_+, \qquad a\,v_- = -v_-.$$

Die Vektoren v_+ heißen „symmetrisch", die v_- „antisymmetrisch". So zerfällt z. B. das Spektrum des Heliumatoms in zwei ganz getrennte Termsysteme, von denen eines (das Singulettsystem) zu den symmetrischen und das andere (das Triplettsystem) zu den antisymmetrischen Eigenfunktionen gehört.

Genau dasselbe gilt von der Gruppe, die aus der Spiegelung am Koordinatenanfangspunkt (im dreidimensionalen Raum):

$$x' = -x; \qquad y' = -y; \qquad z' = -z$$

und der Identität besteht. Auch hier gibt es zwei Arten von Basisvektoren v_+, v_-. Man sagt, daß die Vektoren v_+ zum „Spiegelungscharakter $+1$", die Vektoren v_- zum „Spiegelungscharakter -1" gehören. Diese Unterscheidung bedingt eine Zerlegung des Termsystems eines beliebigen Atoms in zwei Teilsysteme, die sich durch den Wert des Spiegelungscharakters $w = \pm 1$ unterscheiden.

Beispiel 2. *Drehungsgruppe um eine feste Achse.*

Jede Drehung D_φ wird durch einen Drehungswinkel φ gekennzeichnet. Wird die Drehung D_φ durch die Matrix ersten Grades $\chi(\varphi)$ dargestellt, so muß, wenn dem Produkt das Produkt entsprechen soll:

$$\chi(\varphi_1 + \varphi_2) = \chi(\varphi_1) \cdot \chi(\varphi_2)$$

sein. Die stetigen Lösungen dieser Funktionalgleichung sind:

$$\chi(\varphi) = e^{c\varphi}.$$

Da $\chi(2\pi) = \chi(0)$ sein muß (wenigstens bei einer eindeutigen Darstellung), so folgt

$$e^{2\pi c} = 1,$$

somit $ic = m$ mit ganzzahligem m. Die Darstellung lautet also:

$$\chi(\varphi) = e^{-im\varphi}.$$

Es gibt somit unendlichviele Darstellungen ersten Grades, die zu den Werten

$$m = 0, \pm 1, \pm 2, \ldots$$

gehören. Aus ihnen setzt sich jede eindeutige stetige Darstellung zusammen.

Diese Betrachtung findet hauptsächlich Anwendung in der Theorie der Molekülspektren. Betrachtet man ein zweiatomiges Molekül in erster Annäherung als ein System von zwei festen Kernen, um welche Elektronen kreisen, so gehen die Eigenfunktionen einer jeden Energiestufe bei einer Drehung um die Kernverbindungslinie wieder in ebensolche über. Man erhält also auf jeder Energiestufe eine Darstellung der Drehungsgruppe um diese Achse, welche wir uns ausreduziert denken. Die Eigenfunktionen und damit auch die zugehörigen Terme können also unterschieden werden nach den verschiedenen Darstellungen ersten Grades mit $m = 0$, ± 1, ± 2, ..., zu denen sie gehören. Für den Absolutwert $|m|$ ist das Symbol Λ üblich. Man bezeichnet die Terme mit $\Lambda = 0$ ($m = 0$) als Σ-Terme, die mit $\Lambda = 1$ ($m = \pm 1$) als Π-Terme, die mit $\Lambda = 2$ ($m = \pm 2$) als Δ-Terme usw. Warum die Terme mit entgegengesetzten m-Werten (z. B. mit $m = +1$ und $m = -1$) in der Bezeichnung nicht voneinander unterschieden werden, werden wir gleich sehen.

Beispiel 3. *Die axiale Drehspiegelungsgruppe.* Der Energieoperator des ebenbetrachteten zweiatomigen Moleküls mit zwei festen Zentren gestattet nicht nur die Drehungen um die feste Molekülachse α, sondern auch die Spiegelungen in bezug auf die durch diese Achse gehenden Ebenen. Diese Drehungen und Spiegelungen bilden zusammen eine nicht-Abelsche Gruppe $\mathfrak{G}$: die *axiale Drehspiegelungsgruppe.* Eine feste Spiegelung möge ausgezeichnet und mit s_y bezeichnet werden; dann kann man aus s_y und einer beliebigen Drehung alle anderen Spiegelungen zusammensetzen.

Es gelten die Relationen:

$$D_\varphi \cdot D_\psi = D_{\varphi+\psi},$$
$$D_\varphi s_y = s_y D_{-\varphi}.$$

In jedem Darstellungsraum der Gruppe $\mathfrak{G}$ kann man zunächst die Untergruppe der Drehungen ausreduzieren: das ergibt gewisse Grundvektoren v_m (wobei m ganzzahlig ist), welche bei einer Drehung D_φ den Faktor $e^{-im\varphi}$ annehmen.

Nun sei zunächst $m = \Lambda > 0$. Bei der Spiegelung s_y geht v_Λ in einen Vektor $v_{-\Lambda}$ über, denn es ist

$$D_\varphi(s_y v_\Lambda) = s_y D_\varphi v_\Lambda = s_y e^{+i\Lambda\varphi} v_\Lambda = e^{i\Lambda\varphi}(s_y v_\Lambda).$$

v_Λ und $v_{-\Lambda}$ spannen zusammen einen zweidimensionalen Unterraum $\mathfrak{r}_\Lambda = (v_\Lambda, v_{-\Lambda})$ auf, der offenbar bei der Gruppe $\mathfrak{G}$ invariant ist und der keinen kleineren invarianten Teilraum mehr enthält. Gäbe es nämlich einen eindimensionalen invarianten Unterraum $\mathfrak{r}'$ in $\mathfrak{r}_\Lambda$, so wäre der zugleich ein irreduzibler Darstellungsraum der Drehungsuntergruppe, also müßte sein Basisvektor bei einer Drehung um φ den Faktor $e^{im\varphi}$ annehmen, wo m nur $\pm \Lambda$ sein könnte, weil nur diese beiden Darstellungen der Drehungsgruppe als Bestandteile im Darstellungsraum $\mathfrak{r}_\Lambda$ vorkommen; aber bei einer Spiegelung ginge dieser Basisvektor über in einen anderen, zum Drehungscharakter $- \Lambda$ gehörigen, also wäre der Teilraum $\mathfrak{r}'$ doch mindestens zweidimensional. Die Darstellungsräume $(v_\Lambda, v_{-\Lambda})$ sind also irreduzibel. Daraus folgt, daß beim Molekül mit zwei festen Kernen immer je zwei Eigenfunktionen ψ_Λ, $\psi_{-\Lambda}$ zum gleichen Energiewert gehören. Die darstellenden Matrices für die Drehung D_φ und für die Spiegelung s_y sind:

$$\begin{pmatrix} e^{-i\Lambda\varphi} & 0 \\ 0 & e^{i\Lambda\varphi} \end{pmatrix} \quad \text{und} \quad \begin{pmatrix} 0 & 1 \\ 1 & 0 \end{pmatrix}.$$

Diese Darstellung wird mit $\mathfrak{A}_\Lambda$ bezeichnet.

Für $\Lambda = 0$, in welchem Fall die Vektoren v_0 bei allen Drehungen invariant sind, braucht $v_{-\Lambda}$ von v_Λ nicht verschieden zu sein. Wenn man den Raum der Vektoren v_0 als Darstellungsraum der zyklischen Gruppe, welche aus ·der Identität und einer Spiegelung besteht, auffaßt und diese Darstellung der zyklischen Gruppe ausreduziert, so ergeben sich zwei Arten von Darstellungen ersten Grades, die durch die „Spiegelungscharaktere" $+1$ und -1 gekennzeichnet werden können und mit $\mathfrak{A}_0^+$ bzw. $\mathfrak{A}_0^-$ bezeichnet werden. Der Basisvektor eines irreduziblen Darstellungsraumes $\mathfrak{A}_0^\pm$ erhält bei jeder Spiegelung den Faktor ± 1 und bleibt bei allen Drehungen invariant. Die irreduziblen Darstellungen der Drehspiegelungsgruppe $\mathfrak{G}$ sind also: $\mathfrak{A}_0^+$, $\mathfrak{A}_0^-$, $\mathfrak{A}_1$, $\mathfrak{A}_2$, $\mathfrak{A}_3$, $\dots$.

Bei einer nicht-Abelschen Gruppe $\mathfrak{g}$ kann es, wie das obige Beispiel zeigt, auch Darstellungen ersten Grades geben. Diese sind aber notwendig untreu, weil die darstellenden Matrices miteinander vertauschbar sind und die Gruppenelemente nicht. Da den Gruppenelementen ab und ba dieselbe Matrix zugeordnet wird, so wird dem „Kommutator"

$$a\,b\,(b\,a)^{-1} = a\,b\,a^{-1}\,b^{-1}$$

die Einheitsmatrix zugeordnet. Alle diese Kommutatoren und ihre Produkte bilden eine Untergruppe, die „Kommutatorgruppe" von $\mathfrak{g}$, deren Elemente sämtlich durch die Einheitsmatrix dargestellt werden. Die Darstellung ist also eine treue Darstellung einer (Abelschen) Faktorgruppe $\mathfrak{g}/\mathfrak{h}$, wo der Normalteiler $\mathfrak{h}$ mindestens die Kommutatorgruppe umfaßt.

Beispiel 4. Die symmetrische Gruppe $\mathfrak{S}_n$ ($n > 2$) ist nicht-Abelsch. Kommutatoren sind (unter anderen) die Permutationen:

$$(i\,j)\,(i\,j\,k)\,(i\,j)^{-1}\,(i\,j\,k)^{-1} = (i\,j\,k)\,,$$

das sind alle „Dreierzyklen". Diese und ihre Produkte bilden, wie leicht ersichtlich, die „alternierende Gruppe" $\mathfrak{A}_n$ (§ 8). Also ist jede Darstellung ersten Grades von $\mathfrak{S}_n$ zugleich eine Darstellung von $\mathfrak{S}_n/\mathfrak{A}_n$. Da diese Faktorgruppe zyklisch von der Ordnung 2 ist, hat sie nur zwei Darstellungen ersten Grades: die eine ist die *identische* oder *symmetrische* Darstellung, welche allen Permutationen die Einheitsmatrix (1) zuordnet; die andere ist die *antisymmetrische* Darstellung, welche den geraden Permutationen die Matrix (1), den ungeraden die Matrix (-1) zuordnet. Alle übrigen Darstellungen der $\mathfrak{S}_n$ sind von höherem als ersten Grad.

Beispiel 5. Die symmetrische Gruppe $\mathfrak{S}_3$. Ihre irreduziblen Darstellungen können genau nach derselben Methode bestimmt werden, nach der in Beispiel 3 die Darstellungen der axialen Drehspiegelungsgruppe $\mathfrak{G}$ bestimmt wurden, indem man von einer beliebigen Darstellung der $\mathfrak{S}_3$ ausgeht und die darin enthaltene Darstellung der alternierenden Gruppe $\mathfrak{A}_3$ ausreduziert. $\mathfrak{A}_3$ ist zyklisch und besteht aus den drei Permutationen 1 (1 2 3), (1 3 2). Es gibt nach Beispiel 1 nur drei Darstellungen ersten Grades der zyklischen Dreiergruppe, bei denen dem erzeugenden Element 1 eine dritte Einheitswurzel

$$1 \text{ oder } \varrho = e^{\frac{2\pi i}{3}} \qquad \text{oder} \qquad \varrho' = \varrho^{-1} = e^{-\frac{2\pi i}{3}}$$

zugeordnet wird.

Ein Vektor v_ϱ, der zur Einheitswurzel ϱ gehört, ergibt bei der Ausübung der Permutation $(1\,2)$ einen Vektor $v_{\varrho'}$, der zu ϱ^{-1} gehört, denn es ist

$$(123)\, v_{\varrho'} = (123)\,(12)\, v_\varrho = (12)\,(123)^{-1}\, v_\varrho = (12)\, \varrho^{-1}\, v_\varrho = \varrho^{-1}\, v_{\varrho'}.$$

Die Vektoren v_ϱ, $v_{\varrho'}$ spannen den Raum einer irreduziblen Darstellung zweiten Grades auf. Im Raum der Vektoren v_1, welche bei den Permutationen 1, $(1\,2\,3)$, $(1\,3\,2)$ invariant bleiben, findet man durch Ausreduktion der zyklischen Gruppe 1, $(1\,2)$ noch zwei Darstellungen ersten Grades, nämlich die identische und die antisymmetrische. Somit gibt es insgesamt zwei Darstellungen ersten Grades und eine irreduzible Darstellung zweiten Grades. Aus dem Beweis ergibt sich, daß jede Darstellung vollständig zerfällt in irreduzible von den drei genannten Typen. Die im Beispiel zu § 9 gefundene Darstellung zweiten Grades muß mit der hier beschriebenen Darstellung zweiten Grades $(v_\varrho,\, v_{\varrho'})$ äquivalent sein, was man auch leicht durch Rechnung bestätigt.

§ 11. Die Eindeutigkeitssätze.

Satz 1. *Ist* $\mathfrak{G} = \mathfrak{g}_1 + \cdots + \mathfrak{g}_h$ *eine vollständig reduzible additive Gruppe und* $\mathfrak{H}$ *eine beliebige (zulässige) Untergruppe, so ist*

$$\mathfrak{G} = \mathfrak{H} + \mathfrak{g}_{\nu_1} + \cdots + \mathfrak{g}_{\nu_k}.$$

bei passender Auswahl der $\mathfrak{g}_{\nu_i}$ *aus den Gruppen* $\mathfrak{g}_1$ *bis* $\mathfrak{g}_h$.

Beweis. Wir bilden:

$$\mathfrak{H}_1 = (\mathfrak{H},\, \mathfrak{g}_1),$$
$$\mathfrak{H}_2 = (\mathfrak{H}_1,\, \mathfrak{g}_2),$$
$$\cdots\cdots\cdots\cdots$$
$$\mathfrak{H}_h = (\mathfrak{H}_{h-1},\, \mathfrak{g}_h) = \mathfrak{G}.$$

Der Durchschnitt von $\mathfrak{H}$ und $\mathfrak{g}_1$ ist eine invariante Untergruppe von $\mathfrak{g}_1$, also, da $\mathfrak{g}_1$ als irreduzibel vorausgesetzt war, entweder $\mathfrak{g}_1$ oder Null (d. h. nur aus dem Nullelement bestehend). Ist der Durchschnitt $\mathfrak{g}_1$, so ist $\mathfrak{g}_1$ in $\mathfrak{H}$ enthalten, mithin $\mathfrak{H}_1 = \mathfrak{H}$. Ist der Durchschnitt Null, so ist die Summe $(\mathfrak{H},\, \mathfrak{g}_1)$ direkt, mithin $\mathfrak{H}_1 = \mathfrak{H} + \mathfrak{g}_1$.

In derselben Weise wie mit $\mathfrak{H}_1$ verfahren wir mit allen anderen Gruppen $\mathfrak{H}_\nu$ und erreichen dadurch, daß alle Klammern $(\mathfrak{H}_{\nu-1},\, \mathfrak{g}_\nu)$ entweder in direkte Summen verwandelt werden oder sich auf ein Glied $\mathfrak{H}_{\nu-1}$ reduzieren. Aus allen diesen Gleichungen zusammen ergibt sich dann, daß $\mathfrak{G} = \mathfrak{H}_h$ eine direkte Summe von $\mathfrak{H}$ und einigen $\mathfrak{g}_\nu$ wird, w. z. b. w.

Satz 2. *Ist* $$\mathfrak{G} = \mathfrak{g}_1 + \mathfrak{g}_2 + \cdots + \mathfrak{g}_h$$
und zugleich
$$\mathfrak{G} = \mathfrak{g}_1' + \mathfrak{g}_2 + \cdots + \mathfrak{g}_h,$$
so ist $\mathfrak{g}_1 \cong \mathfrak{g}_1'$.

Beweis: Aus dem Isomorphiesatz von § 9 folgt, daß $\mathfrak{g}_1$ und $\mathfrak{g}_1'$ beide isomorph zur Faktorgruppe

$$\mathfrak{G}/\mathfrak{g}_2 + \cdots + \mathfrak{g}_h$$

sind.

Satz 3. *Sind* $\mathfrak{G} = \mathfrak{g}_1 + \mathfrak{g}_2 + \cdots + \mathfrak{g}_r$ *und* $\mathfrak{G} = \mathfrak{h}_1 + \mathfrak{h}_2 + \cdots + \mathfrak{h}_s$ *zwei Zerlegungen einer vollständig reduziblen additiven Gruppe in irreduzible, so ist stets* $r = s$ *und die* $\mathfrak{g}_\nu$ *sind in irgendeiner Reihenfolge isomorph zu den* $\mathfrak{h}_\mu$.

Beweis: Wenden wir Satz 1 an mit $\mathfrak{H} = \mathfrak{h}_2 + \cdots + \mathfrak{h}_s$, so folgt:

$$\mathfrak{G} = (\mathfrak{h}_2 + \cdots + \mathfrak{h}_s) + \left(\textstyle\sum \mathfrak{g}_\nu\right),$$

wo $\sum \mathfrak{g}_\nu$ die Summe einiger $\mathfrak{g}_\nu$ darstellt. Aus Satz 2 folgt dann $\sum \mathfrak{g}_\nu \cong \mathfrak{h}_1$. Da $\mathfrak{h}_1$ irreduzibel ist, muß $\sum \mathfrak{g}_\nu$ auch irreduzibel sein und kann daher nur aus einem Glied bestehen, etwa (bei passender Numerierung der $\mathfrak{g}_\nu$) aus dem Glied $\mathfrak{g}_1$. Also haben wir $\mathfrak{g}_1 \cong \mathfrak{h}_1$ und

$$\mathfrak{G} = \mathfrak{h}_2 + \cdots + \mathfrak{h}_s + \mathfrak{g}_1.$$

Wenden wir nun wieder Satz 1 an mit $\mathfrak{H} = \mathfrak{h}_3 + \cdots + \mathfrak{h}_s + \mathfrak{g}_1$, so folgt
$$\mathfrak{G} = (\mathfrak{h}_3 + \cdots + \mathfrak{h}_s + \mathfrak{g}_1) + \textstyle\sum' \mathfrak{g}_\nu$$

(die Summe $\sum'$ enthält $\mathfrak{g}_1$ nicht), mithin durch Vergleich mit der vorigen Gleichung nach Satz 2: $\sum' \mathfrak{g}_\nu \cong \mathfrak{h}_2$, mithin besteht die Summe wieder nur aus einem Glied, etwa $\mathfrak{g}_2$, und wir haben $\mathfrak{g}_2 \cong \mathfrak{h}_2$ und

$$\mathfrak{G} = \mathfrak{h}_3 + \cdots + \mathfrak{h}_s + \mathfrak{g}_1 + \mathfrak{g}_2.$$

So fortfahrend erhält man $\mathfrak{g}_\nu \cong \mathfrak{h}_\nu$ $(\nu = 1, 2, \ldots, s-1)$ und

$$\mathfrak{G} = \mathfrak{h}_s + \mathfrak{g}_1 + \cdots + \mathfrak{g}_{s-1}.$$

Daraus nach Satz 2 wieder $\mathfrak{h}_s \cong \mathfrak{g}_s + \cdots + \mathfrak{g}_r$, mithin, da die letztere Summe wieder nur ein Glied enthalten kann, $r = s$ und $\mathfrak{g}_s \cong \mathfrak{h}_s$, womit alles bewiesen ist.

Insbesondere folgt aus diesem Satz, daß die irreduziblen Bestandteile, in welche eine Darstellung zerfällt, nur von dieser Darstellung selbst abhängen und nicht von der gewählten Zerlegung des Vektorraumes in irreduzible Teilräume. Es hat also einen bestimmten Sinn, etwa zu sagen, daß in einer gegebenen Darstellung $\mathfrak{D}$ eine irreduzible Darstellung $\mathfrak{D}_1$ dreimal und eine andere $\mathfrak{D}_2$ einmal enthalten ist.

Aus Satz 1 folgt noch eine bemerkenswerte Folgerung:

$$\mathfrak{G}/\mathfrak{H} \cong \mathfrak{g}_{\nu_1} + \cdots + \mathfrak{g}_{\nu_k}.$$

Da jedes homomorphe Bild von $\mathfrak{G}$ isomorph einer Faktorgruppe $\mathfrak{G}/\mathfrak{H}$ ist, so folgt:

Satz 4. *Jedes homomorphe Bild einer vollständig reduziblen additiven Gruppe ist isomorph der Summe einiger Komponenten g_ν von g.*

§ 12. Die Kroneckersche Produkttransformation.

Es sei eine Transformation A des n-dimensionalen Vektorraumes $\mathfrak{R}_n$ und eine Transformation B des $\mathfrak{R}_m$ gegeben. Als $\mathfrak{R}_n$ können wir die Gesamtheit der Linearformen $c_1 u_1 + \cdots + c_n u_n$ in n Veränderlichen $u_1, \ldots$ nehmen; ebenso als R_m die Gesamtheit der Linearformen $d_1 v_1 + \cdots + d_m v_m$. Die u_λ bzw. v_ϱ sind dann die Basisvektoren.

Die $n \cdot m$ linearunabhängigen Produkte $u_\lambda v_\varrho$ können wieder als Basiselemente eines Vektorraumes aufgefaßt werden, dessen Vektoren dann die Formen $\sum c_{\lambda\varrho} u_\lambda v_\varrho$ sind. Transformiert man nun die u nach A und die v nach B, so erleiden die Produkte $u_\lambda v_\varrho$ auch eine lineare Transformation:

$$u'_\mu v'_\sigma = \sum u_\lambda v_\varrho \, \alpha_{\lambda\mu} \, \beta_{\varrho\sigma},$$

welche als *Produkttransformation* $A \times B$ bezeichnet wird. Sie findet vor allem dann Verwendung, wenn A und B Darstellungen desselben Operators a einer Gruppe $\mathfrak{g}$ sind. Dann ist $(A \times B) u_\lambda v_\varrho$ einfach das Ergebnis der Anwendung des Operators a auf das Produkt $u_\lambda v_\varrho$. Bilden die A und die B zwei Darstellungen $\mathfrak{D}$ und $\mathfrak{D}'$ der Gruppe $\mathfrak{g}$, so ist klar, daß die $A \times B$ wieder eine Darstellung bilden; die *Produktdarstellung* $\mathfrak{D} \times \mathfrak{D}'$.

In derselben Weise kann man auch mehr als zwei Darstellungen miteinander multiplizieren; man erhält so Darstellungen der Art:

$$\mathfrak{D} \times \mathfrak{D}' \times \mathfrak{D}'' = (\mathfrak{D} \times \mathfrak{D}') \times \mathfrak{D}'' = \mathfrak{D} \times (\mathfrak{D}' \times \mathfrak{D}'').$$

Die Produktdarstellung aus zwei unitären Darstellungen ist unitär. Der Beweis dieses Satzes möge dem Leser überlassen bleiben.

Es seien nun $\mathfrak{D}$ und $\tilde{\mathfrak{D}}$ zwei irreduzible Darstellungen einer Gruppe $\mathfrak{G}$. Wir fragen: unter welcher Bedingung ist in der Produktdarstellung die identische Darstellung als Bestandteil enthalten? Oder, was dasselbe ist: unter welcher Bedingung gibt es im Raum der Darstellung $\mathfrak{D} \times \tilde{\mathfrak{D}}$ einen invarianten Vektor?

Ist $\mathfrak{R} = (u_1, \ldots, u_n)$ der Raum der Darstellung $\mathfrak{D}$ und $\mathfrak{S} = (v_1, \ldots, v_m)$ der Raum der Darstellung $\tilde{\mathfrak{D}}$, so hat jeder Vektor des Produktraums die Gestalt

$$w = \sum \sum c_{\lambda\varrho} u_\lambda v_\varrho = \sum_1^n u_\lambda v'_\lambda \qquad \left(v'_\lambda = \sum_1^m c_{\lambda\varrho} v_\varrho \right)$$

Damit nun w invariant sei, muß für jedes Gruppenelement a

$$a\,w = \sum_1^n (a\,u_\lambda)\,(a\,v_\lambda') = \sum_1^n u_\lambda\,v_\lambda'$$

sein. Setzt man

$$a\,u_\lambda = \sum_1^n u_\mu\,\alpha_{\mu\lambda}\,,$$

so ergibt sich

$$\sum \sum u_\mu\,\alpha_{\mu\lambda} \cdot a\,v_\lambda' = \sum u_\mu\,v_\mu'$$

oder

$$\sum_1^n \alpha_{\mu\lambda} \cdot a\,v_\lambda' = v_\mu'\,. \tag{12.1}$$

Setzt man $\alpha_{\mu\lambda} = \alpha_{\lambda\mu}'$ (gespiegelte Matrix) und bezeichnet mit $(\beta_{\lambda\mu})$ die inverse Matrix zu $(\alpha_{\lambda\mu}')$, so kann man die Gleichungen (12. 1) nach $a\,v_\lambda'$ auflösen, indem man mit $\beta_{\mu\nu}$ multipliziert und über μ summiert:

$$a\,v_\nu' = \sum v_\mu'\,\beta_{\mu\nu}\,. \tag{12.2}$$

Daraus folgt erstens, daß $(v_1', \ldots, v_n')$ ein bei der Gruppe $\mathfrak{g}$ invarianter Unterraum von $\mathfrak{S}$ ist, also, da $\mathfrak{S}$ irreduzibel ist, daß $(v_1', \ldots, v_n')$ mit $\mathfrak{S}$ übereinstimmt. Also ist m, die Dimension von $\mathfrak{S}$, höchstens gleich n: $m \leq n$. Durch Vertauschung der Rollen von $\mathfrak{R}$ und $\mathfrak{S}$ beweist man ebenso $n \geq m$, mithin ist $m = n$. Also sind die Vektoren $v_1', \ldots, v_n'$ linearunabhängig: sie können als Basisvektoren für $\mathfrak{S}$ benutzt und mit $v_1, \ldots, v_n$ bezeichnet werden. Nunmehr besagt (12. 2), daß das Gruppenelement a in der Darstellung $\tilde{\mathfrak{D}}$ durch die Matrix $(\beta_{\lambda\mu})$ dargestellt wird. Also:

Damit es im Raum der Darstellung $\mathfrak{D} \times \tilde{\mathfrak{D}}$ einen invarianten Vektor w gibt, müssen die Matrices von $\tilde{\mathfrak{D}}$, auf eine passende Basis $(v_1, \ldots, v_n)$ bezogen, die Inversen der gespiegelten Matrices der Darstellung $\mathfrak{D}$ sein; der invariante Vektor ist dann durch

$$w = \sum_1^n u_\lambda\,v_\lambda$$

gegeben.

Die Beziehung zwischen zwei Darstellungen $\mathfrak{D}$ und $\tilde{\mathfrak{D}}$, die darin besteht, daß $\sum u_\lambda v_\lambda$ invariant ist, ist natürlich umkehrbar: die Matrices von $\mathfrak{D}$ sind auch die Inversen der gespiegelten Matrices der Darstellung $\tilde{\mathfrak{D}}$. Man nennt die Darstellungen $\mathfrak{D}$ und $\tilde{\mathfrak{D}}$, die in dieser Beziehung zueinander stehen, *zueinander kontragredient*. Zu jeder Darstellung $\mathfrak{D}$ gibt es eine kontragrediente Darstellung $\tilde{\mathfrak{D}}$. Ist $\mathfrak{D}$ reduzibel, so auch $\tilde{\mathfrak{D}}$, und umgekehrt. Bei unitären Darstellungen sind die gespiegelt-inversen Matrices $(\beta_{\lambda\mu})$ konjugiert-komplex zu $(\alpha_{\lambda\mu})$, und daher ist in diesem Fall die kontragrediente Darstellung zugleich die konjugiert-komplexe.

Damit eine vollständig reduzible Darstellung $\mathfrak{D} = \mathfrak{D}_1 + \mathfrak{D}_2 + \cdots + \mathfrak{D}_h$ eine gewisse irreduzible Darstellung $\mathfrak{F}$, die kontragredient zu $\mathfrak{F}$ ist, als Bestandteil enthält, ist notwendig und hinreichend, daß die Produktdarstellung $\mathfrak{D} \times \mathfrak{F} = \mathfrak{D}_1 \times \mathfrak{F} + \cdots + \mathfrak{D}_h \times \mathfrak{F}$ bei ihrer Zerlegung einmal die identische Darstellung enthält, denn dann ist $\tilde{\mathfrak{F}}$ zu einem $\mathfrak{D}_\nu$ kontragredient.

Daraus folgt weiter: *Damit eine Produktdarstellung $\mathfrak{D} \times \mathfrak{E}$ die irreduzible Darstellung $\tilde{\mathfrak{F}}$ als Bestandteil enthält, muß die Produktdarstellung $\mathfrak{D} \times \mathfrak{E} \times \mathfrak{F}$ die identische Darstellung mindestens einmal enthalten.* Diese Beziehung ist symmetrisch in $\mathfrak{D}$, $\mathfrak{E}$ und $\mathfrak{F}$.

Bei Abelschen Gruppen und überhaupt bei Darstellungen ersten Grades ist die Produktdarstellung ziemlich trivial: sind $(\chi(a))$ und $(\chi'(a))$ die darstellenden Matrices des Gruppenelementes a, so ist $(\chi(a)\chi'(a))$ die darstellende Matrix für a in der Produktdarstellung. Ist eine Darstellung $\mathfrak{D}: a \to \alpha$ vom ersten Grade und die andere $\mathfrak{D}'$ beliebig $a \to A$, so ist $a \to \alpha A$ die Produktdarstellung. Ist $\mathfrak{D}'$ irreduzibel, so ist $\mathfrak{D} \times \mathfrak{D}'$ auch irreduzibel, weil ein reduzibles System αA durch Multiplikation aller Matrices mit α^{-1} ein reduzibles System A ergeben würde. Bei Darstellungen von höherem als erstem Grade kann aber eine Produktdarstellung von irreduziblen Darstellungen sehr wohl reduzibel werden.

Beispiel. Wir wollen die Produktdarstellungen der Darstellungen $\mathfrak{A}_0^+$, $\mathfrak{A}_0^-$, $\mathfrak{A}_1$, $\mathfrak{A}_2$, ... der axialen Drehspiegelungsgruppe (§ 10, Beispiel 3) berechnen und ausreduzieren.

Die Basisvektoren der Darstellungen $\mathfrak{A}_\lambda$ und $\mathfrak{A}_\mu$ sind (für $\lambda > 0$, $\mu > 0$) $u_{\pm\lambda}$ und $v_{\pm\mu}$. Ihre Produkte sind $u_\lambda v_\mu$, $u_{-\lambda} v_{-\mu}$, $u_\lambda v_{-\mu}$ und $u_{-\lambda} v_\mu$. Die Spiegelung s_y vertauscht die ersten beiden untereinander und die letzten beiden untereinander. Das erste Paar nimmt bei Drehungen D_φ die Faktoren $e^{\pm i(\lambda+\mu)\varphi}$ an und transformiert sich daher nach $\mathfrak{A}_{\lambda+\mu}$. Das zweite Paar nimmt bei D_φ die Faktoren $e^{\pm i(\lambda-\mu)\varphi}$ an und transformiert sich daher im Fall $\lambda \neq \mu$ nach $\mathfrak{A}_{|\lambda-\mu|}$. Im Fall $\lambda = \mu$ bleiben die beiden Vektoren $u_\lambda v_{-\lambda}$ und $u_{-\lambda} v_\lambda$ bei D_φ invariant; ihre Summe $u_\lambda v_{-\lambda} + u_{-\lambda} v_\lambda$ nimmt bei der Spiegelung s_y den Faktor $+1$ und ihre Differenz $u_\lambda v_{-\lambda} - u_{-\lambda} v_\lambda$ den Faktor -1 an. Daher ist:

$$\mathfrak{A}_\lambda \times \mathfrak{A}_\mu = \mathfrak{A}_{\lambda+\mu} + \mathfrak{A}_{|\lambda-\mu|} \qquad \text{für} \quad \lambda \neq \mu, \quad \text{beide} > 0,$$
$$\mathfrak{A}_\lambda \times \mathfrak{A}_\lambda = \mathfrak{A}_{2\lambda} + \mathfrak{A}_0^+ + \mathfrak{A}_0^- \qquad \text{für} \quad \lambda = \mu > 0.$$

Ist $\mu = 0^+$, so transformieren sich die Produkte $u_\lambda v_0$ und $u_{-\lambda} v_0$ genau so wie u_λ und $u_{-\lambda}$, also nach $\mathfrak{A}_\lambda$. Daraus folgt

$$\mathfrak{A}_\lambda \times \mathfrak{A}_0^+ = \mathfrak{A}_\lambda. \qquad \text{(Das gilt auch für } \lambda = 0^\pm\text{)}.$$

Für $\mu = 0^-$ und $\lambda > 0$ transformieren sich $u_\lambda v_0$ und $-u_{-\lambda} v_0$ genau so wie u_λ und $u_{-\lambda}$, also nach $\mathfrak{A}_{-\lambda}$. Das ergibt

$$\mathfrak{A}_\lambda \times \mathfrak{A}_0^- = \mathfrak{A}_\lambda \qquad (\lambda > 0).$$

Ist schließlich $\lambda = \mu = 0^-$, so bleibt das Produkt $u_0 v_0$ bei den Drehungen D_φ und bei der Spiegelung s_y invariant; somit ist

$$\mathfrak{A}_0^- \times \mathfrak{A}_0^- = \mathfrak{A}_0^+.$$

§ 13. Die mit einer Darstellung vertauschbaren Matrices.

Es seien $\Re$ und $\mathfrak{S}$ zwei Vektorräume mit einem gemeinsamen Operatorenbereich $\mathfrak{G}$, dessen Operatoren in beiden Räumen lineare Transformationen hervorrufen. Es sei weiter eine lineare Transformation T gegeben, welche den Raum $\Re$ operatorhomomorph auf $\mathfrak{S}$ oder einen Teilraum von $\mathfrak{S}$ abbildet. Operatorhomomorph heißt, daß, wenn $Tv = w$ ist, für jedes a aus $\mathfrak{G}$ die Transformation T auch av in aw überführt, d. h., daß

$$T\,av = a\,T\,v$$

oder a mit T vertauschbar ist. Nun behauptet das *Lemma von* SCHUR:

Wenn $\Re$ irreduzibel ist, so ist T entweder ein Isomorphismus oder sie bildet jeden Vektor auf den Nullvektor ab.

Im ersten Fall ist also $\Re$ äquivalent einem irreduziblen Teilraum von $\mathfrak{S}$. Ist $\mathfrak{S}$ selber irreduzibel, so ist folglich $\Re$ äquivalent $\mathfrak{S}$. Ist speziell $\Re = \mathfrak{S}$ und benutzt man für $\Re$ und $\mathfrak{S}$ die gleichen Basisvektoren, so wird weiter behauptet: *Die Matrix T ist ein Vielfaches der Einheitsmatrix.*

Beweis. Nach dem Homomorphiesatz ist T eine isomorphe Abbildung eines Faktorraumes $\Re/\mathfrak{r}$. Ist $\Re$ irreduzibel, so muß $\mathfrak{r} = (0)$ oder $\Re = \mathfrak{r}$ sein. Das ergibt genau die behauptete Alternative.

Um im Fall $\Re = \mathfrak{S}$ die Behauptung $T = \tau E$ zu beweisen, bestimmen wir τ so, daß die Determinante $|\,T - \tau E\,| = 0$ wird. Da zugleich mit T auch $T - \tau E$ mit allen a vertauschbar ist, so muß nach dem schon bewiesenen Teil des Satzes die Matrix $T - \tau E$ entweder eine eineindeutige, also nicht singuläre Transformation darstellen, oder $= 0$ sein. Wenn also $|\,T - \tau E\,| = 0$ ist, so muß $T - \tau E = 0$ oder $T = \tau E$ sein.

Dieselbe Behauptung $T = \tau E$ gilt natürlich auch dann, wenn nicht $\Re = \mathfrak{S}$, sondern $\Re \simeq \mathfrak{S}$ ist, vorausgesetzt, daß die gewählten Basen von $\Re$ und $\mathfrak{S}$ einander vermöge eines Isomorphismus entsprechen.

Wir wollen nun die mit einem vollständig reduziblen System $\mathfrak{G}$ von linearen Transformationen eines Raumes $\Re$ vertauschbaren linearen Transformationen bestimmen. Oder, was nach der anfangs gemachten Bemerkung dasselbe ist, wir wollen die Operatorhomomorphismen eines vollständig reduziblen Darstellungsraums $\Re$ mit Operatorenbereich $\mathfrak{G}$ bestimmen.

Es sei

$$\Re = \mathfrak{r}_1 + \mathfrak{r}_2 + \cdots + \mathfrak{r}_r\,. \tag{13.1}$$

Wenn Räume wie $\mathfrak{r}_1, \ldots, \mathfrak{r}_k$ durch $\mathfrak{G}$ äquivalent transformiert werden, so führe man in ihnen entsprechende Basisvektoren ein, derart, daß die Transformationen dieser Räume durch dieselben Matrices dargestellt werden. Es sei nun T eine lineare Transformation, welche $\Re$ operatorhomomorph in sich abbildet. Um die Transformation T ganz zu kennen, braucht man nur ihre Wirkung auf die Vektoren von $\mathfrak{r}_1, \mathfrak{r}_2, \ldots, \mathfrak{r}_r$ zu kennen. T bildet $\mathfrak{r}_1$ ab auf einen zu $\mathfrak{r}_1$ isomorphen Raum $T\mathfrak{r}_1$. Die

Vektoren $w = Tv$ von $T\mathfrak{r}_1$ können wieder in Komponenten nach (13. 1) zerlegt werden:

$$Tv = w = w_1 + w_2 + w_3 + \cdots + w_r. \tag{13.2}$$

Die Zuordnung $w \to w_1$ oder $w \to w_2$ ist wieder ein Operatorhomomorphismus, also ist auch $v \to w \to w_1$ oder $v \to w \to w_2$ usw. ein Operatorhomomorphismus. Also können nach dem Schurschen Lemma in der Zerlegung (13. 2) nur solche Komponenten vorkommen, welche zu den mit $\mathfrak{r}_1$ äquivalenten Teilräumen $\mathfrak{r}_1, \ldots, \mathfrak{r}_k$ gehören: alle übrigen müssen Null sein. Weiter müssen die Zuordnungen $v \to w_1$ usw. nach dem Schurschen Lemma (2. Teil) durch Vielfache der Einheitsmatrix dargestellt werden. Wir bezeichnen diese Vielfache, wenn es sich um die Abbildung von $\mathfrak{r}_1$ auf $\mathfrak{r}_\lambda$ handelt, mit $\tau_{\lambda 1} E$. Dasselbe, was für $\mathfrak{r}_1$ gilt, gilt natürlich auch für alle anderen $\mathfrak{r}_\mu$: wir haben Abbildungen $\tau_{\lambda \mu} E$ von $\mathfrak{r}_\mu$ auf die äquivalenten $\mathfrak{r}_\lambda$.

Bilden wir nun die Matrix von T, bezogen auf eine Basis, die aus Basen von $\mathfrak{r}_1, \ldots, \mathfrak{r}_k, \mathfrak{r}_{k+1}, \ldots, \mathfrak{r}_r$ zusammengesetzt ist, so erhalten wir

$$\begin{pmatrix} \tau_{11}E & \tau_{12}E \cdots \tau_{1k}E & & \\ \vdots & & 0 & \\ \tau_{k1}E & \tau_{k2}E \cdots \tau_{kk}E & & \\ \hline & 0 & \begin{matrix} \tau_{k+1k+1}E \cdots \\ \vdots \\ \cdots\cdots\cdots \end{matrix} & \\ & & & \ddots \end{pmatrix}. \tag{13.3}$$

Man kann das gefundene Ergebnis auch so formulieren: schreibt man die Basisvektoren der äquivalenten Räume $\mathfrak{r}_1$ bis $\mathfrak{r}_k$ untereinander:

$$v_{11}, v_{12}, \ldots, v_{1n} \quad (\text{Basis von } \mathfrak{r}_1),$$
$$v_{21}, v_{22}, \ldots, v_{2n} \quad (\text{Basis von } \mathfrak{r}_2),$$
$$\cdots\cdots\cdots\cdots\cdots\cdots\cdots$$
$$v_{k1}, v_{k2}, \ldots, v_{kn} \quad (\text{Basis von } \mathfrak{r}_k),$$

so werden bei den Operationen aus $\mathfrak{G}$ die *Zeilen* dieses Rechtecks linear in sich transformiert, und zwar alle Zeilen in der gleichen Weise, während die damit vertauschbare Operation T die *Spalten* des Rechtecks in sich transformiert, und zwar ebenfalls alle in gleicher, sonst beliebiger Weise. Für $\mathfrak{r}_{k+1}$ bis $\mathfrak{r}_r$ erhält man ähnliche Rechtecke von Basisvektoren.

Damit sind alle mit einem vollreduziblen System vertauschbaren Matrices gefunden. Diese Matrices bilden einen *Ring* $\mathfrak{T}$, d. h. ein System von Größen, das zu je zweien auch Summe, Differenz und Produkt enthält. Der Ring $\mathfrak{T}$ ist „*direkte Summe*" der Ringe $\mathfrak{T}_1, \ldots, \mathfrak{T}_q$ aus den Matrices eines einzigen Kastens von (13. 3) (mit Nullen in den anderen Kästen), d. h., jede Matrix des Ringes $\mathfrak{T}$ ist eindeutig darstellbar als Summe von Matrices aus den Ringen $\mathfrak{T}_1, \ldots, \mathfrak{T}_q$, während die Produkte aus den Matrices zweier verschiedener Ringe $\mathfrak{T}_\nu, \mathfrak{T}_\mu$ stets Null sind. Man schreibt

$$\mathfrak{T} = \mathfrak{T}_1 + \cdots + \mathfrak{T}_q.$$

Die Matrices des Ringes $\mathfrak{T}_1$ addieren und multiplizieren sich genau so wie k-reihige Matrices

$$\begin{pmatrix} \tau_{11}\,\tau_{12}\cdots\tau_{1k} \\ \vdots \\ \tau_{k1}\,\tau_{2k}\cdots\tau_{kk} \end{pmatrix} \tag{13.4}$$

mit ganz beliebigen Zahlen $\tau_{\lambda\mu}$ als Elementen. Den Ring aller dieser Matrices nennen wir den *vollen Matrixring des Grades k*. Der Ring $\mathfrak{T}$ ist also eine direkte Summe von vollen Matrixringen.

Die Basisgrößen eines vollen Matrixringes erhalten wir, indem wir in (13. 4) alle $\tau_{\lambda\mu}$ Null setzen außer einem einzigen $\tau_{\lambda\mu} = 1$. Die so entstehende Matrix (13. 4) nennen wir $C_{\lambda\mu}$. Dann ist jede Matrix eindeutig als Summe $\sum C_{\lambda\mu}\tau_{\lambda\mu}$ darstellbar. Die Rechnungsregeln für die $C_{\lambda\mu}$ lauten

$$\begin{aligned} C_{\varkappa\lambda}\,C_{\lambda\mu} &= C_{\varkappa\mu}, \\ C_{\varkappa\lambda}\,C_{\lambda'\mu} &= 0 \end{aligned} \qquad (\lambda \neq \lambda').$$

Die aufgestellten Sätze gestatten auch die Beantwortung der folgenden Frage: Auf einen Vektorraum $\mathfrak{R}$ mögen zwei *miteinander vertauschbare* Gruppen oder allgemeiner zwei vertauschbare, vollständig reduzible Systeme $\mathfrak{G}$, $\mathfrak{H}$ von linearen Transformationen wirken. Kann man die Systeme so ausreduzieren, daß die Vertauschbarkeit in der reduzierten Form sofort ins Auge springt?

Man reduziere zunächst das System $\mathfrak{G}$ aus, wobei man auf die obigen rechteckigen Systeme von Basisvektoren

$$\begin{matrix} v_{11}\,v_{12}\cdots v_{1n} \\ \cdots\cdots\cdots \\ v_{k1}\,v_{k2}\cdots v_{kn} \end{matrix}$$

geführt wird. Das vertauschbare System $\mathfrak{H}$ muß nach dem obigen Ergebnis die Spalten der einzelnen Rechtecke linear in sich transformieren, und zwar alle Spalten in gleicher Weise. Jede Spalte definiert also einen gegenüber $\mathfrak{H}$ invarianten Unterraum von $\mathfrak{R}$, der als solcher wieder vollständig reduzibel sein muß. Man kann also die Basisvektoren in einer Spalte durch solche Linearkombinationen ersetzen, daß die Spalte nachher in einzelne Abschnitte zerfällt, die bei $\mathfrak{H}$ irreduzibel transformiert werden. Diese Abänderung der Basisvektoren vollführen wir für alle Spalten eines Rechtecks in gleicher Weise; dann werden nach wie vor die Zeilen des Rechtecks durch das System $\mathfrak{G}$ in gleicher

Weise irreduzibel transformiert, und das ganze Rechteck kann durch Horizontalschnitte in Teilrechtecke zerlegt werden, deren Spalten durch das System $\mathfrak{H}$ irreduzibel transformiert werden.

Also: *Sind zwei vertauschbare Systeme $\mathfrak{G}$, $\mathfrak{H}$ von linearen Transformationen eines Vektorraums R gegeben, die beide vollständig reduzibel sind, so kann man die Basisvektoren in Rechtecke*

$$\begin{matrix} v_{11} \cdots v_{1n} \\ \cdot \qquad \cdot \\ \cdot \qquad \cdot \\ \cdot \qquad \cdot \\ v_{s1} \cdots v_{sn} \end{matrix}$$

anordnen, derart, daß in jedem Rechteck alle Zeilen durch das System $\mathfrak{G}$ in gleicher Weise irreduzibel transformiert werden und ebenso alle Spalten durch $\mathfrak{H}$ in gleicher Weise irreduzibel transformiert werden.

§ 14. Darstellungen einer endlichen Gruppe[1].

Es sei $\mathfrak{G}$ eine endliche Gruppe mit h Elementen. Im Raum einer beliebigen Darstellung wähle man eine positiv-definite Hermitesche Form, übe darauf alle Transformationen der Gruppe aus und addiere; das ergibt eine gegenüber der Gruppe invariante positiv-definite Form. Die Matrices der Darstellung sind also unitär, und *daher ist die Darstellung stets irreduzibel oder vollständig reduzibel.*

Eine besondere Darstellung erhält man, wenn man die Elemente der Gruppe selber als Basisvektoren nimmt, also als Vektoren alle Linearkombinationen

$$c = \sum_s \gamma_s s \tag{14. 1}$$

mit komplexen Koeffizienten γ_s. Diese „*Gruppenzahlen*" (14. 1) bilden einen Ring $\mathfrak{R}_g$: man kann sie nämlich nicht nur addieren und mit Zahlen multiplizieren, sondern auch untereinander multiplizieren: man setzt nämlich

$$\sum_s \gamma_s s \cdot \sum_t \delta_t t = \sum_s \sum_t \gamma_s \delta_t s t .$$

Dieser Ring $\mathfrak{R}_g$ heißt der *Gruppenring* oder die *Gruppenalgebra* oder das *Gruppengebiet*. Das Einselement e der Gruppe ist zugleich Einselement des Ringes. Multipliziert man nun die Elemente des Ringes mit den Basisvektoren s, so erhält man jedesmal eine lineare Transformation des Ringes in sich, also eine Darstellung der Gruppe $\mathfrak{G}$.

---

[1] Der Inhalt dieses und des nächsten Paragraphen ist nicht unbedingt notwendig für die in diesem Buch zu behandelnden quantenmechanischen Anwendungen. Jedoch ist das Studium dieses Paragraphen unerläßlich für jeden, der in die Gedankengänge der Darstellungstheorie eindringen will. Die Theorie stammt von G. FROBENIUS, die hier benutzten Beweismethoden von E. NOETHER. Für eine andere einfache Begründung siehe I. SCHUR: Sitzungsber. Berlin 1905, **S. 406.**

Diese Darstellung heißt die *reguläre Darstellung* der Gruppe $\mathfrak{G}$: sie ist vom Grade h.

Die invarianten Teilräume der regulären Darstellung sind solche Teilräume, die zu jeder Gruppenzahl a auch alle $s\,a$ enthalten, wo s ein beliebiges Gruppenelement ist. Dann enthält der Teilraum auch alle $\sum\limits_s \gamma_s\, s\cdot a$, also alle $c\,a$, wo c eine Gruppenzahl ist. Solche Teilräume heißen *Linksideale*. Der Gruppenring ist nach dem Obigen vollreduzibel, also *direkte Summe von irreduziblen Linksidealen*.

Wir können nun folgende Sätze beweisen.

Satz 1. *Jede irreduzible Darstellung von $\mathfrak{G}$ ist schon in der regulären Darstellung enthalten (also äquivalent der durch ein irreduzibles Linksideal vermittelten).*

Beweis. Vorerst bemerken wir, daß wir jede Darstellung der Gruppe $\mathfrak{G}$ zu einer „Darstellung" des Ringes $\mathfrak{R}_g$ erweitern können, indem wir, wenn dem Gruppenelement s die Matrix S entspricht, dem Ringelement $\sum\limits_s \gamma_s\, s$ die Matrix $\sum\limits_s \gamma_s\, S$ entsprechen lassen. Dem Produkt zweier Ringelemente entspricht dann das Produkt der Matrices und der Summe die Summe. Ist nun v ein beliebiger Vektor des Darstellungsraumes $\mathfrak{r}$, so ist durch $c \to c\,v$ eine lineare Abbildung des Gruppenringes auf den Darstellungsraum gegeben. Diese Abbildung ist ein Operatorhomomorphismus (in bezug auf $\mathfrak{G}$ als Operatorenbereich), denn aus (14. 1) folgt

$$s\cdot c \to s\,c\cdot v = s\cdot c\,v.$$

Also ist nach § 11, Satz 4 der Raum $\mathfrak{r}$ isomorph einer Summe von irreduziblen Teilräumen der regulären Darstellung, also, wenn $\mathfrak{r}$ selber irreduzibel ist, einem einzigen solchen irreduziblen Teilraum, q. e. d.

Satz 2. *Der Ring $\mathfrak{R}_g$ ist direkte Summe von vollen Matrixringen.*

Beweis. Wir suchen die Operatorhomomorphismen des Ringes $\mathfrak{R}_g$ (oder die mit der regulären Darstellung vertauschbaren Transformationen) zu bestimmen. Ist T eine solche, und führt T das Einselement der Gruppe $\mathfrak{G}$ in ein Element t über, so muß wegen der Vertauschbarkeit von T mit allen Gruppenelementen s gelten

$$T\sum\limits_s c_s\, s\, e = \sum\limits_s c_s\, s\, T\, e = \sum\limits_s c_s\, s\, t\,.$$

Die Operation T besteht also darin, daß man alle Ringelemente von rechts mit t multipliziert. Jedem T entspricht genau ein t und umgekehrt. Dem Produkt $T\,U$ zweier Homomorphismen entspricht das umgekehrte Produkt $u\,t$, denn es ist (für beliebiges c in $\mathfrak{R}_g$):

$$T\,U\cdot c = T\,c\,u = c\,u\,t$$

und der Summe $T + U$ entspricht die Summe $t + u$. Der Ring $\mathfrak{R}_g$ ist also „verkehrt isomorph" zum Ring $\mathfrak{T}$ der Operatorhomomorphismen: isomorph mit Umkehrung der Produkte. Nach § 13 ist $\mathfrak{T}$ eine direkte Summe von vollen Matrixringen, und um einen dazu verkehrt isomorphen Ring zu erhalten, braucht man nur alle Matrices zu spiegeln. Dabei erhält man wieder eine direkte Summe von vollen Matrixringen.

Was sind nun die Linksideale in einem Ring

$$\mathfrak{R}_g = \mathfrak{T}_1 + \mathfrak{T}_2 + \cdots + \mathfrak{T}_q, \tag{14. 3}$$

wo $\mathfrak{T}_1, \ldots, \mathfrak{T}_q$ Matrixringe sind?

Wir führen in $\mathfrak{T}_1$ als Basisgrößen die n Matrices $C_{\lambda\mu}$ ein (vgl. § 13). Die Elemente $(C_{11}, C_{21}, \ldots, C_{n1})$ erzeugen ein Linksideal in $\mathfrak{T}_1$ und daher auch in $\mathfrak{R}_g$, ebenso $(C_{12}, C_{22}, \ldots, C_{n2})$, usw. Das ergibt n Linksideale in $\mathfrak{T}_1$. Rechnet man aus, welche Darstellung von $\mathfrak{R}_g$ diese Ideale vermitteln, so ergibt sich: Alle Größen aus $\mathfrak{T}_2, \ldots, \mathfrak{T}_q$ werden durch Null dargestellt und die Größen $t = \sum\sum\alpha_{\lambda\mu} C_{\lambda\mu}$ aus $\mathfrak{T}_1$ werden in allen n genannten Darstellungen genau durch die Matrix $(\alpha_{\lambda\mu})$ dargestellt. Es ist nämlich für jedes t_2 aus $\mathfrak{T}_2$

$$t_2\, C_{\nu\varkappa} = 0$$

und für jedes $t_1 = \sum\limits_{\lambda} \sum\limits_{\mu} \alpha_{\lambda\mu} C_{\lambda\mu}$ aus $\mathfrak{T}_1$,

$$t_1\, C_{\nu\varkappa} = \sum\limits_{\lambda} \sum\limits_{\mu} \alpha_{\lambda\mu} C_{\lambda\mu} C_{\nu\varkappa} = \sum\limits_{\lambda} \alpha_{\lambda\nu} C_{\lambda\nu} C_{\nu\varkappa} = \sum\limits_{\lambda} C_{\lambda\varkappa}\, \alpha_{\lambda\nu}.$$

Daraus folgt: die obigen Linksideale sind äquivalent und vermitteln dieselbe irreduzible Darstellung. Dasselbe gilt von den Linksidealen von $\mathfrak{T}_2$. Diese sind aber nicht äquivalent zu den vorigen, denn bei der durch sie vermittelten Darstellung werden die Elemente von $\mathfrak{T}_1$ durch Null dargestellt, was bei der erstgenannten Darstellung nicht der Fall war. *So erhält man genau so viel inäquivalente Darstellungen, wie es Matrixringe in* (14. 3) *gibt.* Ist n_ν der Grad der Matrices von $\mathfrak{T}_\nu$, so ist die Darstellung $\varDelta_\nu$, die durch diese Matrices gebildet wird, ebenfalls vom Grade n_ν, und die Darstellung $\varDelta_\nu$ kommt in der regulären Darstellung auch n_ν-mal vor, da $\mathfrak{T}_\nu$ in n_ν äquivalente Linksideale zerfällt. Also: *In der regulären Darstellung kommt jede irreduzible Darstellung so oft vor, wie ihr Grad beträgt.* Die Dimension von $\mathfrak{T}_\nu$, die Anzahl der linear-unabhängigen Basisvektoren $C_{\lambda\mu}$, ist n_ν^2, also ist die Dimension h von $\mathfrak{R}_g$ gleich

$$h = \sum\limits_{\nu=1}^{q} n_\nu^2. \tag{14. 4}$$

Es ergibt sich weiter der „*Satz von* BURNSIDE:"

Jede irreduzible Darstellung vom Grade n_ν enthält n_ν^2 linear-unabhängige Matrices.

Denn unter den Linearkombinationen der Matrices der Darstellung $\varDelta_\nu$ kommen die darstellenden Matrices aller Elemente des Ringes $\mathfrak{R}$ und insbesondere des Ringes $\mathfrak{T}_\nu$ vor, und das sind alle möglichen Matrices $(\alpha_{\lambda\mu})$ mit beliebigen $\alpha_{\lambda\mu}$.

Schließlich können wir uns darüber orientieren, wie viele irreduzible Darstellungen einer vorgelegten Gruppe es geben kann. Zu dem Zweck bestimmen wir das „Zentrum" des Ringes $\Re_g$, d. h. die Gesamtheit derjenigen Größen $\sum \gamma_s s$, die mit allen anderen Gruppenzahlen vertauschbar sind. Dazu genügt es, daß sie mit allen Gruppenelementen vertauschbar sind, also daß

$$\sum \gamma_s\, t\, s\, t^{-1} = \sum \gamma_s s.$$

Dazu ist notwendig und hinreichend, daß in der Summe $\sum \gamma_s s$ jedes s mit demselben Koeffizienten versehen erscheint, wie jedes „zu s konjugierte Gruppenelement" tst^{-1}. Bezeichnet man mit k die Summe aller *verschiedenen* zu s konjugierten Gruppenelemente tst^{-1}, einschließlich s selbst, so muß jedes Zentrumselement $\sum \gamma_s s$ die Form

$$z = \sum \gamma_k k \tag{14.5}$$

haben. Das Zentrum von $\Re_g$ ist also ein Vektorraum, dessen Dimensionenzahl q' gleich der Anzahl der Klassen konjugierter Gruppenelemente ist, denn die Klassensummen k spannen nach (14. 5) das Zentrum auf.

Man kann andererseits das Zentrum auch aus der Summendarstellung (14. 3) bestimmen. Eine Größe $t = t_1 + \cdots + t_q$ von $\Re_g$ ist mit allen Größen von $\Re_g$ vertauschbar, wenn t_1 mit allen Matrices von $\mathfrak{T}_1$ vertauschbar, also ein Vielfaches $\lambda_1 e_1$ der Einheitsmatrix e_1 von $\mathfrak{T}_1$ ist, und wenn ebenso $t_2 = \lambda_2 e_2, \ldots, t_q = \lambda_q e_q$ ist. Also wird das Zentrum von $\Re_g$ durch die linear-unabhängigen Größen $(e_1, \ldots, e_q)$ aufgespannt, und das ergibt für seine Dimension gerade q. Also folgt

$$q' = q,$$

oder: *die Anzahl der irreduziblen Darstellungen ist gleich der Anzahl der Klassen konjugierter Gruppenelemente.*

Beispiele.

1. Die symmetrische Gruppe $\mathfrak{S}_3$. Elementezahl $3! = 6$. Klassen konjugierter Gruppenelemente: die Klasse von (1), die von (1 2), die von (1 2 3): also drei Darstellungen. Diese sind uns schon aus § 10, Beispiel 5 bekannt: ihre Grade sind $1, 1, 2$. In der Tat ist

$$6 = 1^2 + 1^2 + 2^2.$$

Die beiden Darstellungen 1. Grades sind die symmetrische und die antisymmetrische. Die Darstellung 2. Grades erhält man am leichtesten, indem man zu zwei linear-unabhängigen Basisvektoren e_1, e_2 zunächst einen dritten Vektor e_3 durch $e_3 = -e_1 - e_2$ oder $e_1 + e_2 + e_3 = 0$ hinzudefiniert und dann diese drei Vektoren den Permutationen von $\mathfrak{S}_3$ unterwirft. Diese Darstellung 2. Grades ist offensichtlich treu.

2. Die symmetrische Gruppe $\mathfrak{S}_4$. Elementzahl $4! = 24$. Klassen: die von (1), von (1 2), von (1 2 3), von (1 2) (3 4), von (1 2 3 4), also 5 Darstellungen. Die Faktorgruppe $\mathfrak{S}_4/\mathfrak{B}_4$ ist $\cong \mathfrak{S}_3$ und hat daher nach 1. zwei Darstellungen ersten Grades und eine zweiten Grades: das ergibt schon drei untreue Darstellungen von $\mathfrak{S}_4$ (Grade 1, 1, 2). Aus

$$24 = 1^2 + 1^2 + 2^2 + n_4^2 + n_5^2$$

folgt $n_4^2 + n_5^2 = 18$, also $n_4 = n_5 = 3$. Die eine Darstellung dritten Grades erhält man, indem man vier Vektoren e_1, e_2, e_3, e_4, von denen die ersten drei linear-unabhängig sind, während $e_1 + e_2 + e_3 + e_4 = 0$ ist, den Permutationen von $\mathfrak{S}_4$ unterwirft, die andere, indem man in der soeben erhaltenen Darstellung die Vorzeichen der Matrices, welche ungerade Permutationen darstellen, umkehrt.

3. Die alternierende Gruppe $\mathfrak{A}_4$. Elementezahl: 12. Klassen: die von (1), von (1 2 3), von (1 3 2) und von (1 2) (3 4). Also vier Darstelstellungen. Die Faktorgruppe $\mathfrak{A}_4/\mathfrak{B}_4$ ist zyklisch von der Ordnung drei und hat daher drei Darstellungen ersten Grades (mit dritten Einheitswurzeln). Aus

$$12 = 1^2 + 1^2 + 1^2 + n_4^2,$$

folgt $n_4 = 3$. Die eine fehlende Darstellung vom Grade 3 ist dieselbe wie die beiden obigen Darstellungen dritten Grades von $\mathfrak{S}_4$, angewendet auf die Permutationen von $\mathfrak{A}_4$. Die obige Darstellung zweiten Grades von $\mathfrak{S}_4$, angewendet auf $\mathfrak{A}_4$, zerfällt in die beiden konjugiert-komplexen Darstellungen ersten Grades.

Verallgemeinerungen.

Der Burnsidesche Satz gilt nicht nur für die Darstellungen endlicher Gruppen, sondern für jedes irreduzible System von Matrices, welches zu je zweien auch deren Produkt enthält. Außerdem gilt folgende, von FROBENIUS und SCHUR herrührende Verallgemeinerung: Ein vollständig reduzibles System von Matrices, welches mit je zwei Matrices auch deren Produkt enthält und dessen irreduzible Bestandteile, äquivalente nur einmal gezählt, die Grade $n_1, n_2, \ldots, n_s$ haben, enthält genau $n_1^2 + n_2^2 + \cdots + n_s^2$ linear-unabhängige Matrices.

Der Gruppenring $\mathfrak{R}_g$ ist ein Beispiel eines „*hyperkomplexen Zahlensystems*" d. h. eines endlich-dimensionalen Vektorraums, der dadurch zu einem Ring gemacht wird, daß in ihm eine Multiplikation definiert ist, welche nicht kommutativ zu sein braucht, sonst aber alle gewöhnlichen Eigenschaften einer Multiplikation (das Assoziativgesetz eingeschlossen) haben soll. Wir betrachten hier nur solche hyperkomplexe Zahlensysteme, welche den Bereich der komplexen Zahlen als Multiplikatorenbereich haben.

Es ist klar, daß die Sätze dieses Paragraphen, die sich auf die Darstellungen des Ringes $\mathfrak{R}_g$ beziehen, nicht nur für den Gruppenring gelten, sondern für jedes hyperkomplexe Zahlensystem, welches vollreduzibel, d. h. Summe von irreduziblen Linksidealen ist und ein Einselement enthält. Jedes solche System ist demnach direkte Summe von vollen Matrixringen und besitzt so viele irreduzible Darstellungen, als es Matrixringe in seiner Zerlegung gibt. Weiter kann man beweisen, daß jede reduzible Darstellung eines solchen Ringes vollständig in irreduzible zerfällt. Insbesondere hat ein einzelner voller Matrixring nur eine einzige irreduzible Darstellung, welche eben durch die Matrices des Ringes selbst geliefert wird.

Dieser Satz kann gelegentlich auf quantenmechanische Fragen angewandt werden. Z. B. stellt man sich seit DIRAC häufig das Problem, ein System von 4 Matrices $\Gamma_1, \Gamma_2, \Gamma_3, \Gamma_4$ zu bestimmen, welches folgende Relationen erfüllt:

$$\Gamma_\lambda^2 = 1, \quad \Gamma_\lambda \Gamma_\mu = - \Gamma_\mu \Gamma_\lambda \quad (\lambda \neq \mu). \tag{14.6}$$

Nimmt man zu den Γ_λ noch ihre Produkte zu je zweien, dreien usw. hinzu, so kann man diese vermöge der Relationen (14. 6) alle durch die 16 folgenden ausdrücken:

$$1, \quad \Gamma_\lambda, \quad \Gamma_\lambda \Gamma_\mu, \quad \Gamma_\lambda \Gamma_\mu \Gamma_\nu, \quad \Gamma_1 \Gamma_2 \Gamma_3 \Gamma_4 \quad (\lambda, \mu, \nu = 1, 2, 3, 4; \; \lambda < \mu < \nu). \tag{14.7}$$

Wenn nun die Matrices nicht bekannt sind, sondern erst gesucht werden, so bilden wir uns zunächst ein hyperkomplexes Zahlensystem mit 16 Basiselementen

$$1, \quad \gamma_\lambda, \quad \gamma_{\lambda\mu}, \quad \gamma_{\lambda\mu\nu}, \quad \gamma_{1234} \quad . \quad (\lambda, \mu, \nu = 1, 2, 3, 4; \; \lambda < \mu < \nu) \tag{14.8}$$

und verabreden, daß diese Basiselemente genau so miteinander multipliziert werden sollen, wie die Matrices (14. 7) vermöge der Rechnungsregeln (14. 6). Durch diese Verabredung ist das Zahlensystem eindeutig festgelegt. Jedes System von Matrices (14. 7) mit den Eigenschaften (14. 6) liefert nun eine Darstellung des hyperkomplexen Systems und umgekehrt. Also haben wir die gestellte Frage auf die Frage nach den Darstellungen eines hyperkomplexen Systems durch Matrices zurückgeführt.

Nun weiß man nach DIRAC[1], daß es eine Darstellung durch 4 reihige Matrices gibt, wobei die Basiselemente (14. 8) durch 16 linear-unabhängige Matrices dargestellt werden. Also ist das vorgelegte hyperkomplexe System isomorph dem vollen Matrixring aller vierreihigen Matrices. Daraus folgt nach den obigen Sätzen, daß es bis auf Äquivalenz nur eine irreduzible Darstellung gibt (eben die vom Grade 4) und daß jede reduzible Darstellung vollständig zerfällt in irreduzible, welche alle mit der einen erwähnten Darstellung äquivalent sind. Das heißt, bis auf ganz triviale Wiederholungen und bis auf Äquivalenz ist die Diracsche Darstellung die einzige.

§ 15. Die Charaktere.

Die Spuren $\sum_\lambda a_{\lambda\lambda}$ der Matrices $(a_{\lambda\mu})$ einer Darstellung sind, wie wir wissen, Invarianten. Wir schreiben $S(b)$ oder $S_{\mathfrak{D}}(b)$ für die Spur der Matrix, welche dem Gruppenelement b in der Darstellung $\mathfrak{D}$ entspricht. Die Spuren der irreduziblen Darstellungen heißen *Charaktere*.

Konjugierte Gruppenelemente a und $b^{-1}ab$ haben dieselben Spuren, denn es ist

$$S(B^{-1}AB) = S(A).$$

Die Spuren und Charaktere sind also „Klassenfunktionen": sie haben für jede Klasse konjugierter Gruppenelemente einen bestimmten Wert.

Die Spuren und Charaktere bilden ein oft gebrauchtes rechnerisches Hilfsmittel, um eine vorgelegte Darstellung in irreduzible zu zerlegen.

---

[1] DIRAC, P. A. M.: Proc. Roy. Soc. London A Bd. 117, (1928) S. 610.

Das geschieht dann mit Hilfe der „Orthogonalitätsrelationen", die wir jetzt herleiten wollen.

Es seien

$$s \to A(s), \qquad s \to B(s)$$

zwei irreduzible Darstellungen einer endlichen Gruppe $\mathfrak{G}$. Ist dann C eine beliebige Matrix, welche den Raum der zweiten Darstellung auf den der ersten abbildet, so ist

$$P = \sum_t A(t)\, C\, B(t^{-1})$$

(Summation über alle Gruppenelemente) wieder eine Abbildung des zweiten Raumes auf den ersten, welche mit allen Gruppenelementen s vertauschbar ist:

$$A(s)\,P = A(s)\sum_t A(t)\, C\, B(t^{-1}) = \sum_t A(s\,t)\, C\, B(t^{-1}\, s^{-1})\, B(s) = P\,B(s).$$

Daraus folgt nach dem Schurschen Lemma (§ 13):

$P = 0$, wenn die Darstellungen $A(t)$, $B(t)$ inäquivalent,

$P = \beta E$, wenn die Darstellungen gleich sind.

Ausgeschrieben, ergibt das

$$\sum_\lambda \sum_\mu \sum_t a_{\varkappa\lambda}(t)\, c_{\lambda\mu}\, b_{\mu\nu}(t^{-1}) = \begin{cases} 0, & \text{wenn } A(s) \text{ und } B(s) \text{ inäquivalent,} \\ \beta\,\delta_{\varkappa\nu}, & \text{wenn } A(s) = B(s), \end{cases}$$

oder, da die $c_{\lambda\mu}$ ganz beliebig sind

$$\sum_t a_{\varkappa\lambda}(t)\, b_{\mu\nu}(t^{-1}) = \begin{cases} 0, & \text{wenn } A(s),\ B(s) \text{ inäquivalent,} \\ \beta_{\lambda\mu}\,\delta_{\varkappa\nu} & \text{für } A(s) = B(s). \end{cases} \tag{15. 1}$$

Um im Fall $A = B$ die $\beta_{\lambda\mu}$ zu bestimmen, setzen wir $\varkappa = \nu$ und summieren über ν. Wegen $B(s^{-1})A(s) = A(s^{-1})A(s) = 1$ kommt links jedesmal $\delta_{\lambda\mu}$, also

$$\sum_t \delta_{\lambda\mu} = \beta_{\lambda\mu} \sum_\nu \delta_{\nu\nu}.$$

Ist h die Anzahl der Gruppenelemente und n der Grad der Darstellung, so erhält man:

$$h\,\delta_{\lambda\mu} = n\,\beta_{\lambda\mu}.$$

Also lautet (15. 1)

$$\sum_t a_{\varkappa\lambda}(t)\, b_{\mu\nu}(t^{-1}) = \begin{cases} 0, & \text{wenn } A,\ B \text{ inäquivalent,} \\ \dfrac{h}{n}\,\delta_{\lambda\mu}\,\delta_{\varkappa\nu} & \text{für } A = B, \end{cases}$$

Ist die Darstellung $B(s)$ unitär, so ist $B(t^{-1}) = \tilde{B}(t)$, also $b_{\mu\nu}(t^{-1}) = \bar{b}_{\nu\mu}(t)$, mithin

$$\sum_t a_{\varkappa\lambda}(t)\, \bar{b}_{\nu\mu}(t) = \begin{cases} 0, & \text{wenn } A,\ B \text{ inäquivalent,} \\ \dfrac{h}{n}\,\delta_{\varkappa\nu}\,\delta_{\lambda\mu} & \text{für } A = B. \end{cases} \tag{15. 2}$$

Das sind die Orthogonalitätsrelationen für die Matrixelemente. Setzt man $\varkappa = \lambda$, $\nu = \mu$ und summiert über λ und μ, so erhält man die *Ortho-gonalitätsrelationen für die Charaktere*:

$$\sum_t \chi^{(1)}(t)\,\overline{\chi^{(2)}(t)} = \begin{cases} 0, \\ h. \end{cases} \tag{15. 3}$$

Die Null gilt für die Charaktere inäquivalenter Darstellungen, das h für die Charaktere äquivalenter Darstellungen.

Sind $\chi^{(1)}, \ldots, \chi^{(r)}$ die Charaktere der verschiedenen inäquivalenten Darstellungen, und ist

$$S(t) = \sum_t c_\lambda \chi^{(\lambda)}(t)$$

die Spur einer beliebigen Darstellung, welche die Darstellung mit der Nummer λ genau c_λ-mal enthält, so folgt aus (15. 3)

$$\sum_t S(t)\,\overline{\chi^{(\lambda)}(t)} = c_\lambda h. \tag{15. 4}$$

Diese Relation ergibt das Mittel, die Zahlen c_λ aus der Spur der gegebenen Darstellung und den Charakteren der irreduziblen Darstellungen zu berechnen. Gleichzeitig sehen wir, daß *durch die Spuren $S(t)$ die Darstellung bis auf Äquivalenz eindeutig bestimmt ist.*

Besonders bequem sind die Relationen (15. 4), wenn es sich darum handelt, eine Produktdarstellung $\mathfrak{D}_\lambda \times \mathfrak{D}_\mu$ auszureduzieren. Die Spur einer Produktmatrix $A \times B$ ist

$$\sum_\lambda \sum_\mu a_{\lambda\lambda} b_{\mu\mu} = \left(\sum_\lambda a_{\lambda\lambda}\right)\left(\sum_\mu b_{\mu\mu}\right) = S(A)\,S(B),$$

also ist die Spur einer Produktdarstellung $\mathfrak{D}_\lambda \times \mathfrak{D}_\mu$ das Produkt der Spuren der Faktordarstellungen.

Bezeichnet man z. B. die drei Darstellungen der $\mathfrak{S}_3$ mit $\mathfrak{J}$ (identische), $\mathfrak{A}$ (antisymmetrische), $\mathfrak{U}$ (Darstellung zweiten Grades), so findet man mit dieser Methode

$$\mathfrak{J} \times \mathfrak{J} = \mathfrak{J} \qquad \mathfrak{A} \times \mathfrak{A} = \mathfrak{J} \qquad \mathfrak{U} \times \mathfrak{U} = \mathfrak{J} + \mathfrak{A} + \mathfrak{U}$$
$$\mathfrak{J} \times \mathfrak{A} = \mathfrak{A} \qquad \mathfrak{A} \times \mathfrak{U} = \mathfrak{U}$$
$$\mathfrak{J} \times \mathfrak{U} = \mathfrak{U}.$$

III. Drehungsgruppe und Lorentzgruppe.

§ 16. Die lineare Gruppe c_2, die unitäre Gruppe u_2 und ihre Beziehung zur Drehungsgruppe $\mathfrak{d}_3$.

Als Vektorraum nehmen wir die Gesamtheit der binären Linearformen $c_1 u_1 + c_2 u_2$ in zwei Veränderlichen u_1, u_2. Die Transformationen A der speziellen linearen Gruppe c_2 führen die Basisvektoren u_1, u_2 über in

$$u_1' = u_1 \alpha + u_2 \gamma,$$
$$u_2' = u_1 \beta + u_2 \delta.$$

Die zugehörigen Matrices sind

$$A = \begin{pmatrix} \alpha & \beta \\ \gamma & \delta \end{pmatrix}; \qquad \alpha\,\delta - \beta\,\gamma = 1.$$

Die inverse Transformation ist, wie leicht ersichtlich,

$$A^{-1} = \begin{pmatrix} \delta & -\beta \\ -\gamma & \alpha \end{pmatrix}.$$

Die *unitären* A haben, wenn als Hermitesche Grundform die Einheitsform angenommen wird, nach § 7 die Eigenschaft:

$$\tilde{A} = A^{-1} \qquad \text{oder} \qquad \begin{pmatrix} \bar{\alpha} & \bar{\gamma} \\ \bar{\beta} & \bar{\delta} \end{pmatrix} = \begin{pmatrix} \delta & -\beta \\ -\gamma & \alpha \end{pmatrix}.$$

Das erfordert $\bar{\alpha} = \delta$, $\bar{\beta} = -\gamma$, Also besteht die spezielle unitäre Gruppe $\mathfrak{u}_2$ aus den Transformationen

$$\left.\begin{aligned} u_1' &= u_1\,\alpha - u_2\,\bar{\beta} \\ u_2' &= u_1\,\beta + u_2\,\bar{\alpha} \end{aligned}\right\} \quad \text{oder} \quad \left.\begin{aligned} c_1' &= \alpha\,c_1 + \beta\,c_2 \\ c_2' &= -\bar{\beta}\,c_1 + \bar{\alpha}\,c_2 \end{aligned}\right\} \quad \text{mit } \alpha\,\bar{\alpha} + \beta\,\bar{\beta} = 1. \quad (16.1)$$

Wir bemerken, daß bei jeder Transformation mit der Determinante 1, bei der die Vektorkoeffizienten (d_1, d_2) kovariant zu (c_1, c_2) transformiert werden, der Ausdruck $c_2 d_1 - c_1 d_2$ invariant bleibt. Daher transformieren sich die Koeffizienten $(c_2, -c_1)$ dieses Ausdruckes kontravariant zu (c_1, c_2). Bei der unitären Gruppe $\mathfrak{u}_2$ bleibt außerdem der Ausdruck $\bar{c}_1 c_1 + \bar{c}_2 c_2$ invariant und daher transformieren sich auch $(\bar{c}_1, \bar{c}_2)$ kontravariant zu (c_1, c_2). Schließlich transformieren sich $(\bar{c}_2, -\bar{c}_1)$ bei $\mathfrak{u}_2$ kontravariant zu $(c_2, -c_1)$ also kovariant zu (c_1, c_2).

Man erhält eine Darstellung der Gruppen $\mathfrak{c}_2$ und $\mathfrak{u}_2$, indem man die Potenzprodukte vom Grade v

$$u_1^v, \; u_1^{v-1} u_2, \; \ldots, \; u_2^v \qquad\qquad (16.2)$$

als Basisvektoren zugrunde legt, also den Raum aller Formen

$$c_0 u_1^v + c_1 u_1^{v-1} u_2 + \cdots + c_v u_2^v$$

bildet. Die genannten Potenzprodukte werden offenbar durch die Transformationen A linear transformiert, denn A führt $u_1^r u_2^{v-r}$ über in

$$u_1'^r u_2'^{v-r} = (u_1\alpha + u_2\gamma)^r (u_1\beta + u_2\delta)^{v-r}$$

und das ist eine Linearkombination der Potenzprodukte (16. 2).

Wir bezeichnen die so gefundene Darstellung von $\mathfrak{c}_2$ bzw. $\mathfrak{u}_2$ mit $\mathfrak{D}_J$, wo (hauptsächlich um der spektroskopischen Anwendungen willen) $J = \tfrac{1}{2} v$ gesetzt wird. Insbesondere ist $\mathfrak{D}_0$ die identische Darstellung vom Grad eins (wobei der einzige Basisvektor bei allen Transformationen der Gruppe invariant bleibt); $\mathfrak{D}_{\frac{1}{2}}$ ist die Darstellung von $\mathfrak{c}_2$ durch sich selbst. Die Darstellung $\mathfrak{D}_J$ hat den Grad $v + 1 = 2J + 1$.

Die Darstellung $\mathfrak{D}_1$ im Raume der Polynome

$$c_0 u_1^2 + c_1 u_1 u_2 + c_2 u_2^2$$

hat die Eigenschaft, die „Diskriminante"

$$c_1^2 - 4\,c_0\,c_2$$

invariant zu lassen. Führt man statt der c_0, c_1, c_2 neue Veränderliche ein durch die Substitution

$$
\left.
\begin{aligned}
x &= -\,c_0 + c_2 \\
y &= -\,i\,(c_0 + c_2) \\
z &= c_1
\end{aligned}
\right\}
\qquad
\left.
\begin{aligned}
x + i\,y &= 2\,c_2 \\
x - i\,y &= -\,2\,c_0 \\
z &= c_1,
\end{aligned}
\right\}
\qquad (16.3)
$$

so wird

$$x^2 + y^2 + z^2 = (x + i\,y)\,(x - i\,y) + z^2 = c_1^2 - 4\,c_0 c_2\,.$$

Mithin lassen die Transformationen von $\mathfrak{D}_1$ die Form $x^2 + y^2 + z^2$ invariant: sie sind (komplexe) *Drehungen*[1].

Um die Realitätsverhältnisse zu übersehen, bemerken wir, daß die Koeffizienten c_0, c_1, c_2 einer beliebigen quadratischen Form sich genau so transformieren wie die Koeffizienten $a_1 b_1$, $a_1 b_2 + a_2 b_1$, $a_2 b_2$ der speziellen Form $(a_1 u_1 + a_2 u_2)\,(b_1 u_1 + b_2 u_2)$. Bei einer unitären Transformation (16.1) aus $\mathfrak{u}_2$ transformieren sich aber b_1, b_2 genau so wie $-\,\bar{a}_2, \bar{a}_1$; mithin transformieren sich die c wie

$$-\,a_1 \bar{a}_2\,, \qquad a_1 \bar{a}_1 - a_2 \bar{a}_2\,, \qquad a_2 \bar{a}_1\,.$$

Also transformieren sich die x, y, z [Gleichung (16.3)] wie

$$a_1 \bar{a}_2 + a_2 \bar{a}_1\,; \qquad i\,(a_1 \bar{a}_2 - a_2 \bar{a}_1)\,; \qquad a_1 \bar{a}_1 - a_2 \bar{a}_2\,.$$

Diese drei Zahlen sind aber beständig reell und werden stets wieder in reelle Zahlen transformiert; also müssen die Transformationskoeffizienten auch reell sein, d. h.:

Die Vektoren (x, y, z) erleiden bei der Darstellung $\mathfrak{D}_1$ der Gruppe $\mathfrak{u}_2$ stets reelle Drehungen.

Wir bezeichnen die reelle Drehungsgruppe des Raumes mit $\mathfrak{d}$

Es ist leicht zu sehen, daß jede reelle Drehung des Raumes in der Darstellung $\mathfrak{D}_1$ wirklich vorkommt. Dazu genügt es, für die speziellen unitären Transformationen

$$
B\,(\beta) = \begin{pmatrix} \cos\beta & -\sin\beta \\ +\sin\beta & \cos\beta \end{pmatrix}, \qquad
C\,(\gamma) = \begin{pmatrix} e^{-i\gamma} & 0 \\ 0 & e^{+i\gamma} \end{pmatrix} \qquad (16.4)
$$

die zugeordneten Drehungen in der Darstellung $\mathfrak{D}_1$ auszurechnen; man findet:

$$
B\,(\beta):
\left\{
\begin{aligned}
x' &= x \cos 2\beta + z \sin 2\beta \\
y' &= y \\
z' &= -\,x \sin 2\beta + z \cos 2\beta
\end{aligned}
\right.
$$

$$
C\,(\gamma):
\left\{
\begin{aligned}
x' &= x \cos 2\gamma - y \sin 2\gamma \\
y' &= x \sin 2\gamma + y \cos 2\gamma \\
z' &= z\,.
\end{aligned}
\right.
\qquad (16.5)
$$

---

[1] Spiegelungen können es nicht sein, da sie sich stetig in die Identität ($\alpha = 1$, $\beta = 0$) überführen lassen.

Das sind also Drehungen um die y- und z-Achse mit den Drehwinkeln 2β und 2γ. Aus solchen Drehungen läßt sich aber jede andere Drehung zusammensetzen. Eine Drehung mit den Eulerschen Winkeln ϑ, φ, ψ ist ja nichts anderes als das Produkt $Z_\varphi Y_\vartheta Z_\psi$ von Drehungen um die z-, y- und z-Achse mit den Drehungswinkeln φ, ϑ, ψ. Eine explizite Formel für die Matrix einer Transformation von $\mathfrak{u}_2$, welche eine Drehung mit vorgegebenen Eulerschen Winkeln ergibt, erhält man durch Multiplikation der Matrices $C\left(\tfrac{1}{2}\varphi\right)$, $B\left(\tfrac{1}{2}\vartheta\right)$, $C\left(\tfrac{1}{2}\psi\right)$, welche nach der obigen Rechnung die Drehungen $Z_\varphi, Y_\vartheta, Z_\psi$ ergeben:

$$C\left(\tfrac{1}{2}\varphi\right) B\left(\tfrac{1}{2}\vartheta\right) C\left(\tfrac{1}{2}\psi\right)$$

$$= \begin{pmatrix} e^{-\frac{1}{2}i\varphi} & 0 \\ 0 & e^{+\frac{1}{2}i\varphi} \end{pmatrix} \begin{pmatrix} \cos\tfrac{1}{2}\vartheta & -\sin\tfrac{1}{2}\vartheta \\ \sin\tfrac{1}{2}\vartheta & \cos\tfrac{1}{2}\vartheta \end{pmatrix} \begin{pmatrix} e^{-\frac{1}{2}i\psi} & 0 \\ 0 & e^{+\frac{1}{2}i\psi} \end{pmatrix}$$

$$= \begin{pmatrix} e^{-\frac{1}{2}i(\varphi+\psi)}\cos\tfrac{1}{2}\vartheta & -e^{-\frac{1}{2}i(\varphi-\psi)}\sin\tfrac{1}{2}\vartheta \\ e^{+\frac{1}{2}i(\varphi-\psi)}\sin\tfrac{1}{2}\vartheta & e^{+\frac{1}{2}i(\varphi+\psi)}\cos\tfrac{1}{2}\vartheta \end{pmatrix} = \begin{pmatrix} \alpha & -\bar\beta \\ \beta & \bar\alpha \end{pmatrix}. \tag{16.6}$$

Um die Treue der Darstellung zu untersuchen, genügt es nach dem Homomorphiesatz (§ 8) festzustellen, welche Transformationen von $\mathfrak{u}_2$ bei der Darstellung $\mathfrak{D}_1$ die Identität ergeben. Diese Transformationen müssen die Produkte u_1^2, $u_1 u_2$ und u_2^2 invariant lassen, und das tun offenbar nur die beiden Transformationen

$$E = \begin{pmatrix} 1 & 0 \\ 0 & 1 \end{pmatrix} \quad \text{und} \quad -E = \begin{pmatrix} -1 & 0 \\ 0 & -1 \end{pmatrix}.$$

Diese zwei Transformationen bilden also die im Homomorphiesatz gemeinte Untergruppe $\mathfrak{h}$. Die Nebenklassen von $\mathfrak{h}$ bestehen immer aus zwei Transformationen A und $-A$; diese ergeben also stets dieselbe Drehung. Die Darstellung ist demnach nicht treu. Beschränkt man sich aber in der Gruppe $\mathfrak{c}_2$ auf eine solche Umgebung der Einheitsmatrix E, welche von jeder Nebenklasse nur eine Transformation enthält, so ist in dieser Umgebung die Darstellung treu und daher eindeutig umkehrbar: Jeder Drehung D mit genügend kleinem Drehungswinkel entspricht eine einzige unitäre Transformation A in der Umgebung der Identität. Ändert sich die Drehung D stetig, so ändert sich auch die zugehörige Matrix A stetig [wie man z. B. aus der expliziten Gleichung (16.6) ersieht], aber wenn die Drehung D auf der Drehungsgruppe einen geschlossenen Weg durchlaufen hat, so kann die zugeordnete Matrix A in $-A$ übergehen. Die Matrix A ist demnach auf der ganzen Gruppe $\mathfrak{d}$ eine zweideutige stetige Funktion der Drehung D. Aus diesem Grunde sagt man, daß die Gruppe $\mathfrak{u}_2$ eine *zweideutige Darstellung* der reellen Drehungsgruppe $\mathfrak{d}$ bilde.

Bemerkung. Die Eindeutigkeit wird wieder hergestellt, sobald man im Vektorraum (u_1, u_2) zwei Vektoren $c_1 u_1 + c_2 u_2$ und $\lambda c_1 u_1 + \lambda c_2 u_2$, die sich um einen Faktor $\lambda \neq 0$ unterscheiden, als nicht wesentlich verschieden betrachtet. Dementsprechend betrachtet man dann auch lineare Transformationen mit Matrices A und λA als nicht wesentlich verschieden; insbesondere sind dann die Matrices A und $- A$, welche eine einzige Drehung darstellen, nur unwesentlich verschieden. Die Vektoren λu, die aus einem $u \neq 0$ durch Multiplikation mit beliebigen λ entstehen, bilden einen eindimensionalen Teilraum: einen *Strahl*. Bei der oben skizzierten Auffassung einer Darstellung, bei der man nicht auf die Transformation der Vektoren, sondern nur auf die der Strahlen achtet und demnach A von λA nicht unterscheidet, spricht man von einer *Strahldarstellung* (statt Vektordarstellung). Entspricht in einer Strahldarstellung dem Gruppenelement a die Matrix A, dem b das B, so muß dem Produkt ab nicht AB, sondern nur $AB\lambda$ (mit irgend einem λ) entsprechen. Von einer Strahldarstellung kann man aber immer zu einer höchstens endlichvieldeutigen Vektordarstellung übergehen, indem man die Matrizes A mit einem solchen Faktor λ multipliziert, daß ihre Determinante 1 wird. Der Faktor λ ist bis auf eine Einheitswurzel eindeutig bestimmt und wird stets so gewählt, daß dem Einselement die Einsmatrix entspricht. Bei einer stetigen Darstellung einer kontinuierlichen Gruppe kann man dann in der Umgebung der Eins den Faktor λ durch stetige Fortsetzung eindeutig bestimmen; dann entspricht in dieser Umgebung dem Produkt ab genau das Matrixprodukt AB.

Die Darstellungen $\mathfrak{D}_J$ $(J = 0, \frac{1}{2}, 1, 1\frac{1}{2}, \ldots)$ sind Darstellungen von u_2, aber u_2 ist eine zweideutige Darstellung von $\mathfrak{d}$, also sind $\mathfrak{D}_J$ auch als höchstens zweideutige Darstellungen von $\mathfrak{d}$ aufzufassen. $\mathfrak{D}_0$ ist die identische Darstellung; $\mathfrak{D}_{\frac{1}{2}}$ ist die zweideutige Darstellung von $\mathfrak{d}$ durch u_2; $\mathfrak{D}_1$ ist die eindeutige Darstellung von $\mathfrak{d}$ durch sich selbst. Es wird sich später zeigen, daß die Darstellungen $\mathfrak{D}_J$ mit ganzzahligem J für $\mathfrak{d}$ eindeutig sind, die mit „halbzahligem" j dagegen zweideutig, und daß die Kugelfunktionen l-ter Ordnung (l ganz) bei einer Drehung sich gerade nach $\mathfrak{D}_l$ transformieren. Auch die Irreduzibilität der Darstellung $\mathfrak{D}_J$ von u_2 oder $\mathfrak{d}$ werden wir später nachweisen.

Die Darstellung $\mathfrak{D}_J$ von u_2 besitzt eine invariante Hermitesche Form, *nämlich*

$$\sum_0^v r! \, (v - r)! \, \bar{c}_r c_r .\tag{16.7}$$

Beweis: Die Koeffizienten c_r transformieren sich genau so, wie die Koeffizienten $\binom{v}{r} a_1^{v-r} a_2^r$ der speziellen Form $(a_1 u_1 + a_2 u_2)^v$. Ebenso transformieren sich die $\bar{c}_r$ wie $\binom{v}{r} \bar{a}_1^{v-r} \bar{a}_2^r$. Da nun $\bar{a}_1 a_1 + \bar{a}_2 a_2$ invariant bleibt, so bleibt auch

$$v! \, (\bar{a}_1 a_1 + \bar{a}_2 a_2)^v = v! \sum_{r=0}^v \binom{v}{r} \bar{a}_1^{v-r} a_1^{v-r} \bar{a}_2^r a_2^r$$

$$= \sum_{r=0}^v r! \, (v - r)! \binom{v}{r}^2 \bar{a}_1^{v-r} \bar{a}_2^r a_1^{v-r} a_2^r$$

invariant, und dieser Ausdruck transformiert sich wie (16.7).

Damit ist bewiesen, daß die Darstellungen $\mathfrak{D}_J$ von $\mathfrak{u}_2$ oder $\mathfrak{d}$ alle *unitär* sind. Ein normiertes Orthogonalsystem für die Form (16.-7) bilden die Vektoren

$$\frac{u_1^{v-r}\, u_2^{r}}{\sqrt{r!\,(v-r)!}}\,. \tag{16.8}$$

Wir bemerken noch für später, daß bei einer Drehung D_γ mit dem Drehwinkel γ um die z-Achse, bei der u_1 nach (16. 4) mit $e^{-\frac{i\gamma}{2}}$ und u_2 mit $e^{-\frac{i\gamma}{2}}$ multipliziert wird, der Vektor (16. 8) den Faktor $e^{\frac{1}{2}i(v-2r)\gamma}$ annimmt. Weiter bemerken wir, daß bei der Umdrehung D_y mit Drehwinkel π um die y-Achse, bei der u_1 und u_2 nach (16.4) in $-u_2$ und u_1 übergeführt werden, das Produkt $u_1^{v-r}\,u_2^{r}$ in $(-1)^{v-r}\,u_1^{r}\,u_2^{v-r}$ übergeführt wird.

§ 17. Die infinitesimalen Transformationen und die Darstellungen der Drehungsgruppe.

Die folgende Parameterdarstellung der Drehungen des Raumes erweist sich insbesondere in der Umgebung der Einheit als zweckmäßig: Eine Drehung um eine (gerichtete) Achse a mit dem (im passenden Drehungssinn gemessenen) Drehungswinkel φ wird durch einen Vektor in der Richtung a mit der Länge φ dargestellt, und die orthogonalen Komponenten α_1, α_2, α_3 dieses Vektors werden als Parameter der Drehungsgruppe benutzt. Der ganze Parameterraum ist dann eine Vollkugel vom Radius π, bei der aber diametral gelegene Randpunkte identifiziert gedacht werden müssen. Das Produkt zweier Drehungen $d_\alpha\,(\alpha_1,\alpha_2,\alpha_3)$ und $d_\beta\,(\beta_1,\beta_2,\beta_3)$ ist eine Drehung $d_\beta\,d_\alpha = d_\gamma$, wo die $\gamma_\nu = \varphi_\nu\,(\alpha,\beta)$ in der Umgebung des Nullpunktes eindeutige, sogar analytische Funktionen der α und β sind, die sich eindeutig nach den β auflösen lassen. Für $\beta = 0$ wird $\gamma = \alpha$ und die beiden Funktionalmatrices

$$S_\lambda^\nu(\alpha) = \left(\frac{\partial \gamma_\nu}{\partial \beta_\lambda}\right)_{\beta=0} \quad \text{und} \quad T_\lambda^\nu(\alpha) = \left(\frac{\partial \beta_\nu}{\partial \gamma_\lambda}\right)_{\gamma=\alpha}$$

sind zueinander invers

$$S\,T = E\,.$$

Wir suchen alle (ein- oder mehrdeutigen) Darstellungen der Drehungsgruppe $\mathfrak{d}$, bei denen jede Drehung d_α in der Umgebung der Einheit durch eine lineare Transformation D_α dargestellt wird, deren Matrix stetig-differenzierbar von den Parametern α_1, α_2, α_3 abhängt[1], wobei außerdem natürlich die Darstellungsbedingung

$$D_\beta\,D_\alpha = D_\gamma = D_{\varphi\,(\alpha,\,\beta)}$$

erfüllt sein soll.

---

[1] Die Forderung der Stetigkeit (ohne Differenzierbarkeit) würde genügen und kann sogar durch noch schwächere ersetzt werden, doch darauf kommt es jetzt nicht an.

Die Methode, die wir dabei benutzen, ist die LIE-CARTANsche Methode der infinitesimalen Transformationen[1].

Übt man auf einen Vektor u des Darstellungsraumes die Transformation D_β aus, so entsteht ein Vektor $v = D_\beta u$. Für $\beta_\nu = 0$ ist $v = u$. Für unendlich kleine β_ν läßt sich $D_\beta u$ mit Vernachlässigung von Gliedern höherer als erster Ordnung so entwickeln

$$v = D_\beta u = u + \left(\frac{\partial v}{\partial \beta_1}\right)_0 \beta_1 + \left(\frac{\partial v}{\partial \beta_2}\right)_0 \beta_2 + \left(\frac{\partial v}{\partial \beta_3}\right)_0 \beta_3 + \cdots .$$

Die Größen $\left(\frac{\partial v}{\partial \beta_\nu}\right)_0$ hängen linear von u ab; wir setzen daher

$$\left(\frac{\partial v}{\partial \beta_\nu}\right)_0 = I_\nu u \qquad\qquad (\nu = 1, 2, 3)$$

und nennen die linearen Transformationen $I_\nu\,(\nu = 1, 2, 3)$ die *infinitesimalen Transformationen* der Darstellung, durch welche die *infinitesimalen Drehungen* um die X-, Y- und Z-Achse dargestellt werden. Statt I_1, I_2, I_3 schreiben wir auch I_x, I_y, I_z.

Wir gehen nun von einem festen Vektor u_0 des Darstellungsraumes aus, setzen

$$u = D_\alpha u_0$$

und

$$v = D_\beta u = D_\beta D_\alpha u_0 = D_\gamma u_0,$$

wo also $\gamma_\nu = \varphi_\nu (\alpha, \beta)$ ist. Differentiation der letzten Formel nach β_ν ergibt, wenn nachher $\beta_\nu = 0$ gesetzt wird:

$$I_\lambda u = \left(\frac{\partial v}{\partial \beta_\lambda}\right)_{\beta=0} = \sum_\nu \left(\frac{\partial v}{\partial \gamma_\nu}\right)_{\gamma=\alpha} \left(\frac{\partial \gamma_\nu}{\partial \beta_\lambda}\right)_{\beta=0} = \sum_\nu \frac{\partial u}{\partial \alpha_\nu} S_\lambda^\nu (\alpha) .$$

Löst man diese linearen Gleichungen mittels der inversen Matrix T auf, so erhält man

$$\frac{\partial u}{\partial \alpha_\nu} = \sum_\sigma I_\sigma u \, T_\nu^\sigma (\alpha) . \tag{17.1}$$

Das sind die LIEschen „charakteristischen Differentialgleichungen" der Darstellungen.

Zu beachten ist, daß die T_ν^σ nur von der Zusammensetzung der Drehungsgruppe, nicht von der betrachteten Darstellung abhängen. Da die Differentialgleichung (17.1) zusammen mit der Anfangsbedingung $u = u_0$ für $\alpha = 0$ die Größe $u = D_\alpha u_0$ vollständig bestimmt, so haben wir den Satz

Eine Darstellung der Drehungsgruppe ist durch ihre infinitesimalen Transformationen I_x, I_y, I_z vollständig bestimmt.

Die Operationen I_x, I_y, I_z sind aber nicht ganz willkürlich, sondern sie müssen den „Integrabilitätsbedingungen" genügen, die man aus (17.1)

---

[1] Eine ausführliche Auseinandersetzung der Methode und weitere Literaturverweisungen findet man bei H. WEYL: Math. Z. Bd. 23 (1925); Bd. 24 (1926). Dort werden die Darstellungen einer viel allgemeineren Klasse von Gruppen aufgestellt, von denen die Drehungs- und Lorentzgruppe nur Spezialfälle sind.

erhält, indem man nach α_μ differenziert und die gemischten Ableitungen $\dfrac{\partial^2}{\partial\alpha_\mu\partial\alpha_\nu}$ und $\dfrac{\partial^2}{\partial\alpha_\mu\partial\alpha_\nu}$ gleichsetzt. Nach einiger Rechnung findet man

$$\sum_\sigma I_\sigma u\left(\frac{\partial T_\nu^\sigma}{\partial\alpha_\mu}-\frac{\partial T_\mu^\sigma}{\partial\alpha_\nu}\right)+\sum_\varrho\sum_\sigma I_\varrho I_\sigma u\,(T_\mu^\varrho T_\nu^\sigma-T_\nu^\varrho T_\mu^\sigma)=0\,.$$

Wir brauchen nachher diese Relation nur für $\alpha=0$*. Für diesen Fall wird T_μ^ϱ die Einsmatrix, und man erhält

$$-\sum_\sigma I_\sigma u_0\,c_{\mu\nu}^\sigma+I_\mu I_\nu u_0-I_\nu I_\mu u_0=0\,,$$

wobei zur Abkürzung

$$-c_{\mu\nu}^\sigma=\left(\frac{\partial T_\nu^\sigma}{\partial\alpha_\mu}-\frac{\partial T_\mu^\sigma}{\partial\alpha_\nu}\right)_{\alpha=0} \tag{17.2}$$

gesetzt ist. Nun war aber der Vektor u_0 ganz beliebig; mithin folgt:

$$I_\mu I_\nu-I_\nu I_\mu=\sum_\sigma I_\sigma c_{\mu\nu}^\sigma. \tag{17.3}$$

Die *reellen* Konstanten $c_{\mu\nu}^\sigma$ hängen nach (17.2) nur von der Gruppe ab; sie können bestimmt werden, indem man als Darstellungsraum speziell den Raum der linearen Funktionen $\psi(x,y,z)=a_1x+a_2y+a_3z$ wählt, wo die Operatoren I_ν direkt angebbar sind (vgl. § 6). Die dort gefundenen Vertauschungsrelationen (6.3) müssen also auch allgemein für jede Darstellung gelten; sie lauten:

$$\left.\begin{aligned}I_x I_y-I_y I_x&=I_z\,,\\ I_y I_z-I_z I_y&=I_x\,,\\ I_z I_x-I_x I_z&=I_y\,.\end{aligned}\right\} \tag{17.4}$$

Diese fundamentalen Vertauschungsrelationen bilden die Grundlage für die Bestimmung aller möglichen Darstellungen. Um sie in eine etwas bequemere Form zu bringen, führen wir wie im § 6 die Operatoren

$$L_x=iI_x;\quad L_y=iI_y;\quad L_z=iI_z$$

ein. Wir setzen weiter

$$\begin{aligned}L_x+iL_y&=L_p\,,\\ L_x-iL_y&=L_q\,.\end{aligned}$$

Die Vertauschungsrelationen (17.4) lauten jetzt, umgerechnet[1]:

$$\left.\begin{aligned}L_z L_p-L_p L_z&=\quad L_p\,,\\ L_z L_q-L_q L_z&=-L_q\,,\\ L_p L_q-L_q L_p&=\ 2L_z\,.\end{aligned}\right\} \tag{17.5}$$

---

* Für beliebige α erhält man übrigens nach längerer Rechnung genau dasselbe und nichts mehr.

[1] Diese Gestalt der Vertauschungsrelationen ist darum zweckmäßiger, weil in den beiden ersten Relationen nur zwei (statt, wie früher, alle drei) erzeugenden infinitesimalen Transformationen vorkommen. Man findet die Ausdrücke L_p und L_q zwangsläufig, wenn man die Bildung $TL=L_z L-L L_z$ als eine lineare Transformation T im Raume der Linearkombinationen $L=\lambda L_x+\mu L_y+\nu L_z$ auffaßt und diese Transformation auf Hauptachsen transformiert. die Eigenvektoren sind L_p, L_q und L_z, die zugehörigen Eigenwerte $1,-1,0$.

Es sei nun eine beliebige Darstellung der Drehungsgruppe in einem (endlichdimensionalen) Vektorraum $\Re$ gegeben. In demselben findet natürlich auch eine Darstellung derjenigen Abelschen Untergruppe statt, die aus den Drehungen $(0, 0, \gamma)$ um die z-Achse besteht. Diese Darstellung kann man nach § 10, Beispiel 2, ausreduzieren und findet eine Reihe von Basisvektoren v_M, die bei der Drehung $(0, 0, \gamma)$ den Faktor $e^{iM\gamma}$ erhalten. (Bei einer eindeutigen Darstellung muß M ganzzahlig sein; das braucht aber nicht der Fall zu sein, wenn die Darstellung nur in der Umgebung der Einheit eindeutig ist.) Es ist

$$L_z v_M = i\, I_z v_M = i\left(\frac{\partial}{\partial \gamma} D\,(0,\,0,\,\gamma)\, v_M\right)_{\gamma=0} = i\left(\frac{\partial}{\partial \gamma} e^{-iM\gamma} v_M\right)_{\gamma=0} = M\, v_M\,,$$

mithin sind die Vektoren v_M Eigenvektoren des Operators L_z zum Eigenwert M. Wir hätten sie also auch durch Hauptachsentransformation des Operators L_z erhalten können.

Hilfssatz. Gehört der Vektor v zum Eigenwert M von L_z, so gehört $L_p v$ zum Eigenwert $(M + 1)$ und $L_q v$ zum Eigenwert $(M-1)$ von L_z.

Beweis. Aus $L_z v = M v$ folgt

$$L_z L_p v = (L_p L_z + L_p)\, v = L_p M v + L_p v = (M + 1)\, L_p v$$

und entsprechend

$$L_z L_q v = (M - 1)\, L_q v\,.$$

Damit ist der Hilfssatz bewiesen.

Suchen wir nun im Raum $\Re$ einen Vektor v_J zum größten vorkommenden Eigenwert J (oder, falls imaginäre Eigenwerte vorkommen sollten, zu dem Eigenwert mit größtem Realteil) von L_z. Dann gehört $L_p v_J$ zum Eigenwert $J + 1$. Da aber J der größte vorkommende Eigenwert war, muß $L_p v_J = 0$ sein. Weiter gehört

$$v_{J-1} = L_q v_J \qquad \text{zum Eigenwert } J - 1,$$
$$v_{J-2} = L_q v_{J-1} \qquad \text{zum Eigenwert } J - 2\,, \text{ usw.}$$

Die Reihe wird fortgesetzt, bis man auf einen Nullvektor stößt, was einmal eintreten muß, da nur endlich viele Eigenwerte im Raum $\Re$ vorkommen können.

Man beweist nun leicht für $M = J,\ J - 1,\ J - 2,\ \ldots$:

$$L_p v_M = \varrho_M v_{M+1}; \qquad \varrho_M = \text{ganze Zahl.} \tag{17.6}$$

Die Formel ist nämlich richtig für den größten Wert $M = J$ mit $\varrho_J = 0$, denn es ist $L_p v_J = 0$. Wir zeigen nun, daß (17.6) richtig ist für $M = \mu - 1$, sobald sie für $M = \mu$ richtig ist. Es ist nämlich

$$L_p v_{\mu-1} = L_p L_q v_\mu = (L_q L_p + 2 L_z)\, v_\mu = L_q \varrho_\mu v_{\mu+1} + 2\mu\, v_\mu = (\varrho_\mu + 2\mu)\, v_\mu\,.$$

Damit ist (17.6) bewiesen. Für die ϱ_M hat man die Rekursionsformeln:

$$\varrho_{\mu-1} = \varrho_\mu + 2\mu; \qquad \varrho_J = 0\,,$$

deren Lösung lautet

$$\varrho_M = J(J + 1) - M(M + 1)\,. \tag{17.7}$$

Es muß einmal vorkommen, daß ein $v_M = 0$ ist, während das vorangehende $v_{M+1} \neq 0$ ist. Dann muß $\varrho_M = 0$ sein. Daraus folgt aber $M = -(J+1)$, denn die Gleichung

$$J(J+1) - x(x+1) = 0$$

hat nur die Wurzeln $x = J$ und $x = -(J+1)$ und der Wert $M = J$ kommt wegen $v_J \neq 0$ nicht in Betracht. Also ist in der Reihe der Vektoren $v_J, v_{J-1}, v_{J-2}, \ldots$ der erste Nullvektor $v_{-(J+1)}$. Die Anzahl der Glieder der Reihe $v_J, v_{J-1}, \ldots, v_{-J}$ ist $2J+1$, *mithin ist* $2J+1$ *eine natürliche Zahl und* J *eine halbganze Zahl* (d. h. die Halfte einer ganzen Zahl). Die möglichen Werte von J sind

$$J = 0, \tfrac{1}{2}, 1, 1\tfrac{1}{2}, \ldots .$$

Um eine größere Symmetrie der Formeln zu erreichen, kann man die v_M noch mit Zahlenfaktoren versehen und definieren

$$L_q v_M = \sqrt{J(J+1) - M(M-1)} \cdot v_{M-1}.$$

Dann wird

$$\begin{aligned}
L_p v_M &= \sqrt{J(J+1) - M(M+1)} \cdot v_{M+1} \\
&= \sqrt{(J-M)(J+M+1)} \cdot v_{M+1}, \\
L_q v_M &= \sqrt{J(J+1) - M(M-1)} \cdot v_{M-1} \\
&= \sqrt{(J+M)(J-M+1)} \cdot v_{M-1}, \\
L_z v_M &= M v_M .
\end{aligned} \qquad (17.8)$$

Der Teilraum $(v_J, v_{J-1}, \ldots, v_{-J})$ unseres Vektorraumes $\mathfrak{R}$ wird durch die Operationen L_p, L_q, L_z, also auch durch die infinitesimalen Drehungen I_x, I_y, I_z in sich selbst transformiert. Daraus folgt, daß dieser Teilraum auch durch alle Transformationen der Darstellung der Drehungsgruppe in sich transformiert wird, d. h.:

Die Vektoren $v_J, v_{J-1}, \ldots, v_{-J}$ *bestimmen einen invarianten Unterraum* $\mathfrak{R}_{2J+1}$.

Die Transformationen dieses Unterraumes bilden eine Darstellung der Drehungsgruppe, die durch die Gleichungen (17.8) vollständig bestimmt ist. Im Raum $\mathfrak{R}_{2J+1}$ hat der Operator L_z die einfachen Eigenwerte $M = J, J-1, \ldots, -J$ mit den Eigenvektoren v_M. Bemerkenswert ist auch, daß alle Vektoren des Raumes $\mathfrak{R}_{2J+1}$ Eigenvektoren des Operators

$$\mathfrak{L}^2 = L_x^2 + L_y^2 + L_z^2 = \tfrac{1}{2}(L_p L_q + L_q L_p) + L_z^2$$

sind. Aus (17.8) folgt nämlich durch einfache Rechnung:

$$\mathfrak{L}^2 v_M = J(J+1) v_M . \qquad (17.9)$$

Der Raum $\mathfrak{R}_{2J+1}$ *ist irreduzibel.* Denn wenn $\mathfrak{R}'$ ein invarianter Unterraum von $\mathfrak{R}_{2J+1}$ ist und v' ein Eigenvektor von L_z im Raume $\mathfrak{R}'$, so muß v' bis auf einen Faktor mit einem der Vektoren $v_J, \ldots, v_{-J}$

übereinstimmen (andere Eigenvektoren von L_z gibt es ja in $\Re_{2J+1}$ nicht). Die Transformationen L_q und L_p erzeugen nach (17. 8) aus dem einen $v' = v_{M'}$ alle andern v_M ($M = J,\ J-1,\ \ldots,\ -J$). Daher gehören alle diese v_M zu $\Re'$ und daher ist $\Re'$ der ganze Raum $\Re_{2J+1}$, was zu beweisen war.

Die durch (17. 8) *bestimmte Darstellung vom Grad* $2J + 1$ *ist äquivalent zu der im vorigen Paragraph konstruierten mit* $\mathfrak{D}_J$ *bezeichneten Darstellung.*

In der Tat: im Raum $(\ldots,\ u_1^{v-r} u_2^{r},\ \ldots)$ der Darstellung $\mathfrak{D}_J'$ erhalten die Basisvektoren $u_1^{v-r} u_2^{r}$ bei der Drehung $(0, 0, \gamma)$ den Faktor $e^{iM\gamma} = e^{\frac{1}{2}i(v-2r)}$; es kommen also die Werte $M = r - \frac{1}{2} v\, (= \frac{1}{2} v,\ \frac{1}{2} v - 1,\ \ldots,\ -\frac{1}{2} v)$ je einmal vor. Konstruiert man nun in diesem Raum den Unterraum $\Re_{2J+1}$ nach der obigen Konstruktion, so fällt notwendig $\Re_{2J+1}$ mit dem ganzen Raum zusammen (weil beide dieselbe Dimension haben).

Die v_M des Raumes $\Re_{2J+1}$ müssen mit den Potenzprodukten $u_1^{J+M} u_2^{J-M}$ der Darstellung $\mathfrak{D}_J$ bis auf Zahlenfaktoren übereinstimmen. Rechnet man die Zahlenfaktoren aus, so ergibt sich:

$$v_M = \frac{u_1^{J+M}\, u_2^{J-M}}{\sqrt{(J+M)!\,(J-M)!}}\,, \tag{17. 10}$$

Diese v bilden nach § 16 gleichzeitig ein normiertes Orthogonalsystem.

In genau derselben Weise zeigt man, wenn J gleich einer ganzen Zahl l ist, daß die durch (17. 8) bestimmte Darstellung $\mathfrak{D}_l$ mit der durch die Kugelfunktionen l-ter Ordnung $Y_l^{(m)}$ vermittelten Darstellung übereinstimmt. Denn auch diese sind in der Anzahl $2l + 1$ und der Operator L_z hat $m = l$ als höchsten Eigenwert. Also: *Die Kugelfunktionen* $Y_l^{(m)}$ *transformieren sich nach der irreduziblen Darstellung* $\mathfrak{D}_l$. D. h., man kann die Normierungsfaktoren bei den Kugelfunktionen $Y_l^{(m)}$ so wählen, daß für sie genau die Gleichungen (17. 8) gelten. Daraus folgt auch, daß $\mathfrak{D}_l$ eine eindeutige Darstellung ist[1]. Z. B. transformieren sich die Funktionen $r\,Y_1^{(1)} = -(x + iy),\ r\,Y_1^{(0)} = \sqrt{2}\,z,\ r\,Y_1^{(-1)} = x - iy$ nach der Darstellung $\mathfrak{D}_1$.

Schließlich beweist man ebenso:

Jede irreduzible Darstellung ist mit einer der durch (17. 8) *bestimmten Darstellungen* $\mathfrak{D}_J$ *äquivalent.* Denn der im Darstellungsraum konstruierte Raum $\Re_{2J+1}$ muß im Falle der Irreduzibilität notwendig mit dem ganzen Raum zusammenfallen.

Die obigen Betrachtungen ergeben ein Mittel, die Zerfällung einer beliebigen Darstellung $\mathfrak{D}$ in irreduzible $\mathfrak{D}_J$ in jedem vorliegenden Fall

---

[1] Die Darstellung $\mathfrak{D}_J$ ist für nicht ganze J nicht eindeutig. Denn der Vektor v_J wird bei einer Drehung $(0, 0, \gamma)$ mit einem Faktor $e^{-iJ\gamma}$ multipliziert, was für $\gamma = 2\pi$ und $J = $ ganz $+ \frac{1}{2}$ den Wert -1 ergibt.

wirklich zu finden. Man braucht zu dem Zweck nur die Eigenvektoren des Operators L_z im betrachteten Raum aufzustellen und die vorkommenden Eigenwerte samt deren Vielfachheiten zu verzeichnen. Ist J der größte vorkommende ganze oder halbganze Eigenwert, so ist in $\mathfrak{D}$ eine Darstellung $\mathfrak{D}_J$ enthalten, in deren Raum die Eigenwerte J, $J-1$, $\ldots$, $-J$ je einmal vertreten sind. Von den übrigen Eigenwerten sucht man wieder den größten J' aus, spaltet eine Darstellung $\mathfrak{D}_{J'}$ ab, usw., bis alle Eigenwerte aufgebraucht sind.

§ 18. Beispiele und Anwendungen.

1. Ausreduktion der Produktdarstellung $\mathfrak{D}_j \times \mathfrak{D}_{j'}$ der Drehungsgruppe.

Der Raum der Darstellung $\mathfrak{D}_j$ sei $(u_j, \ldots, u_{-j})$, der von $\mathfrak{D}_{j'}$ sei $(v_{j'}, \ldots, v_{-j'})$. Dann hat der Raum der Darstellung $\mathfrak{D}_j \times \mathfrak{D}_{j'}$ als Basisvektoren alle Produkte $u_m v_{m'}$. Das Produkt $u_m v_{m'}$ nimmt bei einer Drehung $(0, 0, \gamma)$ um die z-Achse den Faktor $e^{-i(m+m')\gamma}$ an und gehört daher zum Eigenwert $M = m + m'$ des Operators L_z. Die möglichen Werte von M sind:

$$(m = j) \qquad M = j + j', j + j' - 1, \ldots\ldots, j - j',$$

$$(m = j - 1) \qquad M = \qquad j + j' - 1, j + j' - 2, \ldots, j - j' - 1,$$

$$(m = j - 2) \qquad M = \qquad\qquad j + j' - 2, \ldots\ldots, j - j' - 2.$$

$$\cdots\cdots\cdots \qquad \cdots\cdots\cdots\cdots\cdots\cdots\cdots\cdots\cdots\cdots\cdots\cdots$$

$$(m = -j) \qquad M = \qquad\qquad\qquad -j + j', \ldots\ldots \quad, -j - j'.$$

Wir können etwa $j \geqq j'$ annehmen. Dann sieht man, daß der größte Wert $M = j + j'$ *einmal* vorkommt, der nächstkleinere $M = j + j' - 1$ *zweimal* usw., immer mit einer Zunahme um Eins, bis zum Wert $M = j - j'$, der somit $(2j' + 1)$-mal vorkommt. Alle kleineren Werte von M bis $M = -j + j'$ kommen gleich oft, nämlich $(2j' + 1)$-mal vor. Um die negativen Werte von M brauchen wir uns weiter nicht zu kümmern.

Daraus folgt nach den Regeln des § 17: Die Darstellung $\mathfrak{D}_{j+j'}$, die dem größten Eigenwert entspricht, ist *einmal* in der betrachteten Darstellung $\mathfrak{D}_j \times \mathfrak{D}_{j'}$ enthalten; ihr Darstellungsraum nimmt die Eigenwerte $M = j + j', \ldots, -(j + j')$ je einmal in Anspruch. Nach deren Streichung bleibt als größter Wert $M = j + j' - 1$, der jetzt nur einmal vorkommt; also kommt die Darstellung $\mathfrak{D}_{j+j'-1}$ ebenfalls einmal vor [Eigenwerte $j + j' - 1, j + j' - 2, \ldots, -(j + j' - 1)$]. So weiter schließend erhält man zuletzt die Darstellung $\mathfrak{D}_{j-j'}$, welche alle übrig gebliebenen Eigenwerte wegnimmt. Mithin ist:

$$\mathfrak{D}_j \times \mathfrak{D}_{j'} = \mathfrak{D}_{j+j'} + \mathfrak{D}_{j+j'-1} + \cdots + \mathfrak{D}_{|j-j'|}. \tag{18.1}$$

Durch Hinzufügung des „Absolutstriches" bei $j - j'$ wird erreicht, daß die Formel symmetrisch in j und j' ist und mithin auch für $j' > j$ gilt. Z. B. ist:

$$\mathfrak{D}_0 \times \mathfrak{D}_j = \mathfrak{D}_j,$$
$$\mathfrak{D}_1 \times \mathfrak{D}_1 = \mathfrak{D}_2 + \mathfrak{D}_1 + \mathfrak{D}_0,$$
$$\mathfrak{D}_1 \times \mathfrak{D}_{\frac{1}{2}} = \mathfrak{D}_{1\frac{1}{2}} + \mathfrak{D}_{\frac{1}{2}}.$$

Um die Reduktion der Darstellung $\mathfrak{D}_j \times \mathfrak{D}_{j'}$ *explizit* durchzuführen, haben wir im Raum der Produkte $u_m v_{m'}$ solche Vektoren w_M, die sich nach $\mathfrak{D}_J$ $(J = j + j',\ j + j' - 1, \ldots)$ transformieren, wirklich anzugeben. Wir schreiben diesmal lieber U_m, $V_{m'}$, W_M^J statt u_m, $v_{m'}$, w_M und setzen nach (17. 10):

$$U_m = \frac{u_1^{j+m}\, u_2^{j-m}}{\sqrt{(j+m)!\,(j-m)!}}\,; \qquad V_{m'} = \frac{v_1^{j'+m'}\, v_2^{j'-m'}}{\sqrt{(j'+m')!\,(j'-m')!}}\,.$$

Nunmehr bilden wir für $J = j + j' - \lambda\ (\lambda = 0, 1, 2, \ldots)$ den Ausdruck

$$A = (u_1 v_2 - u_2 v_1)^\lambda\, (u_1 x_1 + u_2 x_2)^{2j-\lambda}\, (v_1 x_1 + v_2 x_2)^{2j'-\lambda}$$

und behaupten, daß die Koeffizienten von

$$X_M^J = \frac{x_1^{J+M}\, x_2^{J-M}}{\sqrt{(J+M)!\,(J-M)!}}$$

in A für $M = J, J-1, \ldots, -J$ die gesuchten Größen W_M^J darstellen.

Beweis: Wenn die x_1, x_2 kontragredient zu u_1, u_2 und v_1, v_2 transformiert werden, so ist der Ausdruck A invariant, und daher werden die Koeffizienten W_M^J kontragredient zu den X_M^J transformiert. Ebenso ist aber, wenn U_M^J wie $u_1^{J+M} u_2^{J-M} : \sqrt{(J+M)!\,(J-M)!}$ transformiert werden, der Ausdruck $(u_1 x_1 + u_2 x_2)^{2J} = (2J)!\, \sum U_M^J X_M^J$ invariant, also werden die U_M^J auch kontragredient zu den X_M^J transformiert. Mithin werden die W_M^J wie die U_M^J, d. h. nach $\mathfrak{D}_J$ transformiert, q. e. d.

Die Ausrechnung von A verläuft so:

$$(u_1 v_2 - u_2 v_1)^\lambda = \sum_{\nu=0}^{\lambda} (-1)^\nu \binom{\lambda}{\nu} (u_1 v_2)^{\lambda-\nu} (u_2 v_1)^\nu,$$

$$A = \sum_m \sum_{m'} \sqrt{(j+m)!\,(j-m)!\,(j'+m')!\,(j'-m')!\,(J+M)!\,(J-M)!}$$

$$\cdot \sum_{\nu=0}^{\lambda} (-1)^\nu \binom{\lambda}{\nu} \binom{2j-\lambda}{j-m-\nu} \binom{2j'-\lambda}{j'+m'-\nu} U_m V_{m'} X_{m+m'}^J$$

$$= \lambda!\,(2j-\lambda)!\,(2j'-\lambda)!\, \sum_m \sum_{m'} c_{mm'}^J U_m V_{m'} X_{m+m'}^J,$$

$$c_{mm'}^J = \sum_\nu (-1)^\nu \frac{\sqrt{(j+m)!\,(j-m)!\,(j'+m')!\,(j'-m')!\,(J+M)!\,(J-M)!}}{(j-m-\nu)!\,(j+m-\lambda+\nu)!\,(j'+m'-\nu)!\,(j'-m'-\lambda+\nu)!\,\nu!\,(\lambda-\nu)!}$$

$$[M = m + m'].^* \tag{18. 2}$$

---

* Der Bruch rechts ist gleich Null zu setzen, sobald eine der Zahlen $(j + m - \nu)$, usw. im Nenner negativ wird; weiter ist $0! = 1$.

$j' = \frac{1}{2}$			$j' = 1$			
J	$m' = \frac{1}{2}$	$m' = -\frac{1}{2}$	J	$m' = 1$	$m' = 0$	$m' = -1$
$j + \frac{1}{2}$	$\sqrt{j+m+1}$	$\sqrt{j-m+1}$	$j+1$	$\sqrt{\dfrac{(j+m+2)(j+m+1)}{2}}$	$\sqrt{(j+m+1)(j-m+1)}$	$\sqrt{\dfrac{(j-m+2)(j-m+1)}{2}}$
$j - \frac{1}{2}$	$-\sqrt{j-m}$	$+\sqrt{j+m}$	j	$-\sqrt{2(j+m+1)(j-m)}$	$+2m$	$+\sqrt{2(j+m)(j-m+1)}$
			$j-1$	$\sqrt{\dfrac{(j-m)(j-m-1)}{2}}$	$-\sqrt{(j+m)(j-m)}$	$\sqrt{\dfrac{(j+m)(j+m-1)}{2}}$

Daher ist

$$W_M^J = \varrho_J \sum_{m+m'=M} c_{mm'}^J\, U_m V_{m'}, \quad (18.3)$$

wo ϱ_J ein Zahlenfaktor ist, der übrigens beliebig gewählt werden kann, z. B. so, daß die W_M^J ein *normiertes* Orthogonalsystem im unitären Vektorraum der $U_m V_{m'}$ bilden[1]. Setzen wir nun $b_{mm'}^J = \varrho_J c_{mm'}^J$, so bilden für jedes feste M die $b_{mm'}^J$ mit $m + m' = M$ eine unitäre Matrix B_M, wobei J als Spaltenindex und m oder m' als Zeilenindex auftritt. Die gespiegelte Matrix B_M^{-1} ist nach (7. 5) einfach die gespiegelte konjugiert-komplexe Matrix $\tilde{B}_M$. D. h., die Gleichungen (18. 2) werden nach den $U_m V_{m'}$ folgendermaßen aufgelöst:

$$U_m V_{m'} = \sum_J \varrho_J c_{mm'}^J\, W_{m+m'}^J. \quad (18.4)$$

Auf die Werte der Zahlen ϱ_J kommt es nicht an. Die Gleichung (18. 4) ist unter dem Namen *Clebsch-Gordansche Reihe* bekannt. Die Zahlen $c_{mm'}^J$ sind allgemein aus (18.2) zu entnehmen. Im Spezialfall $J = j + j'\ (\lambda = 0)$ vereinfacht sich die Gleichung (18. 2) zu

$$c_{mm'}^J = \sqrt{\frac{(J+M)!\,(J-M)!}{(j+m)!\,(j-m)!\,(j'+m')!\,(j'-m')!}}$$

und ebenso im Spezialfall

$$J = j - j'\ (\lambda = 2j'; \; j \geqq j')$$

---

[1] Daß je zwei Vektoren W_M, die zu verschiedenen Werten von J gehören, zueinander orthogonal sind, folgt daraus, daß je zwei inäquivalente irreduzible Teilräume des Raumes der unitären Darstellung $\mathfrak{D}_j \times \mathfrak{D}_{j'}$ stets zueinander orthogonal sind: die senkrechte Projektion des einen Raumes auf den anderen ergibt nämlich einen Operatorhomomorphismus, und ein solcher kann nur die Nullabbildung sein. Die Orthogonalität je zweier W_M mit gleichem J aber verschiedenen M folgt durch dieselbe Betrachtung, angewandt auf die Darstellungen der Untergruppe der Drehungen um die Z-Achse.

zu

$$c^J_{m\,m'} = (-1)^{j'+m'} \sqrt{\frac{(j+m)!\,(j-m)!}{(j'+m')!\,(j'-m')!\,(J+M)!\,(J-M)!}}.$$

In der nebenstehenden Tabelle sind die Werte der $c^J_{m\,m'}$ für die einfachsten Fälle zusammengestellt.

2. Anwendungen der Relation (18. 1).

Der Zustand eines f-Elektronensystems im zentralsymmetrischen Kraftfeld werde durch eine Funktion $\psi(q_1, q_2, \ldots, q_f)$ gegeben. Die lineare Schar der Eigenfunktionen einer Energiestufe wird bei einer Drehung linear in sich transformiert; sie zerfällt also in Teilscharen, die sich nach Darstellungen $\mathfrak{D}_J$ transformieren. Man pflegt in diesem Fall L statt J zu schreiben; wegen der Eindeutigkeit der Darstellung kommen nur ganze Werte von L in Betracht.

Der Operator für eine infinitesimale Drehung aller Elektronen, etwa um die z-Achse, ist in unserem Fall:

$$I_z = -\sum_1^f \left(x\,\frac{\partial}{\partial y} - y\,\frac{\partial}{\partial x} \right).$$

Mithin ist $h i I_z = h L_z$ genau der Operator für die z-Komponente des Drehimpulses $h\mathfrak{L}$. Für eine irreduzible, sich nach $\mathfrak{D}_L$ transformierende Schar von Eigenfunktionen hat nach § 17 der Operator $\mathfrak{L}^2$ den Eigenwert $L(L+1)$ und L_z die Eigenwerte $M = L, L-1, \ldots, -L$. Man stellt sich daher im Vektorschema einen Drehimpulsvektor für das Atom von der Länge hL vor, dessen z-Komponente die Werte hM ($M = L, \ldots, -L$) annimmt, genau so wie beim Einelektronenproblem (§ 6). Man redet von S-, P-, D-, F- usw. Termen des Atoms (in Analogie zu den s-, p-, d-, f-, $\ldots$ Termen beim Elektron) für $L = 0, 1, 2, 3, \ldots$ und man nennt L die *azimutale Quantenzahl*.

Bei einer stetigen Änderung des Kräftepotentials (z. B. bei Verkleinerung der gegenseitigen Abstoßung der Elektronen) kann sich die Quantenzahl L nicht ändern, da die Darstellung sich stetig ändert und der Eigenwert von $\mathfrak{L}^2$ daher nicht unstetig springen kann. Man kann also die möglichen Werte von L zunächst aufstellen unter Ausschaltung der Wechselwirkungskräfte zwischen den Elektronen oder noch besser unter Ersatz der Wechselwirkung durch eine passend gewählte Abschirmung des Kernfeldes (vgl. § 4) und kann nachher diese Wechselwirkung langsam wieder einschalten.

Nehmen wir etwa zwei Elektronen. Der Zustand jedes einzelnen wird durch eine Wellenfunktion $\psi_{nl}^{(m)}$ gegeben, zu der nach § 4 ein bestimmtes Termsymbol ns oder np, nd, usw. je nach dem Wert von l gehört. Wenn die Elektronen sich nicht abstoßen, sind die Eigenfunktionen des ganzen Systems Produkte $\psi_{nl}^{(m)}(q_1)\,\psi_{n'l'}^{(m')}(q_2)$, die sich bei Drehungen nach $\mathfrak{D}_l \times \mathfrak{D}_{l'}$ transformieren. Die Ausreduktion dieser

Darstellung ergibt nach (18. 1) eine Reihe von Teilscharen, die sich nach $\mathfrak{D}_L$ ($L = l + l', l + l' - 1, \ldots, |l - l'|$) transformieren. Schaltet man nun die Wechselwirkung ein, so können die zu verschiedenen L-Werten gehörigen Atomterme nach § 9 auseinandertreten; die $(2L + 1)$-fache Entartung der einzelnen Terme wird aber nicht aufgehoben und die Darstellungen $\mathfrak{D}_L$ bleiben bestehen.

Im Vektorschema hat man zwei Vektoren der Längen hl und hl', welche die Drehimpulse der einzelnen Elektronen bedeuten, so zusammenzusetzen, daß die Länge hL der Resultante entweder $h(l + l')$ oder um ein ganzzahliges Vielfaches von h weniger beträgt; der kleinste Wert der Resultante ist dann $h|l - l'|$, wie es nach (18. 1) sein muß.

Ist z. B. $l = l' = 1$ (zwei p-Elektronen), und sind die Energiestufen der Elektronen ohne gegenseitige Abstoßung E_1 und E_2, so ergibt die Vereinigung die Energie $E_1 + E_2$. Dieser Term kann sich durch die Abstoßung in drei Terme mit $l = 0, 1, 2$, also in einen S-, einen P- und einen D-Term spalten. Genau so verfährt man in allen anderen Fällen.

Hat man mehr als zwei Elektronen, so hat man einfach die Formel mehrmals anzuwenden. Für ein s-, ein p- und ein d-Elektron verläuft z. B. die Rechnung so:

$$\mathfrak{D}_0 \times \mathfrak{D}_1 \times \mathfrak{D}_2 = (\mathfrak{D}_0 \times \mathfrak{D}_1) \times \mathfrak{D}_2 = \mathfrak{D}_1 \times \mathfrak{D}_2 = \mathfrak{D}_3 + \mathfrak{D}_2 + \mathfrak{D}_1;$$

mithin können ein F-, ein D- und ein P-Term entstehen. Das vollständige Symbol für einen Term besteht aus den Symbolen der einzelnen Elektronen und dem Symbol des ganzen Terms; z. B. bei einem System von drei Elektronen, von denen zwei im $1s$-Zustand sind und eins im $2p$-Zustand ist, wobei der entstehende Term notwendig ein P-Term ist: $1s^2\, 2p\, P$.

Ein S-Zustand ist nach Definition immer kugelsymmetrisch: die ψ-Funktion bleibt bei jeder Drehung invariant. Die Hinzufügung eines s-Elektrons ändert an den möglichen Werten von L nichts, denn es ist $\mathfrak{D}_l \times \mathfrak{D}_0 = \mathfrak{D}_l$.

Betrachtungen derselben Art führen auch zu einer exakten Rechtfertigung der im § 4 durch approximative Betrachtungen hergeleiteten Regeln für die Terme eines Atoms wie Li, Na, K, welches aus einem Leuchtelektron und einem kugelsymmetrischen Rumpf besteht. Wir haben früher die Wechselwirkung zwischen Leuchtelektron und Rumpfelektronen durch eine einfache Abschirmung des Kernfeldes ersetzt und fanden als mögliche Werte des Impulsmomentes des Leuchtelektrons $l = 0, 1, 2, \ldots$ Nehmen wir nun an, der Rumpf sei bei Abwesenheit des Leuchtelektrons kugelsymmetrisch, $(L' = 0)$, so ergibt sich für das ganze System (mit Abschirmung statt Wechselwirkung) der Wert $L = l$. Nach Einschaltung der Störung (Wechselwirkung minus Abschirmung) tritt nach dem Obigen keine Aufspaltung auf, sondern jeder Term bleibt $(2l + 1)$-fach ausgeartet und transformiert sich nach wie vor nach $\mathfrak{D}_l$. Daß auch die Auswahlregel $l \to l \pm 1$, welche die Einteilung der Terme in Serien begründet, exakt gilt, werden wir im nächsten Paragraphen sehen.

Der serienartige Charakter der Linienspektren ist nicht auf die wasserstoffähnlichen Spektren (wie die von Li, Na, K usw.) beschränkt. Wenn bei einem beliebigen Atom die Quantenzahlen n, l aller Elektronen bis auf eines ungeändert bleiben, die Hauptquantenzahl des letzten Elektrons aber die Reihe der für sie möglichen Werte $n = l + 1, l + 2, l + 3, \ldots$ durchläuft, so entsteht für jeden möglichen Wert der gesamten azimutalen Quantenzahl L eine *Termserie* von immer wachsenden Energiewerten, deren obere Grenze die Energie desjenigen Ionenzustandes ist, der durch völlige Entfernung des letzten Elektrons entsteht. Ein Beispiel einer solchen Serie beim He-Atom ist die „Hauptserie" $1s\,np\,P$ $(n = 2, 3, 4, \ldots)$, deren Grenze die Energie des He-Ions im Grundzustand ist (siehe Abb. 6 auf S. 111). Ebenso sind beim Kohlenstoff C unter anderen die Serien

$$1s^2\,2s^2\,2p\,ns\,P, \quad 1s^2\,2s^2\,2p\,np\,S, \quad 1s^2\,2s^2\,2p\,np\,P, \quad 1s^2\,2s^2\,2p\,np\,D$$

möglich, deren gemeinsame Grenze der Ionenterm $1s^2\,2s^2\,2p\,P$ ist. Solche Serien können meistens wieder durch empirische Formeln von der Art

$$E_n = E_\infty - \frac{1}{(n - \varkappa)^2}$$

dargestellt werden, wo E_∞ die Energie des Ions ist und wo $\varkappa$ mit wachsendem n meistens rasch einem konstanten Grenzwert zustrebt. Welche Serien miteinander kombinieren können (und Serien von Spektrallinien ergeben), darüber entscheiden die Auswahlregeln, die wir im nächsten Paragraphen herleiten werden.

3. Der Spiegelungscharakter.

Das Feld eines einzigen Kernes bleibt nicht nur bei räumlichen Drehungen, sondern auch bei Spiegelungen invariant. Alle Spiegelungen lassen sich zusammensetzen aus Drehungen und der einzigen „Spiegelung am Anfangspunkt"

$$x' = - x, \qquad y' = - y, \qquad z' = - z,$$

welche mit allen Drehungen vertauschbar ist. Die Identität bildet zusammen mit dieser Spiegelung eine Abelsche Gruppe der Ordnung 2. Wegen der eben bemerkten Vertauschbarkeit kann diese Abelsche Gruppe gleichzeitig mit der Drehungsgruppe ausreduziert werden, d. h., die Basisvektoren einer Darstellung (insbesondere die Eigenfunktionen einer Energiestufe) können immer so gewählt werden, daß sie bei Drehungen sich nach $\mathfrak{D}_l$ transformieren und gleichzeitig bei der Spiegelung S den Faktor $w = \pm 1$ annehmen. Dieser Faktor w heißt der *Spiegelungscharakter*.

Insbesondere gehören beim Einelektronenproblem die Kugelfunktionen l-ter Stufe zum Spiegelungscharakter $(-1)^l$.

Werden nun f Elektronen mit den azimutalen Quantenzahlen l_1, l_2, ..., l_f im zentralsymmetrischen Feld zunächst unter Vernachlässigung der gegenseitigen Störung zusammengebracht, so entstehen als Eigenfunktionen Produkte

$$\psi = \psi_1(q_1)\,\psi_2(q_2)\cdots\psi_f(q_f)\,,$$

die offenbar zum Spiegelungscharakter

$$w = (-1)^{l_1+l_2+\cdots+l_f} \tag{18.5}$$

gehören. Dieser Charakter bleibt auch nach Einschaltung der Störung erhalten, wenngleich die Eigenfunktionen dann keine Produkte $\psi_1\,\psi_2\cdots\psi_f$ mehr sind. Die entstehenden Terme heißen *gerade* oder *ungerade*, je nachdem $w = +1$ oder -1 ist. Zum Beispiel bestehen von den vorhin angeführten vier Kohlenstoffserien die erste aus ungeraden, die beiden anderen aus geraden Termen. Welche Folgen das für das Spektrum hat, werden wir gleich sehen.

§ 19. Auswahl- und Intensitätsregeln.

Wir schicken zwei gruppentheoretische Hilfssätze voraus.

Hilfssatz 1. *Es seien zwei Darstellungen* $\mathfrak{D}$, $\mathfrak{D}'$ *einer Gruppe* $\mathfrak{G}$ *in den Räumen* $\mathfrak{R} = (u_1, \ldots, u_n)$ *und* $\mathfrak{R}' = (v_1, \ldots, v_n)$ *gegeben durch genau dieselben Formeln*:

$$a\,u_\mu = \sum_\lambda u_\lambda \alpha_{\lambda\mu}\,,$$

$$a\,v_\mu = \sum_\lambda v_\lambda \alpha_{\lambda\mu}\,,$$

mit dem Unterschied in der Bedeutung, daß die u_μ *eine linear unabhängige Basis für* $\mathfrak{R}$ *bilden, während die* v_μ *linear abhängig sind. Die Darstellung* $\mathfrak{D}$ *sei vollständig reduzibel*:

$$\mathfrak{D} = \mathfrak{D}_1 + \cdots + \mathfrak{D}_k\,. \tag{19.1}$$

Dann ist auch $\mathfrak{D}'$ *vollständig reduzibel und die Zerfällung von* $\mathfrak{D}'$ *wird erhalten durch Wegstreichung einiger Darstellungen aus der Summe rechter Hand in* (19.1).

Beweis. Ordnet man jedem Vektor $u = \sum_\lambda c_\lambda u_\lambda$ den Vektor $v = \sum_\lambda c_\lambda v_\lambda$ zu, so entspricht der Summe zweier Vektoren wieder die Summe und dem $a\,u$ entspricht $a\,v$, also ist die Zuordnung ein Operatorhomomorphismus. Nach § 11, Satz 4 ist also

$$\mathfrak{R}' \cong \mathfrak{r}'_1 + \cdots + \mathfrak{r}'_h\,,$$

wo die $\mathfrak{r}'$ gewisse in der Zerlegung von $\mathfrak{R}$ vorkommende irreduzible Teilräume sind.

Hilfssatz 1 wird vor allem auf Produktdarstellungen angewendet. Man hat gewisse Größen (Eigenfunktionen oder andere) $U_j^{(m)}$ und $V_{j'}^{(m')}$, die sich nach $\mathfrak{D}_j$ und $\mathfrak{D}_{j'}$ transformieren, und will wissen, wie sich die Produkte $U_j^{(m)} V_{j'}^{(m')}$ transformieren. Ersetzt man die U, V durch ebensoviele unabhängige Veränderliche u, v, so transformieren die Produkte $u_j^{(m)} v_{j'}^{(m')}$ sich nach $\mathfrak{D}_j \times \mathfrak{D}_{j'} = \sum_J \mathfrak{D}_J$; $J = j + j', \ldots,$ $|j - j'|$. Ersetzt man dann in diesen Transformationsformeln die u, v wieder durch U, V, so bleiben sie gelten, aber die Produkte können linear abhängig werden. Alsdann lehrt unser Hilfssatz, daß sie sich transformieren nach einer Darstellung $\sum \mathfrak{D}_J$, in der *einige* der möglichen $J = j + j', \ldots, |j - j'|$ vorkommen (eventuell auch alle).

Hilfssatz 2. *Wenn ein vollständiges Orthogonalsystem*

$$\varphi_1^{(1)}, \ldots, \varphi_1^{(h_1)}; \qquad \varphi_2^{(1)}, \ldots, \varphi_2^{(h_2)}; \ldots \tag{19. 2}$$

so bestimmt wird, daß für jedes λ die Funktionenschar $\varphi_\lambda^{(1)}, \ldots, \varphi_\lambda^{(h_\lambda)}$ bei einer gegebenen Transformationsgruppe $\mathfrak{G}$ (z. B. den Drehungen des Raumes) eine irreduzible Darstellung $\mathfrak{D}_\lambda$ erleidet, und wenn eine Schar von Funktionen $\psi^{(1)}, \ldots, \psi^{(h)}$, welche bei derselben Gruppe eine vollständig reduzible Darstellung $\mathfrak{D}$ erleidet, entwickelt wird nach dem Orthogonalsystem (19. 2), so können in der Entwicklung nur die $\varphi_\lambda^{(\nu)}$ wirklich vorkommen, deren Darstellung $\mathfrak{D}_\lambda$ in der Darstellung $\mathfrak{D}$ als Bestandteil enthalten ist.

Beweis. Es sei, wenn ψ eine Linearkombination von $\psi^{(1)}$ bis $\psi^{(h)}$ ist,

$$\psi \sim \sum_1^{h_1} a_{1\nu} \varphi_1^{(\nu)} + \sum_1^{h_2} a_{2\nu} \varphi_2^{(\nu)} + \cdots = \omega_1 + \omega_2 + \cdots. \tag{19. 3}$$

Da ψ alle Komponenten $a_{\lambda\nu}$ eindeutig bestimmt, so sind auch ω_1, ω_2 usw. durch ψ eindeutig bestimmt. Die Zuordnung $\psi \to \omega_\lambda$ ist eine lineare Abbildung der Schar $(\psi) = (\psi^{(1)}, \ldots, \psi^{(h)})$ auf die Schar $(\varphi_\lambda^{(1)}, \ldots, \varphi_\lambda^{(h_\lambda)})$, denn der Summe entspricht die Summe und dem Vielfachen $\alpha\psi$ das Vielfache $\alpha\omega_\lambda$. Weiter kann man aber auf (19. 3) eine Transformation t der Gruppe $\mathfrak{G}$ ausüben und erhält:

$$t\psi = t\omega_1 + t\omega_2 + \cdots,$$

wobei $t\omega_\lambda$ wieder eine Linearkombination von derselben Form wie ω_λ ist. Also entspricht in unserer Abbildung dem $t\psi$ das $t\omega_\lambda$, d. h.: die Abbildung ist ein Operatorhomomorphismus der Schar (ψ) auf die Schar (ω_λ). Diese Schar (ω_λ) besteht entweder nur aus der Null oder sie ist mit der ganzen irreduziblen Schar $(\varphi_\lambda^{(1)}, \ldots, \varphi_\lambda^{(h_\lambda)})$ identisch und transformiert sich nach $\mathfrak{D}_\lambda$. Nach den Sätzen des § 11 muß im letzten Fall $\mathfrak{D}_\lambda$ als Bestandteil in der Zerfällung der Darstellung $\mathfrak{D}$ vorkommen, was zu beweisen war.

Zusatz zum Hilfssatz 2. Setzen wir für ψ sukzessive die Funktionen $\psi^{(1)}, \ldots, \psi^{(h)}$ ein und versehen dementsprechend auch die $a_{1\nu}, a_{2\nu}, \ldots$ mit einem oberen Index $\mu \, (= 1, 2, 3, \ldots, h)$, so sind die Koeffizienten $a_{1\nu}^{(\mu)}$ (und ebenso $a_{2\nu}^{(\mu)}$ usw.) bis auf einen gemeinsamen Faktor ϱ_1 rein gruppentheoretisch eindeutig bestimmt, sobald die Darstellungen $\mathfrak{D}$ und $\mathfrak{D}_1$ bekannt sind, vorausgesetzt, daß in der Zerfällung der Darstellung $\mathfrak{D}$ keine zwei äquivalente irreduzible Bestandteile vorkommen.

Beweis. Nach dem ebengeführten Beweis bilden die $a_{1\nu}^{(\mu)}$ die Matrix einer operatorhomomorphen Abbildung der Schar $(\psi^{(1)}, \ldots, \psi^{(h)})$ auf die Schar $(\varphi_1^{(1)}, \ldots, \varphi_1^{(h_1)})$. Wir denken uns nun die $\psi^{(1)}$ bis $\psi^{(h)}$ so gewählt, daß die inäquivalenten irreduziblen Teilscharen durch $(\psi^{(1)}, \ldots, \psi^{(a)}), (\psi^{(a+1)}, \ldots, \psi^{(a+b)}), \ldots$ gegeben sind. Wenn dann die $a_{1\nu}^{(\mu)}$ nicht alle Null sind, so muß $(\varphi_1^{(1)}, \ldots, \varphi_1^{(h_1)})$ äquivalent zu einer der ψ-Teilscharen, etwa zu $(\psi^{(1)}, \ldots, \psi^{(a)})$ sein. Bei passender Wahl des $\psi^{(1)}, \ldots, \psi^{(a)}$ werden die beiden äquivalenten Scharen nicht nur äquivalent, sondern sogar gleich transformiert. Der Operatorhomomorphismus der Schar $(\psi^{(1)}, \ldots, \psi^{(h)})$ bildet auch die Teilscharen $(\psi^{(1)}, \ldots, \psi^{(a)})$, usw. homomorph ab. Nach dem Schurschen Lemma wird nun die Teilschar $(\psi^{(1)}, \ldots, \psi^{(a)})$ vermöge einer Matrix λE abgebildet, während die übrigen, inäquivalenten Teilscharen auf Null abgebildet werden. Mithin ist die Matrix der Abbildung bis auf einen Faktor λ eindeutig bestimmt. Das bleibt gelten, wenn man nachträglich auf eine andere Basis der Schar $(\psi^{(1)}, \ldots, \psi^{(h)})$ zurückgeht.

Auf Hilfssatz 2 beruhen die *Auswahlregeln*. Wir haben in § 4 und § 6 für ein einzelnes Elektron die Auswahlregeln

$$\left.\begin{aligned} &l \to l \pm 1 \text{ für zentralsymmetrisches Feld,} \\ &m \to m \text{ oder } m \pm 1 \text{ für axialsymmetrisches Feld} \end{aligned}\right\}$$

hergeleitet. Die Regel für m gilt kraft ihrer Herleitung auch im Fall mehrerer Elektronen. Wie steht es mit Regel für l, wenn man darin l durch L ersetzt?

Die Intensitäten der ausgesandten Linien hängen nach § 3 ab von den Entwicklungskoeffizienten a, b, c in den Entwicklungen

$$\left.\begin{aligned} X\,\psi_L^{(m)} &= \sum \psi_L^{(m')}\, a_{L'L}^{(m'm)}, \\ Y\,\psi_L^{(m)} &= \sum \psi_L^{(m')}\, b_{L'L}^{(m'm)}, \\ Z\,\psi_L^{(m)} &= \sum \psi_L^{(m')}\, c_{L'L}^{(m'm)}. \end{aligned}\right\} \tag{19.4}$$

Die Größen links oder vielmehr ihre Linearkombinationen

$$- (X + iY)\,\psi_L^{(m)}, \qquad (X - iY)\,\psi_L^{(m)}, \qquad \sqrt{2}\,Z\,\psi_L^{(m)} \tag{19.5}$$

sind in der Bezeichnung von S. 75 Produkte $V_1^{(-1)} U_L^{(m)}$, $V_1^{(1)} U_L^{(m)}$, $V_1^{(0)} U_L^{(m)}$, welche sich nach $\sum \mathfrak{D}_{L'}$ transformieren, wo L' einige der

Werte $L \pm 1$ und L annehmen kann. Also dürfen auch rechts in (19. 4) nur diese $\mathfrak{D}_{L'}$ vorkommen. Das ergibt die Auswahlregel:

$$L \to \begin{cases} L-1 \\ L \\ L+1 \end{cases} \qquad (0 \to 0 \text{ verboten}). \qquad (19.6)$$

In genau derselben Weise, nur viel einfacher, erhält man die Auswahlregel für den Spiegelungscharakter $w = (-1)^{\Sigma l_\nu}$:

$$w \to -w \qquad (19.7)$$

oder die *Regel von* LAPORTE: $\sum l_\nu$ *springt nur um eine ungerade Zahl.* Denn wenn in (19. 4) die $\psi_L^{(m)}$ bei der Spiegelung s den Faktor w annehmen, so nehmen die linken Seiten den Faktor $-w$ an, mithin kommen rechts auch nur Glieder vom Spiegelungscharakter $-w$ vor. Aus dieser Regel folgt noch, daß im Fall eines Leuchtelektrons mit kugelsymmetrischem Rumpf, falls das Leuchtelektron einen Quantensprung ausführt und der Rumpf in erster Anuäherung ungeändert bleibt, der in (19. 6) noch zugelassene Übergang $L \to L$ ausgeschlossen ist. Für diesen Fall gilt also die alte Auswahlregel $L \to L \pm 1$ oder, was dasselbe ist, $l \to l \pm 1$.

Aus dem Zusatz zu Hilfssatz 2 ergibt sich weiter, daß die Koeffizienten $a_{L'L}^{(m'm)}$ usw. in (19. 4) für jedes feste Wertepaar L, L' bis auf einen (von m und m' unabhängigen) Faktor $\varrho_{L'L}$ rein gruppentheoretisch eindeutig bestimmt sind. Die Berechnung dieser Koeffizienten gibt Aufschluß über die Intensitätsverhältnisse der Linien, die entstehen, wenn die Ausartung der Terme durch eine nicht zentralsymmetrische Störung (Zeeman- oder Starkeffekt) aufgehoben wird, vorausgesetzt, daß die Störung so schwach ist, daß die ψ-Funktion des ungestörten Systems zur Intensitätsberechnung benutzt werden dürfen. Die Berechnung ist sehr leicht auf Grund der Bemerkung, daß in (18. 4) schon eine Entwicklung für Produktgrößen $U_m V_{m'}$ vorliegt, die für $j = L, j' = 1$ von genau derselben Art sind wie unsere $U_L^{(m)} = \psi_L^{(m)}$ und $V_1^{(1)} = -(X + iY)$, $V_1^{(-1)} = X - iY$, $V_1^{(0)} = Z\sqrt{2}$. Nach Hilfssatz 2 (Zusatz) müssen also die Entwicklungskoeffizienten der Produkte $U_L^{(m)} V_1^{(m')}$ mit den Koeffizienten von (18. 4) für jedes L' bis auf einen Zahlenfaktor übereinstimmen. Um die Bezeichnungen zu völliger Übereinstimmung zu bringen, ersetzen wir in (19. 4) die Symbole L, L', m' durch j, J, M, schreiben also

$$\begin{aligned} -(X + iY)\,\psi_j^{(m)} &= -\sum \psi_J^M (a + ib)_{Jj}^{(Mm)}, \\ (X - iY)\,\psi_j^{(m)} &= \sum \psi_J^M (a + ib)_{Jj}^{(Mm)}, \\ \sqrt{2}\,Z\,\psi_j^{(m)} &= \sum \psi_J^M \sqrt{2}\, c_{Jj}^{(Mm)}. \end{aligned} \right\} \qquad (19.8)$$

Nunmehr müssen die rechts auftretenden Koeffizienten für jedes J zu den Entwicklungskoeffizienten $c_{m,M-m}^J$ von (18. 4) proportional sein.

Das ergibt (vgl. die zweite Tabelle auf S. 70)

$$
\begin{aligned}
\text{für } J = j + 1: \quad (a + ib)_{J,j}^{(m+1,m)} &= -\varrho \sqrt{(j+m+2)(j+m+1)}, \\
(a - ib)_{J,j}^{(m-1,m)} &= \varrho \sqrt{(j-m+2)(j-m+1)}, \\
c_{J,j}^{(m,m)} &= \varrho \sqrt{(j+m+1)(j-m+1)}; \\[4pt]
\text{für } J = j: \quad (a + ib)_{J,j}^{(m+1,m)} &= \sigma \sqrt{(j+m+1)(j-m)}, \\
(a - ib)_{J,j}^{(m-1,m)} &= \sigma \sqrt{(j+m)(j-m+1)}, \\
c_{J,j}^{(m,m)} &= \sigma m; \\[4pt]
\text{für } J = j - 1: \quad (a + ib)_{J,j}^{(m+1,m)} &= \tau \sqrt{(j-m)(j-m-1)}, \\
(a - ib)_{J,j}^{(m-1,m)} &= -\tau \sqrt{(j+m)(j+m-1)}, \\
c_{J,j}^{m,m} &= \tau \sqrt{(j+m)(j-m)}.
\end{aligned}
\right\} \tag{19.9}
$$

Hinterher sind in diesen Formeln wieder j, J durch L, L' zu ersetzen. Wenn erwünscht, kann man aus $(a + ib)_{Jj}^{Mm}$ und $(a - ib)_{Jj}^{Mm}$ auch leicht a_{Jj}^{Mm} und b_{Jj}^{Mm} berechnen. Die Quadrate dieser Zahlen ergeben nach § 3 die Übergangswahrscheinlichkeiten, zu denen die Intensitäten der zugehörigen Spektrallinien proportional sind. Die Polarisationsrichtung des ausgesandten Lichtes wurde im § 6 schon angegeben.

§ 20. Die Darstellungen der Lorentzgruppe.

In derselben Weise, wie wir in § 16 und § 17 die Darstellungen der Drehungsgruppe $\mathfrak{d}$ aufgestellt haben, wollen wir nunmehr die Darstellungen der Gruppe der Lorentztransformationen (Lorentzgruppe) ausfindig machen.

1. Die Gruppe $\mathfrak{c}_2$ und die eigentlichen Lorentztransformationen.

Wir gehen aus von der Gruppe $\mathfrak{c}_2$ der unimodularen linearen Transformationen in einem zweidimensionalen Vektorraum. Da wir es nachher mit ko- und kontragredienten Vektoren zu tun haben werden, so schließen wir uns in den Bezeichnungen dem Ricci-Kalkül an, bezeichnen die Basisvektoren mit $\overset{1}{u}$, $\overset{2}{u}$ und ihre Linearkombinationen mit $a_1 \overset{1}{u} + a_2 \overset{2}{u}$. Die Transformationsformeln lauten

$$
\left.
\begin{aligned}
\overset{1}{u}{}' &= \overset{1}{u}\alpha + \overset{2}{u}\gamma, \\
\overset{2}{u}{}' &= \overset{1}{u}\beta + \overset{2}{u}\delta,
\end{aligned}
\quad \alpha\delta - \beta\gamma = 1.
\right\} \tag{20.1}
$$

Wir ziehen noch einen zweiten Vektorraum $(a_{\dot{1}} \overset{\dot{1}}{u} + a_{\dot{2}} \overset{\dot{2}}{u})$ heran, welcher zugleich mit dem ersten, aber jedesmal mit der konjugiertkomplexen Matrix transformiert werden soll:

$$
\left.
\begin{aligned}
\overset{\dot{1}}{u}{}' &= \overset{\dot{1}}{u}\bar{\alpha} + \overset{\dot{2}}{u}\bar{\gamma} \\
\overset{\dot{2}}{u}{}' &= \overset{\dot{1}}{u}\bar{\beta} + \overset{\dot{2}}{u}\bar{\delta}
\end{aligned}
\right\}. \tag{20.2}
$$

Wir verabreden, alle Größen, die nach (20. 2) transformiert werden, mit punktierten Indices ($\dot{1}$, $\dot{2}$ oder $1'$, $2'$) zu bezeichnen.

Man kann, wenn man will, die $\overset{1}{u}$, $\overset{2}{u}$ als Zahlenveränderliche deuten und die $\overset{\dot{1}}{u}$, $\overset{\dot{2}}{u}$ als konjugiertkomplexe Veränderliche $\overset{\dot{1}}{u} = \overline{\overset{1}{u}}$, $\overset{\dot{2}}{u} = \overline{\overset{2}{u}}$. Wir werden diese Interpretation gelegentlich benutzen, gelegentlich aber auch unter $\overset{1}{u}$, $\overset{2}{u}$, $\overset{\dot{1}}{u}$, $\overset{\dot{2}}{u}$ vier ganz beliebige Grundvektoren verstehen.

Sind (a_1, a_2) und (b_1, b_2) zwei Vektoren, die beide nach (20. 1) transformiert werden, so ist $a_1 b_2 - a_2 b_1$ invariant; mithin ist der Vektor $(b_2, - b_1)$ kontragredient zu (a_1, a_2). Wir können also aus jedem binären Vektor (b_1, b_2) einen kontragredienten Vektor (b^1, b^2) mit den Komponenten

$$b^1 = b_2, \quad b^2 = - b_1 \tag{20.3}$$

bilden. Ebenso definieren wir zu jedem Vektor $(b_{\dot{1}}, b_{\dot{2}})$ einen kontragredienten Vektor $(b^{\dot{1}}, b^{\dot{2}}) = (b_{\dot{2}}, - b_{\dot{1}})$.

Der lineare Raum aller Bilinearformen

$$c_{1\dot{1}} \overset{1}{u}\overset{\dot{1}}{u} + c_{1\dot{2}} \overset{1}{u}\overset{\dot{2}}{u} + c_{2\dot{1}} \overset{2}{u}\overset{\dot{1}}{u} + c_{2\dot{2}} \overset{2}{u}\overset{\dot{2}}{u} \tag{20.4}$$

wird bei den Transformationen (20. 1) und (20. 2) (d. h. bei der Ersetzung der $\overset{\lambda}{u}$ durch $\overset{\lambda}{u}{}'$) linear in sich transformiert, und zwar bleibt die Determinante

$$|C| = c_{1\dot{1}} c_{2\dot{2}} - c_{1\dot{2}} c_{2\dot{1}}$$

invariant. Damit die Form (20. 4) bei der Interpretation der $\overset{\lambda}{u}$, $\overset{\dot{\lambda}}{u}$ als konjugiertkomplexe Variablenpaare lauter reelle Werte annimmt, müssen $c_{1\dot{1}}$ und $c_{2\dot{2}}$ reell und $c_{1\dot{2}}$, $c_{2\dot{1}}$ konjugiertkomplex sein. Diese Realitätsannahme wollen wir im folgenden machen, sie ist offenbar gegenüber den Transformationen (20. 1) invariant.

Wir führen nun die reellen Veränderlichen x, y, z, t ein durch

$$\left.\begin{aligned}
c_{2\dot{1}} &= x + iy, \\
c_{1\dot{2}} &= x - iy, \\
c_{1\dot{1}} &= z + ct, \\
c_{2\dot{2}} &= -z + ct.
\end{aligned}\right\} \tag{20.5}$$

Diese neuen Veränderlichen erleiden ebenso wie die $c_{\lambda\mu}$ bei der Gruppe (20. 2) lineare Transformationen. Da sie reell sind und es bei unseren Transformationen bleiben, so sind die Transformationskoeffizienten auch reell. Weiter ist die quadratische Form

$$c_{1\dot{1}} c_{2\dot{2}} - c_{1\dot{2}} c_{2\dot{1}} = c^2 t^2 - z^2 - x^2 - y^2$$

invariant, mithin handelt es sich um *reelle Lorentztransformationen* der Veränderlichen x, y, z, t. Unter den so erhaltenen Lorentztransformationen kommen sicher die räumlichen Drehungen alle vor; denn wenn man in (20. 1) und (20. 2) speziell $\delta = \overline{\alpha}$, $\gamma = - \overline{\beta}$ wählt, so bleibt

$2\,ct = c_{1\dot1} + c_{2\dot2}$ invariant, die Transformationen (20. 1) werden unitär und transformieren daher $\overset{1}{u}$ und $\overset{\dot2}{u}$ (oder $\overset{\bar1}{u}$ und $\overset{\bar2}{u}$) so wie u_2, $-u_1$, die Form (20. 4) wird wie

$$-c_{1\dot2}\,\overset{1}{u}\,\overset{\dot1}{u} + (c_{1\dot1} - c_{2\dot2})\,\overset{1}{u}\,\overset{\dot2}{u} + c_{2\dot1}\,\overset{2}{u}\,\overset{\dot2}{u} = 2\,(c_0\,\overset{1}{u}\,\overset{\dot1}{u} + c_1\,\overset{1}{u}\,\overset{\dot2}{u} + c_2\,\overset{2}{u}\,\overset{\dot2}{u})$$

transformiert, d. h. die Veränderlichen x, y, z erleiden genau die in § 16 angegebenen Transformationen. Aber unter unseren Lorentztransformationen kommt auch die folgende vor

$$\overset{1}{u}{}' = \alpha\,\overset{1}{u}, \quad \left.\begin{matrix}\\ \\ \end{matrix}\right\}$$
$$\overset{\dot2}{u}{}' = \alpha^{-1}\,\overset{\dot2}{u},$$

$$\left.\begin{aligned}
c'_{1\dot1} &= \alpha^2\,c_{1\dot1}, \\
c'_{2\dot2} &= \alpha^{-2}\,c_{2\dot2}, \\
c'_{1\dot2} &= c_{1\dot2}, \\
c'_{2\dot1} &= c_{2\dot1},
\end{aligned}\right\}
\qquad
\left.\begin{aligned}
x' &= x, \\
y' &= y, \\
z' &= \tfrac{1}{2}\,(\alpha^2 + \alpha^{-2})\,z + \tfrac{1}{2}\,(\alpha^2 - \alpha^{-2})\,ct, \\
ct' &= \tfrac{1}{2}\,(\alpha^2 - \alpha^{-2})\,z + \tfrac{1}{2}\,(\alpha^2 + \alpha^{-2})\,ct,
\end{aligned}\right\} \quad (20. 6)$$

bei der das neue Bezugssystem (x', y', z', t') sich mit beliebiger Geschwindigkeit $v = c\,\dfrac{\alpha^4 - 1}{\alpha^4 + 1}$ in der z-Richtung bewegt. Aus dieser Transformation und Drehungen läßt sich jede „*eigentliche Lorentztransformation*", d. h. jede solche, welche den Drehungssinn des Raumes nicht umkehrt, zusammensetzen. Mithin ergeben unsere Transformationen (20. 1) alle eigentlichen Lorentztransformationen: *Die eigentliche Lorentzgruppe ist eine Darstellung der Gruppe* $\mathfrak{c}_2$.

Die einzigen Transformationen (20. 1), welche die Identität der Lorentzgruppe ergeben, sind durch die Matrices

$$E = \begin{pmatrix} 1 & 0 \\ 0 & 1 \end{pmatrix} \quad \text{und} \quad -E = \begin{pmatrix} -1 & 0 \\ 0 & -1 \end{pmatrix}$$

gegeben; mithin ist die Gruppe $\mathfrak{c}_2$ umgekehrt eine zweideutige Darstellung der eigentlichen Lorentzgruppe.

2. Die Spiegelung s und die volle Lorentzgruppe.

Die eigentliche Lorentzgruppe kann nach dem Obigen als lineare Gruppe in zwei Veränderlichen zweideutig dargestellt werden. Diese Darstellung läßt sich aber ohne Erhöhung der Variablenzahl nicht erweitern zu einer Darstellung der *vollen Lorentzgruppe*, welche durch Hinzunahme der Spiegelung s:

$$x' = -x, \qquad y' = -y, \qquad z' = -z, \qquad t' = t$$

aus der eigentlichen Lorentzgruppe entsteht. Da nämlich die Spiegelung s mit allen rein räumlichen Drehungen vertauschbar ist, so müßte auch die darstellende Matrix S mit der ganzen unitären Gruppe $\mathfrak{u}_2$ vertauschbar sein; da aber $\mathfrak{u}_2$ ein irreduzibles System von Transformationen ist, so müßte S ein Vielfaches der Einheitsmatrix sein. Mithin wäre S mit der ganzen Gruppe $\mathfrak{c}_2$ vertauschbar. Aber die Spiegelung s transformiert die Lorentztransformation (20. 6) in eine andere mit entgegengesetzter Geschwindigkeit des Bezugssystems; die Matrix S kann also mit der zu (20. 6) gehörigen Matrix nicht vertauschbar sein. Das ist ein Widerspruch.

Wohl aber läßt sich eine Darstellung der vollen Lorentzgruppe in vier Veränderlichen gewinnen, wenn zu den Veränderlichen $\overset{1}{u}, \overset{2}{u}$ noch die punktierten Größen $\overset{\dot1}{u}, \overset{\dot2}{u}$ hinzugenommen werden, die jetzt als neue Veränderliche und nicht als konjugiert-komplex zu $\overset{1}{u}, \overset{2}{u}$ aufzufassen sind. Bei den rein räumlichen Drehungen transformieren sich, wie schon bemerkt, $\overset{\dot1}{u}$ und $\overset{\dot2}{u}$ so wie $\overset{2}{u}$ und $-\overset{1}{u}$. Setzen wir also $\overset{\dot1}{u} = \underset{2}{v}$ und $\overset{\dot2}{u} = -\underset{1}{v}$, so werden die neuen Basisvektoren $\underset{1}{v}$ und $\underset{2}{v}$ bei räumlichen Drehungen genau so transformiert, wie $\overset{1}{u}$ und $\overset{2}{u}$. Für die mit allen Drehungen vertauschbare Transformation s setzen wir nun versuchsweise die folgende Darstellung an:

$$s\,\overset{\lambda}{u} = i\,\underset{\dot\lambda}{v}, \qquad s\,\underset{\dot\lambda}{v} = i\,\overset{\lambda}{u} \qquad\qquad (\lambda = 1,\ 2). \qquad\qquad (20.\ 7)$$

Die Bilinearform (20. 4) oder

$$c_{1\dot1}\,\overset{1}{u}\,\underset{\dot2}{v} - c_{1\dot2}\,\overset{1}{u}\,\underset{\dot1}{v} + c_{2\dot1}\,\overset{2}{u}\,\underset{\dot2}{v} - c_{2\dot2}\,\overset{2}{u}\,\underset{\dot1}{v}$$

geht durch die Transformation s (20. 7) über in

daher ist
$$c_{2\dot2}\,\overset{1}{u}\,\underset{\dot2}{v} + c_{1\dot2}\,\overset{1}{u}\,\underset{\dot1}{v} - c_{2\dot1}\,\overset{2}{u}\,\underset{\dot1}{v} - c_{1\dot1}\,u\,\overset{3}{\underset{\dot1}{v}};$$

$$c'_{1\dot1} = c_{2\dot2}; \qquad c'_{2\dot2} = c_{1\dot1}; \qquad c'_{2\dot1} = -\,c_{2\dot1}; \qquad c'_{1\dot2} = -\,c_{1\dot2}$$

und das ist, wenn man (20. 5) beachtet, genau die erwünschte Spiegelung

$$x' = -\,x, \qquad y' = -\,y, \qquad z' = -\,z, \qquad t' = +\,t.$$

Jede uneigentliche Lorentztransformation kann als Produkt einer eigentlichen Lorentztransformation a mit der Spiegelung s erhalten werden. Ordnen wir nun jedem dieser Produkte as das Produkt der zugeordneten Matrices zu, so haben wir eine (zweideutige) Darstellung der vollen Lorentzgruppe in vier Veränderlichen gewonnen. Die Darstellung (20. 7) der Spiegelung s hat noch den Nachteil, daß ihr Quadrat nicht E, sondern $-\,E$ ist, was mit der Zweideutigkeit der Darstellung zusammenhängt. Dieser Nachteil ist zu beheben, ohne daß die Darstellungseigenschaften verloren gehen, indem man die darstellenden Matrices aller uneigentlichen Lorentztransformationen noch mit $-\,i$ multipliziert, also z. B. statt (20. 7)

$$s\,\overset{\lambda}{u} = \underset{\dot\lambda}{v}, \qquad s\,\underset{\dot\lambda}{v} = \overset{\lambda}{u}$$

setzt. Das wollen wir fortan tun.

Ein Vektor $a_i \overset{i}{u} + a_{\dot2} \overset{\dot2}{u}$ des punktierten Raumes hat, in den neuen Basisvektoren $\underset{1}{v} = -\overset{\dot2}{u}$, $\underset{\dot2}{v} = +\overset{i}{u}$ ausgedrückt, die Komponenten $a^i = -a_{\dot2}$, $a^{\dot2} = a_i$. Die Bezeichnung ist mit der Verabredung (20. 3) in Übereinstimmung. Die Komponenten $a_1, a_2, a^i, a^{\dot2}$ eines beliebigen Vektors $a_1 \overset{1}{u} + a_2 \overset{2}{u} + a^i \underset{1}{v} + a^{\dot2} \underset{\dot2}{v}$ werden häufig mit a_1, a_2, a_3, a_4 bezeichnet; diese Bezeichnung läßt aber ihre Transformationsweise nicht so deutlich erkennen.

Es ist vielleicht nützlich, darauf hinzuweisen, daß sich die Komponenten a_1, a_2, a_3, a_4 gänzlich anders (mehr noch: inäquivalent) transformieren, als die Komponenten eines Welttensors (x, y, z, t). Abgesehen noch von der Zweideutigkeit der Transformation der a_ν bei einer gegebenen Lorentztransformation, liegt ein wesentlicher Unterschied darin, daß die eigentlichen Lorentztransformationen der Welttensoren ein irreduzibles System bilden, die zugehörigen Transformationen der a_ν aber in zwei Teilsysteme zerfallen, die den invarianten Unterräumen $(\overset{1}{u}, \overset{2}{u})$ und $(\underset{1}{v}, \underset{2}{v})$ entsprechen.

3. Spinoranalyse.

Die Schreibweise von ko- und kontragredienten Vektoren mit oberen und unteren Indices hat bekanntlich den Vorteil, daß die Invarianz gewisser Relationen sofort ins Auge springt. Z. B. ist das Gleichungssystem

$$a_\lambda = \sum c_{\lambda\dot\mu}\, b^{\dot\mu}$$

invariant bei der Gruppe $\mathfrak{c}_2$, weil die $c_{\lambda\dot\mu}$, Koeffizienten von (20. 4), sich genau so transformieren wie die Koeffizienten $c_\lambda\, c_{\dot\mu}$ einer zerfallenden Bilinearform $(c_1 \overset{1}{u} + c_2 \overset{2}{u})(c_{\dot1} \overset{i}{u} + c_{\dot2} \overset{\dot2}{u})$. D. h.: die Matrix $C = (c_{\lambda\dot\mu})$ transformiert einen binären Vektor von der Art $(b^i, b^{\dot2})$ in einen von der Art (a_1, a_2). Die inverse Matrix, multipliziert mit der Invarianten $|C| = c_{1\dot1} c_{2\dot2} - c_{1\dot2} c_{2\dot1}$, also

$$C' = |C|\, C^{-1} = \begin{pmatrix} c_{2\dot2} & -c_{1\dot2} \\ -c_{2\dot1} & c_{1\dot1} \end{pmatrix}$$

transformiert natürlich umgekehrt einen binären Vektor der Art (a_1, a_2) in einen von der Art $(b^i, b^{\dot2})$.

Nach (20. 5) ist

$$C = \begin{pmatrix} c_{1\dot1} & c_{1\dot2} \\ c_{2\dot1} & c_{2\dot2} \end{pmatrix} = \begin{pmatrix} z + ct & x - iy \\ x + iy & -z + ct \end{pmatrix}$$

und daher

$$C' = \begin{pmatrix} -z + ct & -(x - iy) \\ -(x + iy) & z + ct \end{pmatrix}.$$

Führen wir die „Paulischen Matrices"

$$\begin{pmatrix} 0 & 1 \\ 1 & 0 \end{pmatrix} = \sigma_x; \qquad \begin{pmatrix} 0 & -i \\ i & 0 \end{pmatrix} = \sigma_y; \qquad \begin{pmatrix} 1 & 0 \\ 0 & -1 \end{pmatrix} = \sigma_z \qquad (20.\,8)$$

ein und bezeichnen die Einheitsmatrix mit σ_0, so wird

$$\begin{aligned} C &= x\,\sigma_x + y\,\sigma_y + z\,\sigma_z + c\,t\,\sigma_0, \\ C' &= -x\,\sigma_x - y\,\sigma_y - z\,\sigma_z + c\,t\,\sigma_0. \end{aligned} \qquad (20.\,9)$$

Numerieren wir die Veränderlichen x, y, z, ct mit x^1, x^2, x^3, x^0, die Matrices $\sigma_x, \sigma_y, \sigma_z, \sigma_0$ mit $\sigma_1, \sigma_2, \sigma_3, \sigma_0$ und bezeichnen die Elemente der Matrix σ_k mit $\sigma_{k\lambda\dot\mu}$ ($k = 1, 2, 3, 4$; $\lambda = 1, 2$; $\dot\mu = 1, 2$), so ist

$$c_{\lambda\dot\mu} = \sum x^k \sigma_{k\lambda\dot\mu}. \qquad (20.\,10)$$

Das erhaltene Ergebnis ist nun, daß *jede Gleichung der Gestalt*

$$a_\lambda = \sum_k \sum_{\dot\mu} x^k \sigma_{k\lambda\dot\mu} b^{\dot\mu}$$

bei allen eigentlichen Lorentztransformationen invariant bleibt, falls die a_λ und $b^{\dot\mu}$ nach der oben besprochenen zweideutigen Darstellung der Lorentzgruppe und die x^k nach der Lorentzgruppe selber transformiert werden, während die reinen Zahlengrößen $\sigma_{k\lambda\dot\mu}$ bei der Transformation ungeändert bleiben.

Setzt man ebenso $\sigma'_1 = -\sigma_x, \sigma'_2 = -\sigma_y, \sigma'_3 = -\sigma_z, \sigma'_0 = \sigma_0$, so bleibt auch jede Gleichung der Gestalt

$$a^{\dot\mu} = \sum_k \sum_\lambda x^k \sigma'^{\dot\mu\lambda}_k b_\lambda \qquad (20.\,11)$$

invariant bei allen eigentlichen Lorentztransformationen.

Das Gleichungspaar (20. 10), (20. 11) bleibt außerdem invariant bei der Spiegelung s, die a_λ in $a^{\dot\lambda}$, b_μ in $+ b^{\dot\mu}$, x^k in $-x^k$ ($k = 1, 2, 3$) transformiert, denn bei dieser Spiegelung geht (20. 10) in (20. 11) über und umgekehrt.

Die eben besprochenen Invarianzeigenschaften bleiben natürlich erhalten bei Ersetzung der x^k durch irgendwelche anderen Ausdrücke, die sich wie Komponenten eines Weltvektors transformieren, wie z. B.

$$\frac{\partial}{\partial x}, \quad \frac{\partial}{\partial y}, \quad \frac{\partial}{\partial z}, \quad -\frac{1}{c}\frac{\partial}{\partial t}.$$

4. Die infinitesimalen Transformationen.

Nun wollen wir wieder mit der Methode der infinitesimalen Transformationen alle differenzierbaren Darstellungen der Lorentzgruppe bestimmen. Jede eigentliche Darstellung der eigentlichen Lorentzgruppe ist zugleich eine solche der Gruppe $\mathfrak{c}_2$ und umgekehrt; also suchen wir zunächst die $\mathfrak{c}_2$ darzustellen. Als Matrix einer Transformation von $\mathfrak{c}_2$ nehmen wir

$$A = \begin{pmatrix} \alpha & \beta \\ \gamma & \delta \end{pmatrix} = \begin{pmatrix} 1 + \alpha_1 + i\,\alpha_2 & \alpha_3 + i\,\alpha_4 \\ \alpha_5 + i\,\alpha_6 & \delta \end{pmatrix} \tag{20.12}$$

mit

$$\delta = \frac{1+\beta\gamma}{\alpha} = \frac{1 + (\alpha_3 + i\,\alpha_4)\,(\alpha_5 + i\,\alpha_6)}{1 + \alpha_1 + i\,\alpha_2},$$

und als Parameter in der Umgebung der Einheit die reellen Veränderlichen $\alpha_1, \ldots, \alpha_6$. Wie im § 17 definieren wir die infinitesimalen Transformationen $I_1, \ldots, I_6$ einer beliebigen Darstellung und finden genau so wie dort, daß es Vertauschungsrelationen der Form

$$I_\mu I_\nu - I_\nu I_\mu = \sum_\sigma I_\sigma c^\sigma_{\mu\nu}$$

geben muß. Die $c^\sigma_{\mu\nu}$ sind reelle Zahlen, die nur von der Zusammensetzung der Gruppe abhängen und daher aus irgendeiner Darstellung, z. B. aus den Matrices von c_2 selbst, bestimmt werden können. Für diese Darstellung ist nach (20.12)

$$I_1 = \frac{\partial A}{\partial \alpha_1} = \begin{pmatrix} 1 & 0 \\ 0 & -1 \end{pmatrix}; \qquad I_3 = \begin{pmatrix} 0 & 1 \\ 0 & 0 \end{pmatrix}; \qquad I_5 = \begin{pmatrix} 0 & 0 \\ 1 & 0 \end{pmatrix}$$

$$I_2 = \frac{\partial A}{\partial \alpha_2} = \begin{pmatrix} i & 0 \\ 0 & -i \end{pmatrix}; \qquad I_4 = \begin{pmatrix} 0 & i \\ 0 & 0 \end{pmatrix}; \qquad I_6 = \begin{pmatrix} 0 & 0 \\ i & 0 \end{pmatrix}.$$

Man erhält die Vertauschungsrelationen mit reellen Koeffizienten[1]:

$$
\begin{aligned}
I_1 I_3 - I_3 I_1 &= 2 I_3 & I_1 I_4 - I_4 I_1 &= 2 I_4 & I_2 I_3 - I_3 I_2 &= 2 I_4 \\
I_1 I_5 - I_5 I_1 &= -2 I_5 & I_1 I_6 - I_6 I_1 &= -2 I_6 & I_2 I_5 - I_5 I_2 &= -2 I_6 \\
I_3 I_5 - I_5 I_3 &= I_1 & I_3 I_6 - I_6 I_3 &= I_2 & I_4 I_5 - I_5 I_4 &= I_2 \\
& & I_2 I_4 - I_4 I_2 &= -2 I_3 & I_1 I_2 - I_2 I_1 &= 0 \\
& & I_2 I_6 - I_6 I_2 &= 2 I_5 & I_3 I_4 - I_4 I_3 &= 0 \\
& & I_4 I_6 - I_6 I_4 &= -I_1 & I_5 I_6 - I_6 I_5 &= 0
\end{aligned}
$$

Diese Relationen müssen nun auch für eine beliebige Darstellung gelten. Man kann sie vereinfachen durch Einführung von neuen Operatoren

$$
\begin{aligned}
I_1 + i I_2 &= 4 A_z; & I_3 + i I_4 &= 2 A_p; & I_5 + i I_6 &= 2 A_q; \\
I_1 - i I_2 &= 4 B_z; & I_3 - i I_4 &= 2 B_p; & I_5 - i I_6 &= 2 B_q.
\end{aligned}
$$

Die Umrechnung ergibt, daß jedes A mit jedem B vertauschbar ist:

$$A_h B_k - B_k A_h = 0 \qquad \text{für} \qquad h, k = z, p, q$$

und weiter

$$
\begin{aligned}
\left.\begin{aligned}
A_z A_p - A_p A_z &= A_p \\
A_z A_q - A_q A_z &= -A_q \\
A_p A_q - A_q A_p &= 2 A_z
\end{aligned}\right\} & \qquad
\left.\begin{aligned}
B_z B_p - B_p B_z &= B_p \\
B_z B_q - B_q B_z &= -B_q \\
B_p B_q - B_q B_p &= 2 B_z
\end{aligned}\right\}
\end{aligned}
$$

---

[1] Daß die Koeffizienten reell sein müssen, geht aus den allgemeinen Betrachtungen des § 17 hervor. Erst durch die Realitätsforderung werden die Koeffizienten eindeutig bestimmt.

Das sind sowohl für die A wie für die B dieselben Vertauschungsrelationen wie (17. 5). Mithin gelten auch sämtliche Schlußfolgerungen, die dort aus (17. 5) gezogen wurden. Ist v_J ein Vektor, der zum höchsten Eigenwert J von A_z gehört, so findet man daraus eine ganze Serie von Eigenvektoren v_M $(-J \leq M \leq J)$, welche durch die Operatoren A_h nach (17. 8) (mit A_k statt L_k) transformiert werden. Die Gesamtheit aller v_J, die zum Eigenwert J gehören, ist ein linearer Raum, der gegenüber den B_k invariant ist, da diese mit A_z vertauschbar sind. In diesem Raum kann man somit nach dem gleichen Prinzip eine Serie von Vektoren $v_{JM'}(-J' \leq M' \leq J')$ finden, welche bei B_k nach (17. 8) transformiert werden. Jedes dieser $v_{JM'}$ ergibt durch wiederholte Anwendung des Operators A_q eine ganze Serie von Vektoren $v_{MM'}$ $(-J \leq M \leq J)$. *So findet man* $(2 J + 1)(2 J' + 1)$ *Vektoren* $v_{MM'}$, *für die gilt*

$$\left.\begin{aligned}
A_p v_{MM'} &= \sqrt{(J - M)(J + M + 1)}\, v_{M+1,\,M'} \\
A_q v_{MM'} &= \sqrt{(J + M)(J - M + 1)}\, v_{M-1,\,M'} \\
A_z v_{MM'} &= M v_{MM'} \\
B_p v_{MM'} &= \sqrt{(J' - M')(J' + M' + 1)}\, v_{M,\,M'+1} \\
B_q v_{MM'} &= \sqrt{(J' + M')(J' - M' + 1)}\, v_{M,\,M'-1} \\
B_z v_{MM'} &= M' v_{MM'}
\end{aligned}\right\} \qquad (20.\,13)$$

und die eine irreduzible Darstellung der Gruppe c_2 *bestimmen.* Die Irreduzibilität ergibt sich leicht aus denselben Überlegungen, die in § 17 zu dem Zweck angestellt wurden. Wenn die ursprünglich vorgelegte Darstellung irreduzibel war, so müssen die $v_{MM'}$ notwendig den ganzen Raum aufspannen; *mithin ist jede irreduzible Darstellung äquivalent zu einer der durch* (20. 13) *gegebenen Darstellungen* $\mathfrak{D}_{JJ'}$.

Es ist wiederum leicht ein System von Größen anzugeben, welches sich genau nach $\mathfrak{D}_{JJ'}$ transformiert, wir brauchen nur

$$v_{MM'} = \frac{\overset{1}{u}{}^{J+M}\, \overset{2}{u}{}^{J+M}}{\sqrt{(J + M)!\,(J - M)!}} \cdot \frac{\overset{1}{u}{}^{J'+M'}\, \overset{2}{u}{}^{J'+M'}}{\sqrt{(J' + M')!\,(J' - M')!}}$$

zu setzen. Eine beliebige Linearkombination dieser $v_{MM'}$ wird durch den Ausdruck

$$c_{\lambda\mu\,\ldots\,\nu\dot\varrho\dot\sigma\,\ldots\,\dot\tau}\, \overset{\lambda}{u}\overset{\mu}{u}\,\ldots\,\overset{\nu}{u}\overset{\dot\varrho}{u}\overset{\dot\sigma}{u}\,\ldots\,\overset{\dot\tau}{u}$$

gegeben, wo der Tensor c symmetrisch in den $2J$ Indices $\lambda,\ldots,\nu$ und symmetrisch in den $2J'$ Indices $\dot\varrho,\ldots,\dot\tau$ ist. *Diese Tensoren c bilden also eine Art von Größen, welche bei der Gruppe* c_2 *eine irreduzible Transformationsgruppe erleiden, und diese Größenarten sind (bis auf Äquivalenz) auch die einzigen mit dieser Eigenschaft.*

Auf den (übrigens nicht sehr schwierigen) Beweis, daß jede Darstellung vollständig reduzibel ist und daher alle möglichen Größen als Summen von Größen der eben aufgezählten Arten geschrieben werden können, gehe ich hier nicht ein.

Durch die obigen Betrachtungen sind alle Arten von „Größen", die bei der (eigentlichen) Lorentzgruppe irgendwie linear transformiert werden, bestimmt. Die einfachsten Größen sind die Invarianten oder Skalare, dann kommen die binären Vektoren (a_1, a_2) und $(a_{\dot 1}, a_{\dot 2})$ (die kontragredienten Vektoren werden nach (20. 3) äquivalent zu den kogredienten transformiert); dann die Tensoren $c_{\lambda\dot\mu}$, die nach (20. 4) den Welttensoren äquivalent sind; sodann symmetrische Tensoren $c_{\lambda\mu}$ und $c_{\dot\lambda\dot\mu}$ mit je drei Komponenten usw.

Man hat für alle diese Größen den Sammelnamen „*Spinoren*", weil sie in der Theorie des „Spinning electron" nachher eine Rolle spielen werden.

Mit allen Arten von Spinoren kann man Lorentz-invariante Gleichungen aufstellen, wobei in der üblichen Weise über oben und unten vorkommende Indices (die entweder *beide* punktiert oder beide unpunktiert sein müssen) stillschweigend summiert wird. Dabei sind noch gewisse numerische Spinoren von Bedeutung, deren Komponenten einzeln invariant sind. Einen solchen haben wir schon kennengelernt, nämlich die durch (20. 7) definierte Größe $\sigma_{k\lambda\mu}$ (eigentlich kein reiner Spinor, denn der Index k geht nicht von 1 bis 2, sondern von 0 bis 3 und wird nach der Art eines Welttensors transformiert). Diese Größe tritt überall in den Formeln [wie in (20. 10)] als Bindeglied zwischen Spinoren und Weltvektoren auf. Mit ihrer Hilfe kann man (20. 4) so schreiben:

$$c_{\lambda\dot\mu} = \sigma_{k\lambda\dot\mu}\, x^k.$$

In derselben Weise kann man mit Hilfe der Größe σ jedem Weltvektor oder Welttensor einen Spinor zuordnen, z. B.

$$f_{\varkappa\lambda\dot\mu\dot\nu} = \sigma_{k\varkappa\dot\mu}\,\sigma_{l\lambda\dot\nu}\,F^{kl}. \tag{20.13}$$

Eine andere nützliche Größe ist der reine Spinor $\varepsilon^{\lambda\mu}$ mit den Komponenten

$$\varepsilon^{12} = 1, \qquad \varepsilon^{21} = -1, \qquad \varepsilon^{11} = \varepsilon^{22} = 0.$$

Genau so werden $\varepsilon_{\lambda\mu}$, $\varepsilon^{\dot\lambda\dot\mu}$ und $\varepsilon_{\dot\lambda\dot\mu}$ definiert. Mit Hilfe dieser Größen bildet man Invarianten wie

$$\varepsilon^{\lambda\mu}\, a_\lambda\, b_\mu = a_1\, b_2 - a_2\, b_1$$

und schreibt man (20. 3) in invarianter Gestalt:

$$b^\lambda = \varepsilon^{\lambda\mu}\, b_\mu.$$

Auf den Nachweis[1], daß die Symbole ε und σ ausreichen, um jedes invariante Gleichungssystem zwischen Spinoren und Welttensoren auch invariant zu schreiben, gehe ich hier nicht näher ein. Das folgende Beispiel möge genügen: Das Skalarprodukt $x_k y^k$ zweier Weltvektoren kann, wenn $\xi_{\lambda\dot\mu} = \sigma_{k\lambda\dot\mu} x^k$ und $\eta_{\lambda\dot\mu} = \sigma_{k\lambda\dot\mu} y^k$ die zugeordneten Spinoren sind, in der ε-Symbolik durch

$$x_k y^k = -\tfrac{1}{2}\, \varepsilon^{\varkappa\lambda}\, \varepsilon^{\mu\dot\nu}\, \xi_{\varkappa\dot\mu}\, \eta_{\lambda\dot\nu}$$

dargestellt werden[2].

IV. Das Spinning Elektron.

§ 21. Der Spin.

Wir haben im § 6 gesehen, daß die bisher benutzte Schroedingersche Wellengleichung für das Elektron mit dem magnetischen Störungsglied im Energieoperator

$$\frac{e}{\mu c}\, \mathfrak{A}\cdot \mathfrak{p} = \varkappa\, \mathfrak{H}\cdot \mathfrak{L} \qquad \left(\mu = \text{Masse},\ e = \text{Ladung},\ \varkappa = \frac{e\,h}{2\,\mu\,c}\right)$$

nur den normalen Zeemaneffekt, wie er bei den Singulettermen auftritt, zu erklären im Stande ist, nicht aber den anomalen. Zur Erklärung des anomalen Zeemaneffektes scheint es demnach unerläßlich, neben dem magnetischen Moment der Bahnbewegung, das ja immer proportional zum mechanischen Moment ist, noch ein anderes magnetisches Moment im Atom anzunehmen. Nach der Hypothese von Uhlenbeck und Goudsmit[3] rührt dieses Moment von dem sogenannten *Spin* her: dem eigenen Drehimpuls des „Spinning" Elektron.

Eine direkte mechanische Wirkung des Elektronenspins beobachtet man bei der Ummagnetisierung ferromagnetischer Substanzen. Das Experiment lehrt, daß hierbei die Änderung des mechanischen Drehimpulses sich zur Änderung des magnetischen Impulses verhält wie $1 : \dfrac{e}{\mu c}$ oder wie $h : 2\,\varkappa$ statt wie $h : \varkappa$, wie es sein müßte,

---

[1] Kurz skizziert, verläuft der Nachweis so: Es mögen zunächst Weltvektoren und -tensoren durch ihnen äquivalente Spinoren [wie in (20. 13)] ersetzt werden. Nach dieser Ersetzung sind die σ-Symbole nicht mehr nötig. Jedes invariante Gleichungssystem kann durch Nullsetzen von Kovarianten erhalten werden (Satz von Gram). Alle Kovarianten von binären Tensoren bauen sich nach der symbolischen Zerlegung der Tensoren aus „Linearfaktoren" $a_\mu x^\mu$ bzw. $a_\mu y^\mu$ und „Klammerfaktoren" $(ab) = a_1 b_2 - a_2 b_1 = \varepsilon^{\lambda\mu} a_\lambda b_\mu$ bzw. $(\dot a\dot b) = \varepsilon^{\dot\lambda\dot\mu} a_{\dot\lambda} b_{\dot\mu}$ auf. Daraus folgt dann die Behauptung. Für die benutzten Sätze aus der Invariantentheorie vgl. R. Weitzenböck: Invariantentheorie. Groningen 1923.

[2] Eine ausführlichere Auseinandersetzung der Spinoranalyse mit vielen Beispielen und Anwendungen, unter anderem auf die Maxwellschen Feldgleichungen, findet man bei Uhlenbeck und Laporte: Phys. Rev. Bd. 37 (1931) S. 1380.

[3] Uhlenbeck u. Goudsmit: Naturwissenschaften Bd. 13 (1925) S. 953; Nature Bd. 117 (1926) S. 264.

wenn die Magnetisierung von der Bahnbewegung des Elektrons abhängig wäre. Will man diese Anomalie dadurch erklären, daß man den Spin für den Ferromagnetismus allein verantwortlich macht, so muß man annehmen, daß das magnetische Moment des Spinning Elektron doppelt so groß ist wie das magnetische Moment einer Bahnbewegung vom gleichen mechanischen Drehimpuls.

Daß der Spin (ebenso wie der mechanische Drehimpuls $\mathfrak{L}$) *quantisiert* ist, d. h., daß seine Komponente in einer beliebigen Richtung nur diskreter Werte fähig ist, lehrt das Experiment von STERN und GERLACH, bei dem ein Strahl von Silberatomen im Grundzustand ($l = 0$) in der x-Richtung dahinfliegt in einem Magnetfeld, welches in der z-Richtung seine Größe stark wechselt. Auf einen Magneten, dessen Moment in der z-Richtung den Wert μ_z hat, übt ein solches Feld die Kraft $\dfrac{\partial \mathfrak{H}_z}{\partial z} \mu_z$ aus. Der Strahl wird in zwei Teilstrahlen gespalten, entsprechend den Werten $\mu_z = \pm \varkappa$. Macht man die plausible Annahme, daß nur *ein* Elektron für das magnetische Moment verantwortlich ist, während die Spins der anderen Elektronen sich gegenseitig aufheben[1], so ergibt sich, daß das magnetische Moment des Elektrons in jeder Richtung nur der Werte $\pm \varkappa$ und der mechanische Drehimpuls (Spin) nur der Werte $\pm \tfrac{1}{2}h$ fähig ist.

Diese Quantisierung des Spins ermöglicht auch die Erklärung der Multiplettaufspaltung der Spektralterme. Im einfachsten Fall der Alkalimetalle, wo nur ein Elektron eine wesentliche Rolle spielt, sieht das Phänomen folgendermaßen aus: die Terme stimmen in erster Näherung mit den in § 4 für das Elektron im Zentralfeld berechneten Energiewerten überein, bestehen aber alle, mit Ausnahme der s-Terme, $l = 0$, aus einem feinen Dublett. Bei der Einschaltung eines nichtzentralsymmetrischen Störungsfeldes spaltet sich der eine Term des Dubletts in $2l + 2$ und der andere in $2l$ Terme, während in der spinfreien Theorie eine Aufspaltung in $2l + 1$ Terme zu erwarten wäre. Man kann die beiden Terme durch eine Quantenzahl j voneinander unterscheiden, die für den $(2l + 2)$-fach entarteten Term den Wert $l + \tfrac{1}{2}$, für den anderen Term den Wert $l - \tfrac{1}{2}$ annimmt. Zur (heuristischen) Veranschaulichung des Sachverhaltes stellt man sich vor, daß der Bahndrehimpuls hl und der Spindrehimpuls $\tfrac{1}{2}h$ sich zu einer Resultante hj mit $j = l \pm \tfrac{1}{2}$ zusammensetzen; dieser Gesamtdrehimpuls bestimmt dann den Entartungsgrad $2j + 1$, genau so wie im „spinfreien" Fall der Drehimpuls hl den Entartungsgrad $2l + 1$ bestimmt.

Man stellt sich weiter vor, daß durch die Wechselwirkung des Spin $\tfrac{1}{2}h$ mit dem Bahndrehimpuls hl die beiden Terme $j = l + \tfrac{1}{2}$ und $j = l - \tfrac{1}{2}$ auseinandertreten. Die exakte Rechtfertigung dieses „Vektor-

---

[1] Die Annahme ist unter anderem deshalb plausibel, weil das Silberion Ag⁺ (ebenso wie Na⁺, K⁺, usw.) im Grundzustand keinen Zeemaneffekt aufweist.

schemas" werden wir später geben. Es sei hier nur erwähnt, daß Vektor-schemata ähnlicher Art auch die Multiplettaufspaltungen der komplizierteren Spektra qualitativ richtig ergeben.

LANDÉ hat empirisch gefunden, daß die Terme $j = l \pm \frac{1}{2}$ sich in einem schwachen Magnetfeld aufspalten in $2j + 1$ äquidistante Komponenten, die gegenüber den ungestörten Termen die Verschiebungen

$$g \varkappa \mathfrak{H}_z m \qquad \left(g = \frac{j + \frac{1}{2}}{l + \frac{1}{2}} \, ; \quad m = j, \, j - 1, \, \ldots, \, -j \right) \qquad (21.1)$$

aufweisen. Im Fall $l = 0$, wo der ganze Drehimpuls vom Spin herrührt, wird $m = \pm \frac{1}{2}$ und $g = 2$. Die Werte $m = \pm \frac{1}{2}$ sind nach Multiplikation mit h genau die möglichen Werte der z-Komponente des Drehimpulses, und der Faktor $g = 2$ bestätigt von neuem, daß dem Drehimpuls hm das magnetische Moment $2\varkappa m$ entspricht.

Die gewonnenen Hypothesen sind also:

1. Das Elektron hat einen eigenen mechanischen Drehimpuls oder Spin $\frac{1}{2}h$, dessen Komponente in jeder festen Raumrichtung nur der Werte $\pm \frac{1}{2}h$ fähig ist.

2. Die energetische Wirkung des Spin ist klein im Vergleich zu der von Ladung und Masse, solange kein äußeres Magnetfeld vorhanden ist.

3. Dem Spin $\frac{1}{2}h$ entspricht ein magnetisches Moment $\varkappa$.

§ 22. Die Wellenfunktion des Spinning Elektron.

Versuchen wir, diese Hypothesen in die Sprache der Wellenmechanik zu übersetzen! Kinematisch bedeutet die Existenz des Spin, daß ein Elektron nicht bloß ein Massenpunkt mit nur drei Freiheitsgraden x, y, z ist, sondern daß noch (mindestens) ein Spin-Freiheitsgrad hinzukommt. Für diesen wählen wir die z-Komponente des Spindrehimpulses, gemessen in Vielfachen von $\frac{1}{2}h$. Diese z-Komponente ist eine Veränderliche σ_z, welche nach Hypothese 1 des vorigen Paragraphen nur der Werte $+1$ und -1 fähig ist. Wir setzen also mit PAULI[1] eine Wellenfunktion

$$\psi(x, y, z, \sigma_z) = \psi(q, \sigma_z)$$

an, wobei die Ortskoordinaten q den ganzen Raum durchlaufen, σ_z aber nur die Werte $+1$ und -1 annimmt. Diese eine Funktion ist gleichwertig dem Funktionenpaar

$$\psi_1 = \psi(q, 1); \quad \psi_2 = \psi(q, -1)$$

oder, wie wir lieber sagen werden, sie ist eine Wellenfunktion mit zwei „Komponenten" ψ_1, ψ_2, welche gewöhnliche Ortsfunktionen sind.

In der statistischen Deutung der Wellenmechanik ist $\int \psi_1 \bar{\psi}_1 dv$, über einen Raumteil integriert, proportional zur Wahrscheinlichkeit, daß das Elektron mit einem der positiven z-Achse parallel gerichteten Spin in

---

[1] PAULI, W.: Z. f. Physik Bd. **43** (1927) S. 601.

diesem Raumteil angetroffen wird; ebenso ist $\int \psi_2 \bar{\psi}_2 dv$ proportional der Wahrscheinlichkeit, daß man es dort mit entgegengesetztem Spin antrifft, während die Summe

$$\int (\psi_1 \bar{\psi}_1 + \psi_2 \bar{\psi}_2)\, dv$$

die Wahrscheinlichkeit dafür angibt, daß sich das Elektron überhaupt in dem Raumteil befindet.

Die zwei Komponenten ψ_1, ψ_2 der $\vec{\psi}$-Funktion können wir als Komponenten eines Vektors in einem zweidimensionalen Vektorraum, dem „Spinraum" auffassen. Die konstanten Vektoren dieses Vektorraumes sind Zahlenpaare, also Funktionen der Spinkoordinate allein. Führen wir nun in diesem Vektorraum irgend zwei konstante Basisvektoren $\vec{u}_1$, $\vec{u}_2$ ein, so kann man alle Vektoren durch diese ausdrücken:

$$\vec{\psi} = \omega_1 \vec{u}_1 + \omega_2 \vec{u}_2. \tag{22.1}$$

Die ω_λ können von den Raumkoordinaten q abhängen; sie gehen durch eine lineare Transformation mit konstanten Koeffizienten aus den früheren ψ_1, ψ_2 hervor.

Nach Hypothese 2 von § 21 muß die Wellengleichung in erster Annäherung für jede $\vec{\psi}$-Komponente ψ_1, ψ_2 oder ω_1, ω_2 genau so lauten wie für die Schroedingersche ψ-Funktion

$$H \omega_\nu = E \omega_\nu.$$

In zweiter Näherung enthält der H-Operator kleinere Störungsglieder, welche auf die Spinkoordinate σ operieren. In erster Näherung kann man also für ω_1 und ω_2 in (22. 1) zwei willkürliche Eigenfunktionen der Schroedingergleichung zum selben Energiewert wählen. Die Anzahl der linearunabhängigen ψ auf jeder Energiestufe wird also zunächst doppelt so groß: sind $\psi^{(1)}, \ldots, \psi^{(h)}$ die spinfreien Eigenfunktionen zum Eigenwert E, so sind

$$\left.\begin{array}{l} \psi^{(1)} \vec{u}_1, \ \psi^{(2)} \vec{u}_1, \ \ldots, \ \psi^{(h)} \vec{u}_1, \\[2mm] \psi^{(1)} \vec{u}_2, \ \psi^{(2)} \vec{u}_2, \ \ldots, \ \psi^{(h)} \vec{u}_2 \end{array}\right\} \tag{22.2}$$

die $2h$ linear-unabhängigen Eigenfunktionen derselben Stufe, welche dann bei Berücksichtigung der Spinstörung auseinandertreten können. Diese Verdoppelung des Entartungsgrades ist im Einklang mit den schon erwähnten Erfahrungstatsachen bei der Dublettaufspaltung der Alkaliterme; es besteht also vorläufig keine Veranlassung, außer σ_z noch weitere Freiheitsgrade anzunehmen.

Wir müssen nun untersuchen, wie die Funktion $\vec{\psi}\,(q, \sigma_z)$, die bis jetzt nur mit Rücksicht auf eine spezielle Wahl der z-Achse definiert war, bei Drehungen des Achsenkreuzes transformiert wird[1]. Übt man

---

[1] Die Herleitung dieser Transformationsformeln mittels der Gruppentheorie wurde zuerst von J. v. NEUMANN u. E. WIGNER: Z. f. Physik Bd. 47 (1927) S. 203 gegeben.

auf das Koordinatensystem eine Drehung D^{-1} aus oder, was auf dasselbe hinauskommt, übt man bei festgehaltenen Koordinaten auf den Raum des Spinning Elektron die Drehung D aus, so mögen die reinen Spinfunktionen $\vec{u}_1$ und $\vec{u}_2$ in reine Spinfunktionen $D\vec{u}_1$ und $D\vec{u}_2$ übergehen:

$$D\vec{u}_1 = \vec{u}_1\,\alpha_{11} + \vec{u}_2\,\alpha_{21}\,, \left.\right\}$$
$$D\vec{u}_2 = \vec{u}_1\,\alpha_{12} + \vec{u}_2\,\alpha_{22}\,. \quad (22.3)$$

Wir nehmen weiter an, daß ein Produkt $\omega(q)u_\lambda$ aus einer reinen Raum- und einer reinen Spinfunktion dadurch transformiert wird, daß die beiden Faktoren einzeln transformiert werden, und zwar die u_λ nach (22. 3), die ω nach der gewöhnlichen Regel für die Transformation der Raumfunktionen:

$$D\left(\omega(q)\,\vec{u}_\lambda\right) = \omega\left(D^{-1}q\right)D\vec{u}_\lambda\,, \left.\right\}$$
$$D\vec{u}_\lambda = \sum \vec{u}_\nu\,\alpha_{\nu\lambda}\,. \quad (22.4)$$

Schließlich nehmen wir an, daß die Summe $\omega_1\vec{u}_1 + \omega_2\vec{u}_2$ wieder in die Summe $D(\omega_1\vec{u}_1) + D(\omega_2\vec{u}_2)$ transformiert wird. Setzt man

$$D\left(\omega_1\,\vec{u}_1\right) + D\left(\omega_2\,\vec{u}_2\right) = \omega_1'\,\vec{u}_1 + \omega_2'\,\vec{u}_2\,,$$

so erhält man für die neuen Komponenten ω_1', ω_2':

$$\omega_1'(q) = \alpha_{11}\,\omega_1\left(D^{-1}q\right) + \alpha_{12}\,\omega_2\left(D^{-1}q\right)\,,$$
$$\omega_2'(q) = \alpha_{21}\,\omega_1\left(D^{-1}q\right) + \alpha_{22}\,\omega_2\left(D^{-1}q\right)\,.$$

Die Koeffizienten α_{ik} hängen nur von der gewählten Drehung D ab. Sie sind eigentlich nur bis auf einen gemeinsamen Faktor λ bestimmt, weil eine mit λ multiplizierte ψ-Funktion stets denselben Zustand darstellt wie die ursprüngliche. Doch kann man sie so normieren, daß die Determinante $\alpha_{11}\alpha_{22} - \alpha_{12}\alpha_{21}$ dauernd gleich 1 wird (vgl. § 16, kleine Typen); sie sind dann bis auf einen Faktor ± 1 bestimmt.

Der Identität $D = 1$ kann man die Einheitsmatrix $\alpha_{\lambda\mu} = \delta_{\lambda\mu}$ entsprechen lassen. Wir nehmen nun weiter an, daß in der Umgebung der Identität die Koeffizienten $\alpha_{\lambda\mu}$ stetig-differenzierbar von den Parametern der Drehung D abhängen. Dem Produkt zweier Drehungen muß bis auf einen eventuellen Faktor λ, der nach der Normierung nur ± 1 sein kann, das Produkt der entsprechenden Transformationen entsprechen. Also haben wir in (22. 3) eine (höchstens zweideutige) Darstellung der Drehungsgruppe vor uns, welche alle in § 17 gestellten Bedingungen erfüllt.

Es gibt aber nach § 17 bis auf Äquivalenz nur eine solche Darstellung der Drehungsgruppe durch zweireihige Matrices, nämlich die zweideutige Darstellung $\mathfrak{D}_{\frac{1}{2}}$ durch unitäre Matrices

$$\begin{pmatrix} \alpha & \beta \\ -\bar{\beta} & \bar{\alpha} \end{pmatrix}$$

von der Determinante 1, die durch (17. 8) explizit gegeben wird. Das heißt, bei passender Wahl der Basisvektoren $\vec{u}_1, \vec{u}_2$ wird unsere Darstellung mit der Darstellung $\mathfrak{D}_{\frac{1}{2}}$ identisch.

Aus diesem Ergebnis erhalten wir sofort eine exakte qualitative Erklärung der Dublettaufspaltung der Alkaliterme. Wählen wir nämlich für $\psi^{(1)}, \ldots, \psi^{(h)}$ in (22. 2) die $2l + 1$ Eigenfunktionen $\psi_l^{(m)}$ eines spinfreien Alkaliterms, welche sich nach $\mathfrak{D}_l$ transformieren, so transformieren sich die $2l + 1$ Produkte (22. 2) offenbar nach der Produktdarstellung $\mathfrak{D}_{\frac{1}{2}} \times \mathfrak{D}_l$. Nun ist aber

$$\mathfrak{D}_{\frac{1}{2}} \times \mathfrak{D}_l = \mathfrak{D}_{l+\frac{1}{2}} + \mathfrak{D}_{l-\frac{1}{2}} \quad (\text{bzw.} = \mathfrak{D}_{\frac{1}{2}} \text{ für } l = 0).$$

Bei Berücksichtigung der Spinstörung, deren Gesetz natürlich drehungsinvariant sein muß, können nur die Terme $\mathfrak{D}_{l+\frac{1}{2}}$ und $\mathfrak{D}_{l-\frac{1}{2}}$ auseinandertreten, eine weitere Aufspaltung ist aber unmöglich. Der eine Term $\mathfrak{D}_{l+\frac{1}{2}}$ ist $(2l + 2)$-fach, der andere $2l$-fach entartet. Diese Entartung kann nur durch eine nicht zentralsymmetrische Störung aufgehoben werden, in Übereinstimmung mit der Erfahrung. Die für die Darstellung maßgebende Zahl $l \pm \frac{1}{2}$ wird mit j bezeichnet und heißt die *innere Quantenzahl* des Elektrons.

Zur Vervollständigung der Transformationsformeln für die Spinfunktionen müssen wir noch angeben, wie sich diese bei der Spiegelung s

$$x' = -x, \qquad y' = -y, \qquad z' = -z$$

transformieren. Wir nehmen an, daß die Größen u_1, u_2 bei s ähnlich wie in (22. 3) linear transformiert werden, und zwar mittels einer Matrix S. Da die Spiegelung s mit allen Drehungen D vertauschbar ist, so muß die Matrix S auch mit der Darstellung $\mathfrak{D}_{\frac{1}{2}}$ vertauschbar sein. Diese ist aber irreduzibel, mithin ist S ein Vielfaches der Einheitsmatrix

$$S = \lambda E.$$

Der Wert von λ ist ganz willkürlich, da eine mit λ multiplizierte ψ-Funktion denselben Zustand darstellt wie die ursprüngliche. Wir wählen am einfachsten $\lambda = 1$; *dann entspricht der Spiegelung s die identische Transformation der Größen $\vec{u}_1, \vec{u}_2$.*

Für die weitere Theorie brauchen wir die Operatoren für die Komponenten des Drehimpulses. Die früher benutzten Operatoren

$$h L_z = \frac{h}{i} \left(x \frac{\partial}{\partial y} - y \frac{\partial}{\partial x} \right), \quad \text{usw.} \tag{22. 5}$$

ergeben nur den Drehimpuls der Bahnbewegung, nicht den Spin. Um zu einem Ansatz für den Gesamtdrehimpuls zu kommen, erinnern wir uns, daß nach § 6 die Operatoren L_x, L_y, L_z im spinfreien Fall die i-fachen infinitesimalen Drehungsoperatoren I_x, I_y, I_z sind. Bilden wir nun im Fall des Spinning Elektron für die Transformationen (22. 4) ebenfalls die infinitesimalen Drehungen I_x, I_y, I_z oder I_1, I_2, I_3:

$$I_\varkappa = \left[\frac{\partial}{\partial \alpha_\varkappa} D\,(\alpha_1\,\alpha_2\,\alpha_3) \right]_{\alpha\,=\,0}, \qquad (\varkappa = 1,\,2,\,3)$$

angewandt auf die Produkte $\omega\,(q)\,\vec{u}_\lambda$, so ergibt sich nach der Differentiationsregel für Produkte:

$$I_\varkappa\,(\omega\,(q)\,\vec{u}_\lambda) = (I_\varkappa\,\omega\,(q))\,\vec{u}_\lambda + \omega\,(q)\,I_\varkappa\,\vec{u}_\lambda,$$

oder in anderer Bezeichnung

$$I_\varkappa = I'_\varkappa + I''_\varkappa,$$

wo $I'_\varkappa$ der Operator einer nur auf die $\omega\,(q)$ auszuübenden infinitesimalen Drehung ist, d. h.

$$-I'_1 = y\frac{\partial}{\partial z} - z\frac{\partial}{\partial y}, \quad -I'_2 = z\frac{\partial}{\partial x} - x\frac{\partial}{\partial z}, \quad -I'_3 = x\frac{\partial}{\partial y} - y\frac{\partial}{\partial x},$$

während $I''_\varkappa$ der Operator einer nur auf die $\vec{u}_\lambda$ operierenden infinitesimalen Drehung ist, dessen Ausdruck aus (17. 8) mit $J = \frac{1}{2}$ entnommen werden kann:

$$\left. \begin{array}{lll} I''_x\,\vec{u}_1 = -\tfrac{1}{2}\,i\,\vec{u}_2, & I''_y\,u_1 = +\tfrac{1}{2}\,\vec{u}_2, & I''_z\,\vec{u}_1 = -\tfrac{1}{2}\,i\,\vec{u}_1, \\ I''_x\,\vec{u}_2 = -\tfrac{1}{2}\,i\,\vec{u}_1, & I''_y\,u_2 = -\tfrac{1}{2}\,\vec{u}_1, & I''_z\,\vec{u}_2 = \tfrac{1}{2}\,i\,\vec{u}_2. \end{array} \right\} \qquad (22.\ 6)$$

Wir setzen nun für die Komponenten hM_x, hM_y, hM_z des Drehimpulses $h\,\mathfrak{M}$ die mit hi multiplizierten Operatoren $I_\varkappa$ an

$$M_\varkappa = i\,I_\varkappa = L_\varkappa + S_\varkappa; \qquad L_\varkappa = i\,I'_\varkappa; \qquad S_\varkappa = i\,I''_\varkappa.$$

Der erste Bestandteil $\mathfrak{L}$ des Vektors $\mathfrak{M}$ ist der Drehimpuls der Bahnbewegung; der zweite $\mathfrak{S}$ ist der „Spin". Der Ansatz rechtfertigt sich dadurch, daß alle drei Komponenten M_x, M_y, M_z offenbar mit jedem zentralsymmetrischen Energieoperator vertauschbar sind, woraus der *Erhaltungssatz* für alle diese Komponenten folgt. Da dieser Erhaltungssatz allen Messungen des Drehimpulses zugrunde liegt, so genügt er allein zur Rechtfertigung des Ansatzes für $\mathfrak{M}$.

Die Komponenten M_x, M_y, M_z von $\mathfrak{M}$ sind genau die in der Herleitung der Darstellungen $\mathfrak{D}_J$ benutzten, dort noch mit L_x, L_y, L_z bezeichneten Operatoren $i\,I_x, i\,I_y, i\,I_z$. Es gilt also der Satz, daß bei einer sich nach $\mathfrak{D}_J$ transformierenden Schar von Eigenfunktionen der Operator $\mathfrak{M}^2 = M_x^2 + M_y^2 + M_z^2$ den Eigenwert $J\,(J+1)$ und der Operator M_z die Eigenwerte $M\,(= J, J-1, \ldots, -J)$ hat. Es ist also berechtigt, die mit h multiplizierte innere Quantenzahl j der Dubletterme, die für die Transformationsweise $\mathfrak{D}_j$ der Eigenfunktionen maßgebend ist, als „Größe des Drehimpulses" anzusprechen, wie es im Vektorschema des vorigen Paragraphen schon geschah.

Die $S_\varkappa$ sind lineare Operatoren im Spinraum, welche nach (22. 6) durch die Matrices

$$S_x = \frac{1}{2}\begin{pmatrix} 0 & 1 \\ 1 & 0 \end{pmatrix}, \quad S_y = \frac{1}{2}\begin{pmatrix} 0 & -i \\ i & 0 \end{pmatrix}, \quad S_z = \frac{1}{2}\begin{pmatrix} 1 & 0 \\ 0 & -1 \end{pmatrix} \qquad (22.\ 7)$$

dargestellt werden. Hier treten uns zum zweiten Male die ,,Paulischen Matrices'' $\sigma_x, \sigma_y, \sigma_z$ (vgl. § 20) als Komponenten des doppelten Spinvektors $2\mathfrak{S}$ entgegen.

Die bisherigen Formeln gelten bei einer bestimmten Wahl der Basisvektoren $\vec{u}_1, \vec{u}_2$, und zwar sind, wie sich aus (22. 7) ergibt, $\vec{u}_1$ und $\vec{u}_2$ die Eigenvektoren des Operators S_z. D. h., $\vec{u}_1$ und $\vec{u}_2$ stellen Zustände dar, in denen das Impulsmoment $h\,S_z$ mit Bestimmtheit den Wert $\frac{1}{2}h$ bzw. $-\frac{1}{2}h$ annimmt. Daraus folgt, wenn $\vec{u}_1$ und $\vec{u}_2$ als Funktionen der Spinkoordinate σ_z aufgefaßt werden,

$$u_1(1) = \varrho_1 \neq 0, \qquad u_1(-1) = 0,$$
$$u_2(1) = 0, \qquad u_2(-1) = \varrho_2 \neq 0.$$

Die Funktion $\psi = \omega_1 u_1 + \omega_2 u_2$ hat daher die Werte

$$\psi_1 = \psi(q,\ \ 1) = \omega_1(q)\,\varrho_1,$$
$$\psi_2 = \psi(q,\ -1) = \omega_2(q)\,\varrho_2.$$

Bei jeder Drehung bleibt $\bar{\omega}_1\omega_1 + \bar{\omega}_2\omega_2$ invariant, aber auch $\bar{\psi}_1\psi_1 + \bar{\psi}_2\psi_2$ $= |\varrho_1|^2\,\bar{\omega}_1\omega_1 + |\varrho_2|^2\,\bar{\omega}_2\omega_2$ nach der physikalischen Bedeutung der ψ_ν. Also muß $|\varrho_1| = |\varrho_2|$ sein[1]. Da es auf einen gemeinsamen Faktor bei u_1 und u_2 nicht ankommt, können wir $|\varrho_1| = |\varrho_2| = 1$ wählen. Da schließlich ψ_1 und ψ_2 durch ihre Definition zu Anfang dieses Paragraphen nur bis auf Phasenfaktoren $e^{i\theta_1}$ und $e^{i\theta_2}$ festgelegt sind, so können wir sogar $\varrho_1 = \varrho_2 = 1$ setzen. Dann ist also $\psi_1 = \omega_1$, $\psi_2 = \omega_2$, d. h. der anfangs gemachte Unterschied zwischen den ψ_ν und ω_ν fällt weg. Wir schreiben daher fortan ψ_ν statt ω_ν.

Die Wellengleichung für das Funktionenpaar $(\psi_1,\ \psi_2)$ können wir noch nicht aufstellen, da wir die Zusatzglieder, welche für die Spinstörung (Dublettaufspaltung) verantwortlich sind, nicht kennen. Wohl aber können wir das für den anomalen Zeemaneffekt verantwortliche magnetische Zusatzglied anschreiben auf Grund der Hypothese 3 (§ 21).

Das Zusatzglied für einen Magneten, dessen Moment das $\dfrac{2\varkappa}{h}$-fache des Drehimpulses $h\,\mathfrak{S}$ ist, heißt offenbar

$$2\varkappa\,(\mathfrak{H}\,\mathfrak{S}), \qquad (22.\ 8)$$

---

[1] Sonst würde nämlich aus der Invarianz der beiden Formen $\bar{\omega}_1\omega_1 + \bar{\omega}_2\omega_2$ und $|\varrho_1|^2\,\bar{\omega}_1\omega_1 + |\varrho_2|^2\,\bar{\omega}_2\omega_2$ die Invarianz der einzelnen Glieder $\bar{\omega}_1\omega_1$ und $\bar{\omega}_2\omega_2$ folgen, was nicht angeht.

oder für ein Magnetfeld in der z-Richtung

$$\varkappa\,\mathfrak{H}_z\,\sigma_z; \qquad \sigma_z = \begin{pmatrix} 1 & 0 \\ 0 & -1 \end{pmatrix}^*.$$

Es ist nunmehr eine rein rechnerische Angelegenheit, hieraus den Zeemaneffekt zu berechnen. Wir verweisen dafür auf § 25, wo die Herleitung gleich für ein Mehrelektronenproblem gegeben werden soll.

§ 23. Die Lorentzinvariante Wellengleichung von Dirac.

Absichtlich wurde in § 22 die Begründung der Transformationseigenschaften der Wellenfunktion des Spinning Elektron unabhängig von einer speziellen Wellengleichung gegeben. Diese Ergebnisse erhalten dadurch zwingenden Charakter und sind auch auf den Fall von mehreren Elektronen anwendbar. Für das Einelektronenproblem hat aber P. A. M. Dirac[1] eine Wellengleichung aufgestellt, die mit der relativistischen Schroedingergleichung die Invarianz gegenüber Lorentztransformationen gemein hat, außerdem aber gewissermaßen zwangsläufig die richtige magnetische Spinwirkung (22. 8) und darüber hinaus noch die elektrische Spinstörung ergibt, die für die Dublettaufspaltung der Alkali- und Wasserstoffterme verantwortlich ist.

Die relativistische Schroedingergleichung lautet bekanntlich

$$(c^{-2}\,d_t^2 - d_x^2 - d_y^2 - d_z^2)\,\varPsi = \mu^2 c^2\,\varPsi, \tag{23. 1}$$

wo

$$\left. \begin{aligned} d_x &= p_x + \frac{e}{c}\,\mathfrak{A}_x \qquad \left(p_x = \frac{h}{i}\,\frac{\partial}{\partial x}\right), \quad \text{usw.} \\ d_t &= -\,i\,h\,\frac{\partial}{\partial t} - e\,\varphi \end{aligned} \right\} \tag{23. 2}$$

gesetzt wird, und wo φ das elektrische (skalare), $\mathfrak{A}$ das magnetische Potential bedeutet, d. h.

$$\mathfrak{E} = -\,\nabla\varphi - \frac{1}{c}\,\frac{\partial\mathfrak{A}}{\partial t}\,,$$

$$\mathfrak{H} = \operatorname{rot}\mathfrak{A}\,,$$

$$\operatorname{div}\mathfrak{A} + \frac{1}{c}\,\frac{\partial\varphi}{\partial t} = 0\,.$$

Setzt man in (23.1)

$$\varPsi = e^{-i\,h^{-1}(\mu c^2 + E)\,t}\,\psi\,(x,y,z)\,,$$

und dividiert mit $2\mu e^{-i\,h^{-1}(\mu c^2 + E)\,t}$, so erhält man

$$-\frac{h^2}{2\,\mu}\,\varDelta\,\psi + \frac{e}{\mu\,c}\,(\mathfrak{A}\mathfrak{p})\,\psi - (E + e\,\varphi)\,\psi + \frac{1}{2\,\mu\,c^2}\,(e^2\mathfrak{A}^2 - (E + e\,\varphi)^2)\,\psi = 0. \tag{23. 3}$$

---

* Es könnte vielleicht stutzig machen, daß die Matrix σ_z mit genau demselben Symbol bezeichnet wird, wie die Spinvariable σ_z zu Anfang dieses Paragraphen. Die nähere Überlegung zeigt jedoch, daß die Operation, deren Matrix σ_z ist, dieselbe ist wie die Multiplikation der Funktion $\psi\,(q,\sigma_z)$ mit σ_z. Die Verwechslung der beiden Symbole σ_z ist also völlig gefahrlos.

[1] Dirac, P. A. M.: Proc. Roy. Soc. (A) Bd. 117 (1928) S. 610; Bd. 118 (1928) S. 351. Darwin, C. G.: Ebendort Bd. 118 S. 654.

Bis auf das letzte Glied, die „Relativitätskorrektur", stimmt die Gleichung mit der bisher immer benutzten spinfreien Schroedingergleichung überein. Die Gleichung hat leider nicht genau die Gestalt eines Eigenwertproblems, da E quadratisch vorkommt, was damit zusammenhängt, daß die ursprüngliche (23. 1) eine Differentialgleichung zweiter Ordnung nach der Zeit ist. Das hat DIRAC veranlaßt, die Gleichung so umzuformen und abzuändern, daß sie von erster Ordnung wird.

Um zu der Diracschen Gleichung zu kommen, ersetzen wir zunächst in (23. 1) die Funktion Ψ durch ein Funktionenpaar (Ψ_1, Ψ_2) nach § 22. Nunmehr versuchen wir, den Operator linker Hand

$$c^{-2} d_t^2 - d_x^2 - d_y^2 - d_z^2$$

in zwei Faktoren zu zerlegen. Das gelingt (bis auf kleine Zusatzglieder, auf die wir noch zurückkommen) mit Hilfe der zweireihigen Matrices $\sigma_x, \sigma_y, \sigma_z$ (§ 20), auf Grund der leicht zu verifizierenden Relationen

$$\sigma_x^2 = 1, \qquad \sigma_y \sigma_z = i\,\sigma_x, \qquad \sigma_z \sigma_y = -i\,\sigma_x,$$
$$\sigma_y^2 = 1, \qquad \sigma_z \sigma_x = i\,\sigma_y, \qquad \sigma_x \sigma_z = -i\,\sigma_y,$$
$$\sigma_z^2 = 1, \qquad \sigma_x \sigma_y = i\,\sigma_z, \qquad \sigma_y \sigma_x = -i\,\sigma_z$$

folgendermaßen

$$c^{-2} d_t^2 - d_x^2 - d_y^2 - d_z^2$$
$$= (c^{-1} d_t - d_x \sigma_x - d_y \sigma_y - d_z \sigma_z)(c^{-1} d_t + d_x \sigma_x + d_y \sigma_y + d_z \sigma_z).$$

Diese Zerlegung gilt, solange die Operatoren d_t, d_x, d_y, d_z als vertauschbar miteinander angenommen werden, was sie aber nur im Fall konstanter Potentiale $\mathfrak{A}, \varphi$ sind. Durch die Zerlegung entsteht also eine von (23. 1) *verschiedene* Wellengleichung

$$(c^{-1} d_t - d_x \sigma_x - d_y \sigma_y - d_z \sigma_z)(c^{-1} d_t + d_x \sigma_x + d_y \sigma_y + d_z \sigma_z)\Psi = \mu^2 c^2 \Psi, \quad (23.\,4)$$

welche nur im Fall konstanter Potentiale mit (23. 1) übereinstimmt. Wir nehmen nun zunächst probeweise an, daß diese zerlegte Gleichung die richtige ist. Im Fall nicht konstanter Potentiale sind die d_x, d_y, d_z, d_t nicht vertauschbar, sondern es ist

$$\left.\begin{aligned}
d_y d_z - d_z d_y &= \frac{he}{ic}\left(\frac{\partial \mathfrak{A}_z}{\partial y} - \frac{\partial \mathfrak{A}_y}{\partial z}\right) = \frac{he}{ic}\,\mathfrak{H}_x, \\[4pt]
d_z d_x - d_x d_z &= \frac{he}{ic}\left(\frac{\partial \mathfrak{A}_x}{\partial z} - \frac{\partial \mathfrak{A}_z}{\partial x}\right) = \frac{he}{ic}\,\mathfrak{H}_y, \\[4pt]
d_x d_y - d_y d_x &= \frac{he}{ic}\left(\frac{\partial \mathfrak{A}_y}{\partial x} - \frac{\partial \mathfrak{A}_x}{\partial y}\right) = \frac{he}{ic}\,\mathfrak{H}_z, \\[4pt]
d_t d_x - d_x d_t &= \frac{he}{i}\left(\frac{1}{c}\frac{\partial \mathfrak{A}_x}{\partial t} + \frac{\partial \varphi}{\partial x}\right) = -\frac{he}{i}\,\mathfrak{E}_x, \\[4pt]
d_t d_y - d_y d_t &= \frac{he}{i}\left(\frac{1}{c}\frac{\partial \mathfrak{A}_y}{\partial t} + \frac{\partial \varphi}{\partial y}\right) = -\frac{he}{i}\,\mathfrak{E}_y, \\[4pt]
d_t d_z - d_z d_t &= \frac{he}{i}\left(\frac{1}{c}\frac{\partial \mathfrak{A}_z}{\partial t} + \frac{\partial \varphi}{\partial z}\right) = -\frac{he}{i}\,\mathfrak{E}_z.
\end{aligned}\right\} \qquad (23.\,5)$$

Wenn man in (23. 4) diesen Vertauschungsrelationen Rechnung trägt, so erhält man zu der früheren Wellengleichung (23. 1) die folgenden Zusatzglieder auf der linken Seite

$$- \frac{h\,e}{i\,c}\,(\mathfrak{E}_x\,\sigma_x + \mathfrak{E}_y\,\sigma_y + \mathfrak{E}_z\,\sigma_z)\,\Psi - \frac{h\,e}{c}\,(\mathfrak{H}_x\,\sigma_x + \mathfrak{H}_y\,\sigma_y + \mathfrak{H}_z\,\sigma_z)\,\Psi\,.$$

Will man die entsprechenden Zusatzglieder in (23. 3) haben, so muß man durch -2μ dividieren. Führt man wieder den Spinvektor $\mathfrak{S}$ mit Komponenten $\tfrac{1}{2}\,\sigma_x$, $\tfrac{1}{2}\,\sigma_y$, $\tfrac{1}{2}\,\sigma_z$ ein [vgl. (22. 7)], so heißen die Zusatzglieder in (23. 3)

$$\frac{h\,e}{i\,\mu\,c}\,(\mathfrak{E}\,\mathfrak{S})\,\psi + \frac{h\,e}{\mu\,c}\,(\mathfrak{H}\,\mathfrak{S})\,\psi\,. \tag{23. 6}$$

Das magnetische Zusatzglied ist genau das von (22. 8), was für die Richtigkeit der Faktorzerlegung (23. 4) spricht. Das elektrische Zusatzglied ergibt die „Spinstörung‟ der Terme ohne äußeres Magnetfeld.

Die Gleichung (23. 4) ist offenbar dem folgenden Gleichungspaar äquivalent:

$$\left.\begin{aligned}
\left(\frac{1}{c}\,d_t + d_x\sigma_x + d_y\sigma_y + d_z\sigma_z\right)\Psi &= -\mu\,c\,\dot{\Psi}\,,\\
\left(\frac{1}{c}\,d_t - d_x\sigma_x - d_y\sigma_y - d_z\sigma_z\right)\dot{\Psi} &= -\mu\,c\,\Psi\,,
\end{aligned}\right\} \tag{23. 7}$$

wo $\dot{\Psi}$ eine andere Funktion mit den Komponenten $\Psi^{\dot{1}}$ und $\Psi^{\dot{2}}$ ist[1].

Die relativistische Invarianz der Gleichung (23. 7) wird sofort ersichtlich, wenn man die Bezeichnungen von § 20 einführt und $\frac{1}{c}\,d_t = d_0 = -d^0$, $d_x = d_1 = d^1$, usw. setzt: Die Gleichungen lauten dann

$$d^k\,\sigma_k^{\prime\dot{\nu}\lambda}\,\Psi_\lambda = \mu\,c\,\Psi^{\dot{\nu}}\,,$$
$$d^k\,\sigma_{k\,\lambda\dot{\nu}}\,\Psi^{\dot{\nu}} = \mu\,c\,\Psi_\lambda\,. \tag{23. 8}$$

Die Invarianz dieses Gleichungspaares bei eigentlichen und uneigentlichen Lorentztransformationen wurde in § 20 bewiesen.

Schon in § 20 wurde bemerkt, daß die Einführung eines zweiten Komponentenpaares $\Psi^{\dot{\nu}}$ neben den Ψ_λ notwendig ist, wenn man die Darstellung c_2 der eigentlichen Lorentzgruppe erweitern will zu einer solchen der vollen Lorentzgruppe. Anders ausgedrückt: die Einführung der $\Psi^{\dot{\nu}}$ ist notwendig, damit die Wellengleichung nicht nur bei eigentlichen Lorentztransformationen, sondern auch bei räumlichen Spiegelungen invariant sei. Durch diese Einführung wird außerdem der Vorteil erreicht, daß die Wellengleichung (23. 8) linear in $\frac{\partial}{\partial t}$ ist und die Form $\left(\frac{h}{i}\,\frac{\partial}{\partial t} + H\right)\Psi = 0$ annimmt, wo H ein linearer selbstadjungierter Operator ist. Die stationären Zustände werden dementsprechend

---

[1] Die Funktion $\dot{\Psi}$ genügt dann einer Differentialgleichung 2. Ordnung, die aus (23. 4) entsteht durch Vertauschung der beiden Faktoren linker Hand. Dieser Vertauschung entspricht eine Vorzeichenumkehrung des ersten Gliedes in (23. 6).

auch durch eine Gleichung von der Gestalt eines linearen selbstadjungierten Eigenwertproblems $H\psi = E\psi$ geliefert, dessen Eigenwerte E daher sicher reell sind. Alle diese Argumente sprechen sehr für die Richtigkeit der Diracschen Wellengleichung. Die Herleitung der Wasserstofffeinstruktur im nächsten § 24 wird eine weitere Bestätigung ergeben.

Eine noch ungelöste Schwierigkeit besteht darin, daß die Diracsche Gleichung (ebenso wie die relativistische Schroedingergleichung) außer positiven Eigenwerten auch negative von der Größenordnung $-mc^2$ besitzt, denen keine physikalische Bedeutung zukommt. Diese Schwierigkeit hängt eng mit der anderen zusammen, die darin besteht, daß die relativistische Ψ-Funktion vier statt zwei Komponenten hat, was bedeutet, daß das Elektron außer dem Spinfreiheitsgrad noch einen weiteren bisher unbeobachteten Freiheitsgrad haben müßte[1].

In vielen Untersuchungen ist es zweckmäßig, statt der vier Komponenten Ψ_λ, $\Psi_{\dot\mu}$ vier andere Ψ_λ^s, Ψ_λ^a einzuführen durch

$$\Psi_\lambda^s = \Psi_\lambda + \Psi^{\dot\lambda}, \qquad \Psi_\lambda^a = \Psi_\lambda - \Psi^{\dot\lambda} \qquad (\lambda = 1, 2).$$

Ebenso wie die Ψ_λ, $\Psi^{\dot\lambda}$ der Zerlegung des vierdimensionalen Vektorraumes in irreduzible Teilräume bei der eigentlichen Lorentzgruppe, so entsprechen die Ψ_λ^s, Ψ_λ^a der Zerlegung in irreduzible Teilräume bei der Drehspiegelungsgruppe. Bei Drehungen transformieren sich nämlich die Ψ_λ^s und Ψ_λ^a genau so wie Ψ_λ und $\Psi^{\dot\lambda}$, während bei der Spiegelung s gilt:

$$s\,\Psi_\lambda^s = \Psi_\lambda^s; \qquad s\,\Psi_\lambda^a = -\,\Psi_\lambda^a.$$

Aus (23. 7) erhält man durch Addition und Subtraktion nach Multiplikation mit c

$$\left.\begin{array}{l}(d_t + \mu c^2)\,\Psi^s + c\,(d_x\sigma_x + d_y\sigma_y + d_z\sigma_z)\,\Psi^a = 0, \\[4pt] (d_t - \mu c^2)\,\Psi^a + c\,(d_x\sigma_x + d_y\sigma_y + d_z\sigma_z)\,\Psi^s = 0.\end{array}\right\}$$

Das sind die von DIRAC ursprünglich aufgestellten Gleichungen. Die stationären Zustände werden gefunden durch den Ansatz

$$\Psi_\lambda^{s,a} = e^{-ih^{-1}Et}\,\psi_\lambda^{s,a} \qquad (\lambda = 1, 2),$$

ihre Differentialgleichung ist

$$\left.\begin{array}{l}(E + e\varphi - \mu c^2)\,\psi^s = c\,(d_x\sigma_x + d_y\sigma_y + d_z\sigma_z)\,\psi^a, \\[4pt] (E + e\varphi + \mu c^2)\,\psi^a = c\,(d_x\sigma_x + d_y\sigma_y + d_z\sigma_z)\,\psi^s.\end{array}\right\} \qquad (23.\,9)$$

Interessiert man sich für Zustände positiver Energie, wobei E nahe an μc^2 liegt, so ist der Faktor $E + e\varphi + \mu c^2$ sehr groß im Vergleich zu $E + e\varphi - \mu c^2$ und daher müssen die ψ^a sehr klein gegenüber ψ^s sein. Man kann daher die ψ^s mit den Komponenten der ψ-Funktion in der nichtrelativistischen (Paulischen) Theorie identifizieren, während

---

[1] Vgl. dazu E. SCHROEDINGER: Berl. Ber. 1931, sowie V. FOCK: Z. f. Physik Bd. 68 (1931) S. 522—534.

die ψ^a gewissermaßen die relativistische Störung darstellen. Die Differentialgleichung 2. Ordnung für ψ^s lautet, wenn $E = \mu c^2 + E'$ gesetzt wird:

$$-\frac{h^2}{2\mu}\Delta\psi^s + \left\{-E' - e\varphi - \frac{1}{2\mu c^2}(E' + e\varphi)^2 + \frac{e}{\mu c}(\mathfrak{A}\mathfrak{p}) \\ + \frac{e^2}{2\mu c^2}\mathfrak{A}^2 + 2\varkappa(\mathfrak{H}\cdot\mathfrak{S})\right\}\psi^s - 2\varkappa i(\mathfrak{E}\cdot\mathfrak{S})\,\psi^a = 0 \right\} \quad (23.\,10)$$

mit

$$\psi^a = (E + e\varphi + \mu c^2)^{-1}c(d_x\,\sigma_x + d_y\,\sigma_y + d_z\,\sigma_z)\psi^s.$$

Die Aufstellung einer befriedigenden relativistischen Wellengleichung für mehr als ein Elektron ist bisher noch nicht gelungen. Das hängt damit zusammen, daß neben den $3f$ Ortskoordinaten der f Elektronen wegen der Lorentzinvarianz notwendig auch f verschiedene Zeiten in die Wellengleichung eingehen müßten, also die Gleichung nicht die erwünschte Form

$$\frac{h}{i}\frac{\partial}{\partial t}\Psi + H\Psi = 0$$

haben kann. Die Lösung dieser Schwierigkeit wird wahrscheinlich erst durch eine folgerichtige Quantenmechanik der Wellenfelder geliefert werden können[1].

§ 24. Das Elektron im Zentralfeld nach DIRAC.

Die Differentialgleichung für die Diracsche Wellenfunktion in einem elektrostatischen Kraftfeld mit Potential $\varphi(r)$ lautet nach (23. 9):

$$\left.\begin{array}{l}(E + e\varphi - \mu c^2)\,\psi^s = c\,(\mathfrak{p}\,\sigma)\,\psi^a, \\ (E + e\varphi + \mu c^2)\,\psi^a = c\,(\mathfrak{p}\,\sigma)\,\psi^s\end{array}\right\} \quad (24.\,1)$$

mit

$$(\mathfrak{p}\,\sigma) = p_x\,\sigma_x + p_y\,\sigma_y + p_z\,\sigma_z; \quad p_x = \frac{h}{i}\frac{\partial}{\partial x}, \text{ usw.}$$

Wir stellen das Problem, eine Schar von Lösungen ψ (mit je vier Komponenten ψ_1^s, ψ_2^s, ψ_1^a, ψ_2^a) zu finden, die sich nach der irreduziblen Darstellung $\mathfrak{D}_j$ der Drehungsgruppe transformieren und außerdem zu einem bestimmten Spiegelungscharakter w gehören. Wir führen im Spinraum vier Basisvektoren $\vec{u}_1^s$, $\vec{u}_2^s$, $\vec{u}_1^a$, $\vec{u}_2^a$ ein und entwickeln die Funktion

$$\vec{\psi} = \psi_1^s\,\vec{u}_1^s + \psi_2^s\,\vec{u}_2^s + \psi_1^a\,\vec{u}_1^a + \psi_2^a\,\vec{u}_2^a$$

nach Kugelfunktionen $Y_l^{(n)}(\vartheta, \varphi)$. Das ergibt

$$\psi = \sum f_{l n \lambda}(r)\,Y_l^{(n)}\,\vec{u}_\lambda^s + \sum g_{l n \lambda}(r)\,Y_l^{(n)}\,\vec{u}_\lambda^a = \sum P_l + \sum Q_l. \quad (24.\,2)$$

Die einzelnen Aggregate P_l und Q_l transformieren sich bei Drehungen genau so wie ψ, also nach $\mathfrak{D}_j$. Sie sind aber Linearkombinationen von Funktionen $Y_l^{(n)}\,u_\lambda^s$ oder $Y_l^{(n)}\,u_\lambda^a$, die sich nach $\mathfrak{D}_l \times \mathfrak{D}_{\frac{1}{2}} = \mathfrak{D}_{l+\frac{1}{2}} + \mathfrak{D}_{l-\frac{1}{2}}$

---

[1] Siehe W. HEISENBERG und W. PAULI: Z. f. Physik Bd. 56 (1929) S. 1; Bd. 59 (1930) S. 168.

transformieren. Also muß $j = l \pm \frac{1}{2}$ sein, d. h.: j ist halbganz und für l kommen nur die beiden Werte $j \pm \frac{1}{2}$ in Betracht, von denen natürlich einer gerade und einer ungerade ist. Wir wollen diese beiden Werte mit l' und l'' bezeichnen, und zwar so, daß $(-1)^{l'} = w$ und $(-1)^{l''} = -w$ ist, was offenbar immer erreichbar ist.

In (24. 2) gehören die Glieder P_l zum Spiegelungscharakter $(-1)^l$, die Glieder Q_l dagegen zum Spiegelungscharakter $(-1)^{l+1}$. Wenn also ψ zum Spiegelungscharakter $w = (-1)^{l'}$ gehören soll, so können in (24. 2) von den beiden möglichen Gliedern P_l nur das eine $P_{l'}$ und ebenso von den beiden Q_l nur $Q_{l''}$ vorkommen. Also ist $\psi = P_{l'} + Q_{l''}$, oder

$$\left.\begin{aligned}
\psi^s &= P_{l'} = \sum f_{l'n\lambda}\,(r)\,Y_{l'}^{(n)}\,u_\lambda^s, \\
\psi^a &= Q_{l''} = \sum f_{l''n\lambda}\,(r)\,Y_{l''}^{(n)}\,u_\lambda^a.
\end{aligned}\right\}$$

Diejenigen Linearkombinationen der $Y_l^{(n)}\,u_\lambda$, die sich nach $\mathfrak{D}_{l+\frac{1}{2}}$ bzw. $\mathfrak{D}_{l-\frac{1}{2}}$ transformieren, sind nach § 18:

$$\left.\begin{aligned}
W_{l,\,l+\frac{1}{2}}^{(m)} &= \quad\ \sqrt{l + m + \tfrac{1}{2}}\ Y_l^{(m-\frac{1}{2})}\,u_1 + \sqrt{l - m + \tfrac{1}{2}}\ Y_l^{(m+\frac{1}{2})}\,u_2, \\
W_{l,\,l-\frac{1}{2}}^{(m)} &= -\sqrt{l - m + \tfrac{1}{2}}\ Y_l^{(m-\frac{1}{2})}\,u_1 + \sqrt{l + m + \tfrac{1}{2}}\ Y_l^{(m+\frac{1}{2})}\,u_2.
\end{aligned}\right\} \quad (24.\ 3)^*$$

Daher ist

$$\left.\begin{aligned}
\psi^s &= P_{l'}^{(m)} = f\,(r)\,W_{l',\,j}^{(m)}, \\
\psi^a &= Q_{l''}^{(m)} = g\,(r)\,W_{l'',\,j}^{(m)}.
\end{aligned}\right\} \tag{24.4}$$

Damit ist das Problem auf die Bestimmung von zwei Funktionen $f(r)$ und $g(r)$ zurückgeführt. Setzen wir (24. 4) in (24. 1) ein, so ergeben sich für diese Funktionen die Differentialgleichungen

$$\left.\begin{aligned}
(E + e\varphi - \mu c^2)\,f\,(r)\,W_{l',\,j}^{(m)} &= c\,(\mathfrak{p}\,\sigma)\,g\,(r)\,W_{l'',\,j}^{(m)}, \\
(E + e\varphi + \mu c^2)\,g\,(r)\,W_{l'',\,j}^{(m)} &= c\,(\mathfrak{p}\,\sigma)\,f\,(r)\,W_{l',\,j}^{(m)}.
\end{aligned}\right\} \tag{24.5}$$

Nach der Differentiationsregel für Produkte ist

$$(\mathfrak{p} \cdot \sigma)\,f\,(r)\,W_{l,\,j}^{(m)} = f\,(r)\,(\mathfrak{p}\,\sigma)\,W_{l,\,j}^{(m)} + f'\,(r)\,\frac{h}{i}\,\varepsilon\,W_{l,\,j}^{(m)},$$

wo

$$\varepsilon = \frac{x}{r}\,\sigma_x + \frac{y}{r}\,\sigma_y + \frac{z}{r}\,\sigma_z$$

gesetzt wurde. Da die Ausdrücke $(\mathfrak{p}\sigma)\,W_{l',\,j}^{(m)}$ und $\varepsilon\,W_{l',\,j}^{(m)}$ sich bei Drehungen wieder nach $\mathfrak{D}_j$ transformieren, aber als Ortsfunktionen zu dem entgegengesetzten Spiegelungscharakter $-w$ gehören, so können sie nur numerische Vielfache von $h\,r^{-1}\,W_{l'',\,j}^{(m)}$ bzw. $W_{l'',\,j}^{(m)}$ sein, und dasselbe gilt bei Vertauschung von l' und l''. Die Ausrechnung (z. B. aus den expliziten Ausdrücken (24. 3) und den Formeln für die Kugelfunktionen)

---

* Unabhängig von § 18 überzeugt man sich leicht von der Richtigkeit dieser Behauptung, indem man auf beiden Seiten von (24.3) die Operationen M_p, M_q, M_z von § 22 anwendet.

ist unschwer und ergibt (bei passender Wahl der Proportionalitäts-
faktoren bei den W_{lj}):

$$\varepsilon\, W^{(m)}_{j\pm\frac{1}{2},\,j} = W^{(m)}_{j\mp\frac{1}{2},\,j},$$

$$(\mathfrak{p}\,\sigma)\, W_{j+\frac{1}{2},\,j} = -\left(j+\tfrac{3}{2}\right)\frac{h\,i}{r}\, W_{j-\frac{1}{2},\,j},$$

$$(\mathfrak{p}\,\sigma)\, W_{j-\frac{1}{2},\,j} = \left(j-\tfrac{1}{2}\right)\frac{h\,i}{r}\, W_{j+\frac{1}{2},\,j}.$$

Man kann die beiden letzten Formeln bequemer schreiben, indem man
statt der Quantenzahlen w, j eine neue ganze Zahl k einführt, definiert
durch

$$k = j + \tfrac{1}{2} = l' + 1 \qquad \text{für} \quad l' = j - \tfrac{1}{2},$$
$$k = -\left(j + \tfrac{1}{2}\right) = -l'' \qquad \text{für} \quad l'' = j + \tfrac{1}{2}.$$

Dann ist

$$(\mathfrak{p}\,\sigma)\, W_{l'j} = (k-1)\frac{h\,i}{r}\, W_{l''j} = (1-k)\frac{h}{i\,r}\, W_{l''j},$$

$$(\mathfrak{p}\,\sigma)\, W_{l''j} = -(k+1)\frac{h\,i}{r}\, W_{l'j} = (1+k)\frac{h}{i\,r}\, W_{l'j}.$$

Setzt man dies in (24. 5) ein, so kommt

$$(E + e\,\varphi - \mu\,c^2)\,f = \frac{hc}{i}\left(\frac{1-k}{r}\,g + g'\right),$$

$$(E + e\,\varphi + \mu\,c^2)\,g = \frac{hc}{i}\left(\frac{1+k}{r}\,f + f'\right).$$

Für die Bestimmung des Funktionenpaares f, g
und des Eigenwertes E verweise ich auf die Lehr-
buchliteratur. Die Rechnung liefert die Fein-
struktur der Wasserstoff- und He$^+$-Terme sowie die Dublettaufspaltung der
leichteren Alkalien in Übereinstimmung mit der Erfahrung. Wegen
$\psi^s = P_{l'}$ ist l' die gewöhnliche azimutale Quantenzahl l, ihr Wert ist
$k-1$ für $k > 0$ und $-k$ für $k \leqq 0$. Im Fall eines reinen Coulombfeldes
(H, He$^+$) fallen für jede Hauptquantenzahl n je zwei Terme mit gleichen
$j = |k| - \tfrac{1}{2}$ und verschiedenen $l = j \pm \tfrac{1}{2}$ zusammen (siehe Abb. 3).

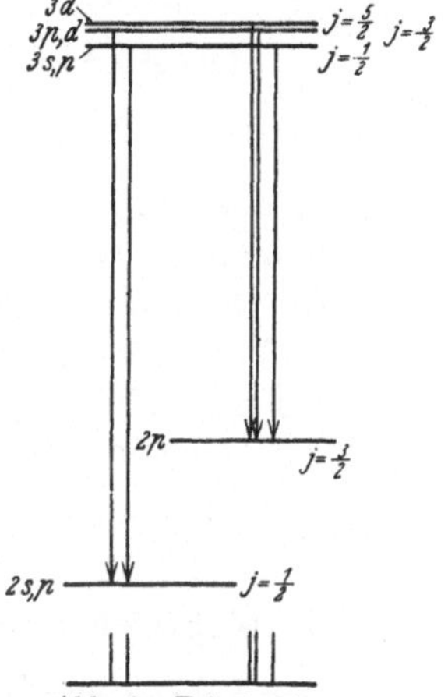

Abb. 3. Feinstruktur
der Linie H_α.

Man kann das in diesem Paragraphen behandelte Problem auch
als Störungsproblem behandeln, indem man von der Differentialglei-
chung (23. 10) ausgeht und darin die Glieder mit $(E' + e\,\varphi)^2$ und $(\mathfrak{E}\cdot\mathfrak{S})$
als Störungsglieder auffaßt. Dieses Verfahren ist insbesondere im Fall
eines nicht-Coulombschen Feldes von Vorteil. Das Glied $(E' + e\,\varphi)^2$
ergibt nur eine von der Orientierung des Spin unabhängige Termverschiebung, das andere

$$-2\varkappa\,i(\mathfrak{E}\cdot\mathfrak{S})\,\psi^a = -\varkappa\,i(\mathfrak{E}\cdot\sigma)\,(E' + e\,\varphi + 2\mu\,c^2)^{-1}\,c\,(\mathfrak{p}\cdot\sigma)\,\psi^s$$

ist für die Dublettaufspaltung verantwortlich. Vernachlässigt man
$E' + e\,\varphi$ gegen $2\mu\,c^2$, so erhält man

$$-\frac{\varkappa\,i}{2\,\mu\,c}\,(\mathfrak{E}\cdot\sigma)\,(\mathfrak{p}\cdot\sigma)\,\psi^s = -\frac{\varkappa\,i}{2\,\mu\,c}\left\{(\mathfrak{E}\cdot\mathfrak{p}) + i([\mathfrak{E}\,\mathfrak{p}]\cdot\sigma)\right\}\psi^s.$$

Für die Aufspaltung kommt nur das zweite Glied in der Klammer in Betracht. Da nun

$$\mathfrak{E} = -\frac{\mathfrak{r}}{r}\frac{\partial \varphi}{\partial r} \quad \text{und} \quad [\mathfrak{r}\cdot\mathfrak{p}] = \mathfrak{L}$$

ist, so heißt das Aufspaltungsglied einfach

$$-\frac{\varkappa}{2\mu c r}\frac{\partial \varphi}{\partial r}(\mathfrak{L}\cdot\sigma)\psi^s = -\frac{\varkappa}{\mu c r}\frac{\partial \varphi}{\partial r}(\mathfrak{L}\cdot\mathfrak{S})\psi^s. \tag{24.6}$$

Nun ist

$$(\mathfrak{L}\cdot\mathfrak{S}) = (\mathfrak{L}+\mathfrak{S})^2 - \mathfrak{L}^2 - \mathfrak{S}^2 = \mathfrak{M}^2 - \mathfrak{L}^2 - \mathfrak{S}^2,$$

$$(\mathfrak{L}\cdot\mathfrak{S})\psi^s = \{j(j+1) - l(l+1) - \tfrac{1}{2}(\tfrac{1}{2}+1)\}\psi^s,$$

$$= (k-1)\psi^s,$$

mit $k = l+1$ oder $-l$ wie oben. Daraus kann man die Aufspaltung ohne weiteres berechnen.

Die Formel (24. 6) gibt auch beim Mehrelektronenproblem einen brauchbaren Ansatz für die Wechselwirkung zwischen dem Bahndrehimpuls eines Elektrons und seinem eigenen Spin, falls das Feld, in dem sich das einzelne Elektron bewegt, nicht allzuviel von einem Zentralfeld abweicht.

§ 25. Mehrelektronenproblem. Multiplettstruktur. Zeemaneffekt.

Wir kehren zur unrelativistischen Theorie zurück.

Der Zustand eines Systems von f Elektronen wird durch eine Funktion

$$\psi(q_1, q_2, \ldots, q_f, \sigma_1, \ldots, \sigma_f)$$

gegeben, wo q_h die Raumkoordinaten, σ_h die (in Beziehung auf die z-Achse definierte) Spinkoordinate des h-ten Elektrons bedeuten. Führt man im Spinraum des ersten Elektrons wie im § 22 die Basisvektoren u_1, u_2 ein, ebenso für das zweite Elektron v_1, v_2 usw., so kann man für unsere Funktion auch schreiben

$$\psi(q_1, \ldots, q_f, \sigma_1, \ldots, \sigma_f) = \sum_{\lambda,\ldots,\nu} \psi_{\lambda\mu\ldots\nu}(q)\, u_\lambda v_\mu \cdots w_\nu. \tag{25.1}$$

Statt der einen Funktion $\psi(q,\sigma)$ kann man also auch ein System von Funktionen $\psi_{\lambda\mu\ldots\nu}$ der q allein zugrunde legen.

Bei Drehungen des Raumes transformieren sich die Funktionen (25. 1) einfach so, daß jedes Paar von Grundvektoren wie u_1, u_2 nach der Darstellung $\mathfrak{D}_{\frac{1}{2}}$ der Drehungsgruppe, die $\psi_{\lambda\mu\ldots\nu}$ dagegen wie gewöhnliche Ortsfunktionen transformiert werden. Die Produkte $u_\lambda v_\mu \cdots w_\nu$ transformieren sich folglich nach der Darstellung $\mathfrak{D}_{\frac{1}{2}} \times \mathfrak{D}_{\frac{1}{2}} \times \cdots \times \mathfrak{D}_{\frac{1}{2}}$. Bei der Spiegelung s werden die $u_\lambda, v_\mu, \ldots,$ invariant gelassen.

Hat man ein System von Eigenfunktionen

$$\psi^{(1)}(q), \ldots, \psi^{(k)}(q)$$

der spinfreien Schroedingergleichung zum Eigenwert E, so genügen die $k \cdot 2^f$ Produkte

$$\psi^{(\alpha)} u_\lambda v_\mu \cdots w_\nu \tag{25. 2}$$

der Schroedingergleichung mit Vernachlässigung der Spinstörungsglieder. Um zu erfahren, wie dieser $(k \cdot 2^f)$-fache Term sich durch die Spinwirkung spalten kann, untersuchen wir zuerst, wie er sich bei Drehungen transformiert. Die $\psi^{(\alpha)}$ mögen sich etwa nach $\mathfrak{D}_L$ transformieren (S-, P-, D- usw. Terme, vgl. § 17). Dann transformieren sich die Produkte (25. 2) nach der Darstellung

$$\mathfrak{D}_L \times \mathfrak{D}_{\frac{1}{2}} \times \mathfrak{D}_{\frac{1}{2}} \times \cdots \times \mathfrak{D}_{\frac{1}{2}}. \tag{25. 3}$$

Durch Ausreduzieren dieser Darstellung erhält man die irreduziblen Teilräume, welche durch die Spinstörung nachher auseinandertreten können.

Es ist zweckmäßig, die Ausreduktion der Darstellung (25. 3) so vorzunehmen, daß man zuerst die Faktoren $\mathfrak{D}_{\frac{1}{2}}$ miteinander multipliziert

$$\mathfrak{D}_{\frac{1}{2}} \times \mathfrak{D}_{\frac{1}{2}} = \mathfrak{D}_0 + \mathfrak{D}_1,$$
$$\mathfrak{D}_{\frac{1}{2}} \times \mathfrak{D}_{\frac{1}{2}} \times \mathfrak{D}_{\frac{1}{2}} = \mathfrak{D}_{\frac{1}{2}} + \mathfrak{D}_{\frac{1}{2}} + \mathfrak{D}_{1\frac{1}{2}}$$
$$\vdots \qquad \vdots \qquad \vdots$$

und dann erst jeden einzelnen so erhaltenen Term $\mathfrak{D}_S$ mit $\mathfrak{D}_L$ multipliziert nach der Gleichung

$$\mathfrak{D}_L \times \mathfrak{D}_S = \sum \mathfrak{D}_J \qquad (J = L + S, \ldots, |L - S|). \tag{25. 4}$$

Im Vektorschema werden also zuerst die Spins $\frac{1}{2} h$ der einzelnen Elektronen miteinander zusammengesetzt zu einer Resultante $h S$, die dann mit dem gesamten Bahnimpuls $h L$ zu einer Resultante der Länge $h J$ zusammengesetzt wird[1], deren Komponente in der z-Richtung wiederum die Werte $h M$ ($M = J, J-1, \ldots, -J$) annehmen kann. Man nennt L die *azimutale Quantenzahl*, S die *Spinzahl*, J die *innere Quantenzahl*, M die *magnetische Quantenzahl*. S und J sind ganz für gerade Elektronenzahl, sonst halbganz.

---

[1] Diese Art vorzugehen ist vor allem dann praktisch, wenn die Multiplettaufspaltung klein ist gegen die in § 18, 2 besprochene Termaufspaltung durch die Wechselwirkung der Elektronen, wenn also der Fall der RUSSELL-SAUNDERS-*Kopplung* vorliegt. Liegen andere Kopplungsverhältnisse vor, z. B. die sogenannte (j, j)-Kopplung, bei der die Wechselwirkung zwischen Spin und Bahnbewegung der einzelnen Elektronen allen anderen Wechselwirkungen überwiegt, so setzt man zuerst die Bahnimpulse $h l$ der einzelnen Elektronen mit ihren Spins $\frac{1}{2} h$ zusammen nach dem Schema

$$\mathfrak{D}_l \times \mathfrak{D}_{\frac{1}{2}} = \mathfrak{D}_{l+\frac{1}{2}} + \mathfrak{D}_{l-\frac{1}{2}}$$

und multipliziert dann die Darstellungen $\mathfrak{D}_j$ der einzelnen Elektronen miteinander. Zum Schluß müssen natürlich dieselben J-Werte herauskommen wie bei der Russell-Saunders-Kopplung, nur anders angeordnet.

Die verschiedenen Terme $\mathfrak{D}_J$, die aus einem Produkt (25. 4) durch Ausreduzieren und Spinstörung entstehen, werden zu einem *Multiplett* vereinigt[1]. Das Multiplett heißt *normal*, wenn die Terme mit größtem J am höchsten liegen, sonst *verkehrt*.

Ist $L \geqq S$, so ist die Anzahl der Terme eines Multipletts (die *Multiplizität*) nach (25. 4) gleich $2S + 1$. Ist aber $L < S$, so kann die Multiplizität „sich nicht voll entwickeln": es kommen nur $2L + 1$ Terme vor, insbesondere im Fall $L = 0$ (S-Terme) sogar nur ein Term (Singulett). Trotzdem redet man für $S = \tfrac{1}{2}$ *stets* von Dublettermen, für $S = 1$ *stets* von Triplettermen usw. Man unterscheidet demnach:

$$
\begin{aligned}
&\text{Singuletterme} \quad {}^1S,\ {}^1P,\ {}^1D,\ \ldots\ (S = 0),\\
&\text{Dubletterme} \quad\ \ {}^2S,\ {}^2P,\ {}^2D,\ \ldots\ (S = \tfrac{1}{2}),\\
&\text{Tripletterme} \quad\ \ {}^3S,\ {}^3P,\ {}^3D,\ \ldots\ (S = 1),\\
&\text{usw. Das Symbol } {}^2P \text{ wird ausgesprochen: Dublett } P.
\end{aligned}
\tag{25. 5}
$$

Der Grund für diese Terminologie liegt in der Auswahlregel für S, die wir sofort begründen werden. Die Komponenten eines Multipletts werden durch einen rechts unten angehängten Index J unterschieden; z. B. besteht ein ${}^3P$-Term aus den Komponenten ${}^3P_0$, ${}^3P_1$, ${}^3P_2$.

Das Verhalten der Eigenfunktionen (25. 2) bei der Spiegelung s an dem Anfangspunkt ist sehr einfach zu bestimmen, weil die u_λ usw. dabei invariant bleiben; wenn die $\psi^{(\alpha)}$ zum Spiegelungscharakter

$$
w = (-1)^{l_1 + \cdots + l_f}
$$

gehören, so gehören auch die Produkte (25. 4) zu diesem Spiegelungscharakter und daran ändert sich nichts nach Einschaltung der Spinstörung.

Es gelten die folgenden *exakten Auswahlregeln*

$$
\begin{aligned}
&J \to J - 1,\ J,\ J + 1 \quad (\text{außer } 0 \to 0)\\
&M \to M - 1,\ M,\ M + 1\\
&w \to -w
\end{aligned}
\tag{25. 6}
$$

mit denselben Zusätzen über die Intensität und Polarisation des ausgesandten Lichtes, die wir in § 19 hergeleitet haben. Zum Beweis braucht man nur in § 19 überall L durch J zu ersetzen; der Beweis beruhte ja ausschließlich auf den Eigenschaften der Darstellung $\mathfrak{D}_L$.

Die Auswahlregel für J lehrt, welche Übergänge zwischen den Termen irgend zweier Multipletts möglich sind. Die Intensitäten der dabei

---

[1] Im nächsten Kapitel wird sich zeigen, daß von den verschiedenen theoretisch möglichen Werten von S, die aus der Multiplikation $\mathfrak{D}_{\frac{1}{2}} \times \mathfrak{D}_{\frac{1}{2}} \times \cdots$ zum Vorschein kommen, in der Natur immer nur einer wirklich vorkommt, aber daß dieser eine Wert von S zu einem vollständigen Multiplett (25.4) Anlaß gibt, wobei alle theoretisch möglichen J-Werte auch wirklich vorkommen. Die theoretische Erwartung, im Fall zweier Elektronen (z. B. bei Helium) in unmittelbarer Nähe bei jedem Triplett auch ein Singulett anzutreffen ($\mathfrak{D}_{\frac{1}{2}} \times \mathfrak{D}_{\frac{1}{2}} = \mathfrak{D}_0 + \mathfrak{D}_1$) erfüllt sich also nicht.

ausgesandten Spektrallinien sind, wie man sich leicht überlegt, annähernd proportional zu den Produkten der Entartungsgrade $(2 J + 1)$ $(2 J' + 1)$ von Anfangs- und Endniveau. In Abb. 4 sind für einige Doubletterme die erlaubten Interkombinationen sowie die Lagen und Intensitäten der Linien eingezeichnet.

Die Auswahlregel für w ist genau die Laportesche Regel (vgl. § 19). Die Auswahlregel für M tritt in Kraft bei einer axialsymmetrischen Störung, welche die $(2 J + 1)$-fache Drehungsausartung aufhebt (Zeeman- oder Starkeffekt). Die Verhältnisse der Inten-

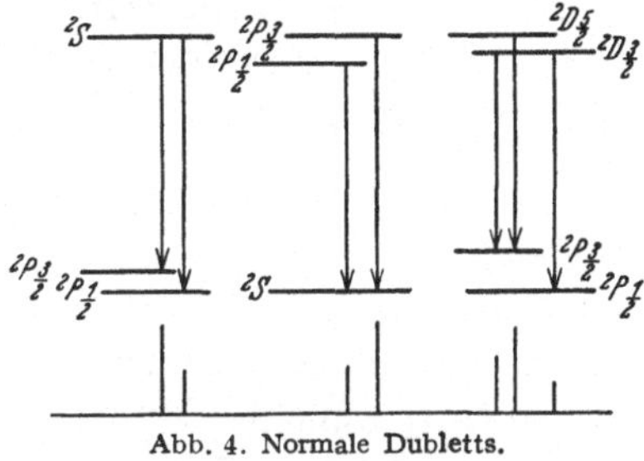

Abb. 4. Normale Dubletts.

sitäten der bei einer kleinen derartigen Störung ausgesandten Aufspaltungslinien können aus den Gleichungen (19. 9) entnommen werden.

Sodann gelten, solange die Multiplettaufspaltung (Spinwirkung) klein ist, also insbesondere bei den leichteren Elementen, die Auswahlregeln

$$L \to L - 1, \quad L, \quad L + 1 \qquad (\text{außer } 0 \to 0)$$
$$S \to S, \tag{25.7}$$

denn wenn man die approximativen Eigenfunktionen (25. 2) mit x, y oder z multipliziert und nach denselben Funktionen entwickelt, so geschieht das einfach dadurch, daß die Produkte $u_\lambda v_\mu \ldots$ ungeändert gelassen werden und die $x\,\psi^{(\alpha)}$ usw. nach den $\psi^{(\beta)}$ entwickelt werden; es treten also dieselben Terme $\psi^{(\beta)}$ auf, die auch ohne Spinstörung vorkamen und mithin der alten Auswahlregel für L genügen müssen, während die Spinfunktionen $u_\lambda v_\mu \ldots$ sowie ihre Linearkombinationen, die zu der Darstellung $\mathfrak{D}_S$ gehören, bei der Entwicklung überhaupt ungeändert bleiben.

Durch Vermittlung der Spinstörung können (insbesondere bei den schwereren Elementen) Linien ausgesandt werden, welche gegen die Verbote (25. 7) verstoßen. So sind z. B. bei den schwereren Elementen Kombinationen zwischen Triplett- und Singulettermen sehr häufig.

Die Regel $S \to S$ besagt, daß das ganze Serienspektrum eines Elementes zerfällt in verschiedene Liniensysteme, die je zu einem Termsystem mit einem S-Wert gehören. Diese Termsysteme heißen Singulett-, Dublett-, ... Systeme nach dem Schema (25. 5). Zwischen den verschiedenen Systemen sind, wie schon bemerkt, unter Umständen Interkombinationen möglich.

Beispiel: Bei den leichteren Atomen mit zwei Leuchtelektronen (He, Be, Mg) treten ein Singulett- und ein Triplettsystem auf, die nicht miteinander interkombinieren (siehe Abb. 6 auf S. 111). Die S-Terme in beiden Systemen sind Singuletts, trotzdem redet man von einem ^3S (sprich: Triplett S) Term, wenn der Term dem Triplettsystem angehört. Die Größe der Multiplettaufspaltung kann auf Grund von plausiblen Annahmen über die Wechselwirkungsenergie von Spin und Bahnbewegung berechnet werden[1].

Der anomale Zeemaneffekt. Das in der magnetischen Feldstärke lineare Störungsglied der Wellengleichung heißt nach § 22 für ein homogenes Feld $\mathfrak{H}_z$ in der z-Richtung

$$\varkappa\,\mathfrak{H}\cdot(\mathfrak{L}+2\,\mathfrak{S})=\varkappa\,\mathfrak{H}\cdot(\mathfrak{M}+\mathfrak{S})=\varkappa\,\mathfrak{H}_z\,(M_z+S_z)\,.$$

Nehmen wir zunächst an, die Störung sei klein in Beziehung auf die Multiplettaufspaltung (schwaches Magnetfeld), so kommt es nach der Störungsrechnung darauf an, für eine Schar $\mathfrak{R}_{2J+1}$ von Eigenfunktionen, die zu einer Linie des Multipletts gehört, den Ausdruck $(M_z + S_z)\,\psi_J^{(M)}$ zu bilden, diesen nach den $\psi_{J'}^{(M')}$ zu entwickeln und aus der Entwicklung die Glieder $\psi_J^{(M')}$, die zur *selben* linearen Schar $\mathfrak{R}_{2J+1}$ gehören, herauszusuchen. Wegen $M_z\,\psi_J^{(M)}=M\,\psi_J^{(M)}$ haben wir nur noch $S_z\,\psi_J^{(M)}$ auszuwerten. Nehmen wir noch $S_x\,\psi_J^{(M)}$ und $S_y\,\psi_J^{(M)}$ hinzu, so haben wir $3\,(2\,J+1)$ Funktionen, die sich nach $\mathfrak{D}_1 \times \mathfrak{D}_J$ transformieren, nach den $\psi_{J'}^{(M')}$ zu entwickeln. Nach § 19 sind bei einer solchen Entwicklung alle Koeffizienten, die sich auf einen Raum $\mathfrak{R}_{2J+1}$ beziehen, rein gruppentheoretisch bis auf einen Faktor eindeutig bestimmt. Sind also S'_x, S'_y, S'_z die Operatoren, die aus S_x, S_y, S_z entstehen, indem man aus der Reihenentwicklung alle Glieder wegläßt, die sich nicht auf den Raum $\mathfrak{R}_{2J+1}$ beziehen und werden M'_x, M'_y, M'_z analog gebildet, so müssen notwendig die S'_x, S'_y, S'_z bis auf einen Faktor β mit M'_x, M'_y, M'_z übereinstimmen

$$S'_x = \beta\,M'_x, \qquad S'_y = \beta\,M'_y, \qquad S'_z = \beta\,M'_z\,.$$

Daraus folgt

$$(M'_z + S'_z)\,\psi_J^{(M)} = (1+\beta)\,M'_z\,\psi_J^{(M)} = (1+\beta)\,M\,\psi_J^{(M)},$$

mithin sind die $\psi_J^{(M)}$ die Eigenfunktionen des gestörten Problems in erster Annäherung und $(1+\beta)\,M\varkappa\mathfrak{H}_z$ ist die magnetische Aufspaltung.

Um den Aufspaltungsfaktor $g = 1 + \beta$ zu bestimmen, wenden wir folgenden Kunstgriff an: Wir bilden das Skalarprodukt

$$(\mathfrak{S}'\mathfrak{M}') = (\mathfrak{M}'\mathfrak{S}') = \beta\,\mathfrak{M}'^2 = \beta\,J\,(J+1)\,.$$

Sodann ist

$$\mathfrak{L}^2 = (\mathfrak{M}-\mathfrak{S})^2 = \mathfrak{M}^2 - \mathfrak{M}\mathfrak{S} - \mathfrak{S}\mathfrak{M} + \mathfrak{S}^2\,.$$

Beschränkt man sich in der letzten Gleichung links und rechts wieder auf den Teil der Operatoren, die sich auf den Raum $\mathfrak{R}_{2J+1}$ beziehen und beachtet, daß alle Linien eines Multipletts approximativ zum

---

[1] Siehe W. Heisenberg: Z. f. Physik Bd. 39 (1926) S. 499, sowie S. Goudsmit: Phys. Rev. Bd. 31 (1928) S. 946.

Eigenwert $L(L+1)$ von $\mathfrak{L}^2$ und zum Eigenwert $S(S+1)$ von $\mathfrak{S}^2$ gehören, so erhält man (bei kleiner Multiplettaufspaltung)

$$L(L+1) = J(J+1) - 2\beta J(J+1) + S(S+1).$$

Daraus errechnet man β und

$$g = 1 + \beta = 1 + \frac{J(J+1) + S(S+1) - L(L-1)}{2J(J+1)}.$$

Die Formel ist in Übereinstimmung mit der Erfahrung [vgl. die Landésche empirische Gleichung (21.1) für $S = \tfrac{1}{2}$]. Zusammen mit der Auswahlregel $M \to M+1$, M, $M-1$ und den Intensitätsregeln bestimmt sie die typische Zeemanaufspaltung, die bei jedem Quantensprung $L \to L'$, $S \to S'$, $J \to J'$ wiederkehrt. Zwei Beispiele davon sind in Abb. 5 dargestellt. Die parallel zum Magnetfeld polarisierten Linien sind in der Abbildung nach oben, die übrigen nach unten gerichtet. Zum Vergleich ist beide Male ein normaler Zeemaneffekt im gleichen Maßstab gezeichnet.

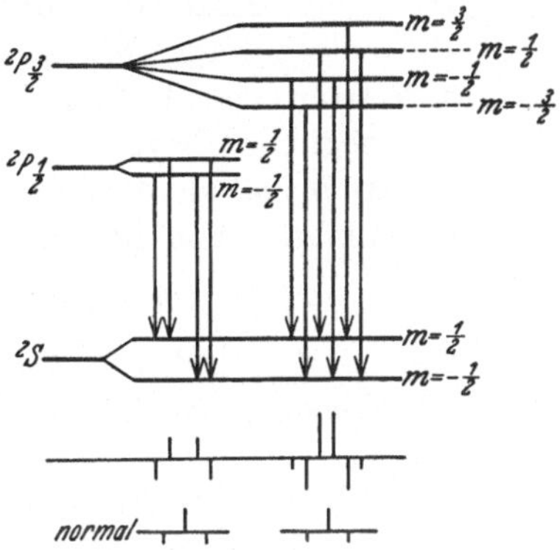

Abb. 5. Zeemantypen $^2P \leftarrow\!\!\to {}^2S$.

Ist die magnetische Aufspaltung von derselben Größenordnung wie die Multiplettaufspaltung (stärkeres Magnetfeld), so hat man die beiden Störungen gleichzeitig zu behandeln. Auf die lineare Schar der $(2L+1)(2S+1)$ Eigenfunktionen

$$\psi_L^{(m)}\, w_S^{(m')}$$

wirken die magnetische Störung W

$$W\,\psi_L^{(m)}\, w_S^{(m')} = \varkappa\,\mathfrak{H}_z(L_z + 2S_z)\,\psi_L^{(m)}\, w_S^{(m')} = \varkappa\,\mathfrak{H}_z\,(m + 2m')\,\psi_L^{(m)}\, \psi_S^{(m')}$$

und die zentralsymmetrische Spinstörung V, deren Eigenfunktionen die Linearkombinationen

$$\psi_J^{(M)} = \sum_m c_{mm'}^J\, \psi_L^{(m)}\, w_S^{(m')} \qquad (m + m' = M)$$

sind (vgl. (18.3)), und deren Eigenwerte etwa empirisch aus der Lage der Multiplettterme bestimmt werden können:

$$V\,\psi_J^{(M)} = \varepsilon_J\,\psi_J^{(M)}.$$

Dadurch ist die Matrix für V, bezogen auf die Basis der $\psi_J^{(M)}$, bekannt. Um die gesamte Störung $V + W$ zu berechnen, muß man zuerst V auf die alte Basis $\psi_L^{(m)}\, w_S^{(m')}$ beziehen. Bezeichnet man die Matrix der $c_{mm'}^J = c_{mm'}^{JM}$ (mit J und M als Spalten-, m und m' als Zeilenindices) mit Q und die Diagonalmatrix der ε_J mit R, so lautet die Matrix für V, bezogen auf die alte Basis

$$Q\,R\,Q^{-1}.$$

Daher lautet die Säkulargleichung, wenn W die Diagonalmatrix der $\varkappa\mathfrak{H}_z(m+2m')$ ist:

$$|W + Q\,R\,Q^{-1} - \zeta E| = 0, \tag{25.8}$$

oder, wenn man mit der Determinante $|Q|$ multipliziert:

$$|W Q + Q\,R - \zeta Q| = 0. \tag{25.9}$$

Die Auflösung dieser Gleichung wird erleichtert durch die Bemerkung, daß alle betrachteten Matrices in Bestandteile zerfallen, die den einzelnen Werten von $M = m + m'$ entsprechen. Zu jedem M gehören gewisse mögliche Werte von J als Spaltenindices und ebenso viele Wertepaare m, m' als Zeilenindices. Die zu einem Wert von M gehörige Teildeterminante von (25. 9) lautet

$$\left|\varkappa\,\mathfrak{H}_z\,(m + 2\,m')\,c_{mm'}^{J} + c_{mm'}^{J}\,(\varepsilon_J - \zeta)\right| = 0. \tag{25.10}$$

Die Zahlen $c_{mm'}^{J}$ sind aus (18. 2) zu entnehmen. Im Fall des Dubletts sind alle Gleichungen (25. 10) linear oder quadratisch und daher leicht zu lösen[1].

Zerspaltet man ebenso die Gleichung (25. 8) in Teilgleichungen, die je zu einem Wert von M gehören und beachtet, daß die Summe der Wurzeln gleich der Spur der Matrix $W + Q R Q^{-1}$ ist, so folgt sehr leicht der *Summensatz*: *Die Summe der Aufspaltungen* $(\zeta - \varepsilon_J)$ *ist für jeden Wert von* M *eine lineare Funktion der Feldstärke* $\mathfrak{H}_z$, *nämlich*

$$\varkappa\,\mathfrak{H}_z\,\sum_{m+m'=M}(m + 2\,m').$$

Der Koeffizient von $\varkappa\mathfrak{H}_z$ muß natürlich mit dem früher für schwache Felder gefundenen Wert $M\sum g(J)$ übereinstimmen.

Im Fall sehr starker Felder, wenn die magnetische Aufspaltung groß gegen die Multiplettaufspaltung ε_z ist, kann man in erster Näherung die ε_J ganz vernachlässigen und findet als Eigenfunktionen die $\psi_L^{(m)}\,\psi_S^{(m')}$, als Eigenwerte $m + 2m'$. Für diesen Fall gelten die Auswahlregeln

$$m \to m + 1,\, m,\, m - 1,$$
$$m' \to m',$$

mithin erhält man nur einen normalen Zeemaneffekt. Für sehr starke Felder verwandelt sich also der anomale Zeemaneffekt in einen normalen (*Paschen-Backeffekt*). Die Terme werden natürlich durch die Spinstörung weiter aufgespalten.

---

[1] HEISENBERG, W., u. P. JORDAN: Anwendung der Quantenmechanik auf das Problem der anomalen Zeemaneffekte, Z. f. Physik Bd. **37** (1926) S. 263. DARWIN, K.: Proc. Roy. Soc. (A) Bd. **118** (1928) S. 264.

V. Die Permutationsgruppe und das Pauliverbot.

§ 26. Die Resonanz gleicher Individuen[1].

Ein stationärer Zustand eines Systems von zwei Elektronen (ohne Spin) wird bei Vernachlässigung der Wechselwirkungsenergie durch eine Eigenfunktion der Gestalt

$$\psi(q_1, q_2) = \psi_1(q_1)\,\psi_2(q_2) \tag{26.1}$$

gegeben, wo ψ_1 und ψ_2 Eigenfunktionen der einzelnen Elektronen sind. Sind E_1 und E_2 die Energiewerte der einzelnen Elektronen, so ist $E = E_1 + E_2$ der zu (26. 1) gehörige Energiewert. Zum gleichen Energiewert gehört aber auch eine andere Eigenfunktion, die durch die Vertauschung (1 2) der Elektronen aus (26. 1) entsteht:

$$\psi' = (1\ 2)\,\psi = \psi_1(q_2)\,\psi_2(q_1)\,. \tag{26.2}$$

Wir betrachten nun die Wechselwirkung als Störung. Da die Wechselwirkungsenergie mit der Permutation (1 2) vertauschbar ist, müssen beide gleichzeitig auf Hauptachsen transformierbar sein. Die Hauptachsentransformation der Permutation (1 2) ergibt die folgenden Linearkombinationen:

$$\psi_s = \psi + (1\ 2)\,\psi\,.$$
$$\psi_a = \psi - (1\ 2)\,\psi\,.$$

Diese symmetrischen und antisymmetrischen Eigenfunktionen gehören zu den beiden verschiedenen Darstellungen ersten Grades der Permutationsgruppe $\mathfrak{S}_2$. Durch die Wechselwirkung der Elektronen treten die zu ψ_s und ψ_a gehörigen Terme auseinander, doch bleiben sie stets symmetrisch bzw. antisymmetrisch, denn jede mögliche Störung wirkt auf beide Elektronen nach dem gleichen Gesetz und führt daher symmetrische Funktionen ψ_s wieder in symmetrische und ebenso antisymmetrische ψ_a wieder in antisymmetrische Funktionen über.

Setzt man, wenn W die Wechselwirkungsenergie ist (also $H = H_0 + W$ die ganze Energie), die Reihenentwicklung für $W\psi$ so an:

$$W\psi = w\,\psi + w'\psi' + \cdots; \qquad w = (\psi, W\psi); \qquad w' = (\psi', W\psi);$$

so erhält man durch Ausüben der Operation (1 2):

$$W\psi' = w\,\psi' + w'\psi + \cdots.$$

Wenn es keine weiteren Eigenfunktionen zum gleichen Eigenwert gibt, so wird nach der Störungsrechnung die Termaufspaltung durch Hauptachsentransformation der Matrix

$$\begin{pmatrix} w & w' \\ w' & w \end{pmatrix}$$

gefunden. Sie geschieht, wie schon bemerkt, durch Einführung der Linearkombinationen $\psi + \psi' = \psi_s$ und $\psi - \psi' = \psi_a$. Es ist

$$W(\psi + \psi') = (w + w')\,(\psi + \psi') + \cdots,$$
$$W(\psi - \psi') = (w - w')\,(\psi - \psi') + \cdots.$$

---

[1] HEISENBERG, W.: Z. f. Physik Bd. 38 (1926) S. 411.

Die Termwerte sind also (in erster Approximation):

$$\text{für} \quad \psi_s: \quad E_1 + E_2 + w + w',$$
$$\text{für} \quad \psi_a: \quad E_1 + E_2 + w - w'.$$

Die Terme liegen also auf beiden Seiten vom Mittelwert

$$E_1 + E_2 + w = (\psi, H_0\,\psi) + (\psi, W\,\psi) = (\psi, H\,\psi),$$

welcher gleich dem Energiemittelwert im Zustand ψ ist. Die Aufspaltung ist gleich dem doppelten „*Austauschintegral*":

$$w' = (\psi', W\,\psi).$$

Da $W = \dfrac{e^2}{r_{12}}$ die elektrostatische Wechselwirkungsenergie ist, so ist

$$w' = e^2 \int \frac{\overline{\psi}'\,\psi}{r_{12}}\,dq = e^2 \int \frac{\overline{\psi}_1\,(q_2)\,\overline{\psi}_2\,(q_1)\,\psi_1\,(q_1)\,\psi_2\,(q_2)}{r_{12}}\,dq\,.$$

Der Faktor $\dfrac{1}{r_{12}}$ ist am größten, wenn q_2 nahezu gleich q_1 ist, dann ist aber der Zähler nahezu gleich dem positiven Ausdruck $\psi_1\,(q_1)\,\overline{\psi}_1\,(q_1)\,\psi_2\,(q_1)\,\overline{\psi}_2\,(q_1)$. Mithin ist anzunehmen, daß beim Atom das Austauschintegral in der Regel positiv sein wird. Daraus folgt, daß in der Regel der symmetrische Term (ψ_s) höher, der antisymmetrische (ψ_a) tiefer liegt.

Wir können die symmetrischen und antisymmetrischen Zustände durch einen „Symmetriecharakter" $\chi = \pm\,1$, der durch

$$(1\ 2)\,\psi = \chi\,\psi$$

definiert wird, voneinander unterscheiden.

Wenn die beiden Elektronen in gleichen Zuständen sind: $\psi_1 = \psi_2$, so ist nur der symmetrische Zustand ψ_s des Systems möglich, da $\psi_a = 0$ wird.

Die Auswahlregel für den Symmetriecharakter χ ist leicht zu erhalten. Eine symmetrische bzw. antisymmetrische Eigenfunktion ergibt bei der Multiplikation mit $\sum x$, $\sum y$ oder $\sum z$ immer wieder ebensolche Funktionen, in deren Reihenentwicklung also auch nur symmetrische bzw. antisymmetrische Terme vorkommen können. Also lautet die Auswahlregel:

$$\chi \rightarrow \chi\,.$$

Die Rechnung für Helium (ohne Spin) ergab die Größenordnung der symmetrischen und antisymmetrischen Terme in Übereinstimmung mit der Erfahrung[1]. Nach der Theorie des § 25 müßte jeder Term sich weiter in ein Triplett und ein Singulett spalten. In Wirklichkeit zeigen die symmetrischen Terme nur Singuletts, die antisymmetrischen nur Tripletts (siehe Abb. 6). Den Grund dafür werden wir noch kennenlernen. Die symmetrischen Terme kombinieren nur untereinander und die antisymmetrischen ebenfalls. Im Grundzustand des He sind

---

[1] HEISENBERG, W.: Z. f. Physik Bd. 39 (1926) S. 499.

beide Elektronen auf dem tiefsten s-Niveau, also ist $\psi_1 = \psi_2$ und $\chi = 1$.

Auch beim Wasserstoffmolekül H_2 (und ähnlich bei He_2, N_2, O_2 usw.) liegen die Verhältnisse ähnlich. Die Eigenfunktion ψ enthält die Koordinaten von zwei Kernen und zwei Elektronen. Bei Vertauschung der Kerne nehmen die symmetrischen Eigenfunktionen den Faktor $\chi = 1$ und die antisymmetrischen den Faktor -1 an. Übergänge sind hier nur möglich durch Vermittlung der Kernmomente, deren magnetische Wirkung aber äußerst klein ist. Man kann also gewissermaßen zwei Arten

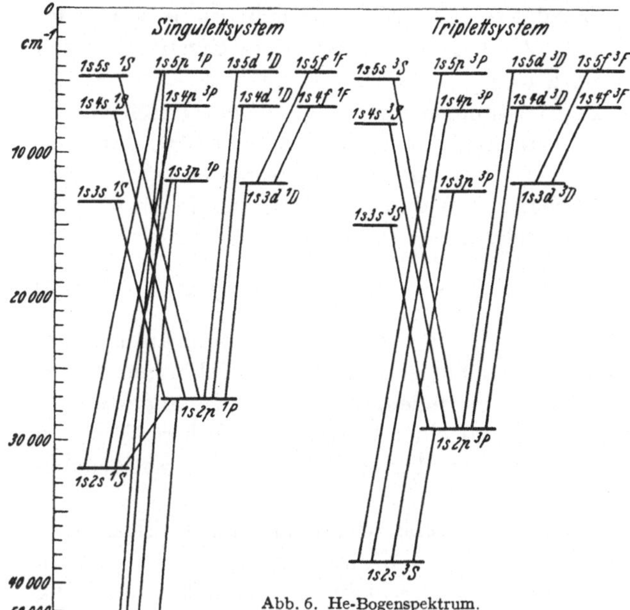

Abb. 6. He-Bogenspektrum.

von Wasserstoffmolekülen unterscheiden: die symmetrischen und die antisymmetrischen, welche auch verschiedene Spektren besitzen (Ortho- und Parawasserstoff).

Die besprochene „Austauscherscheinung" bei zwei oder mehr Elektronen durchkreuzt sich nun mit der Drehungsentartung. Das Hauptprinzip dabei ist, daß die Permutationen nicht nur mit der Energie, sondern auch mit allen Drehungen vertauschbar sind und man daher auf jeder Energiestufe die beiden Gruppen: Drehungs- und Permutationsgruppe nach § 13 gleichzeitig ausreduzieren kann. Im Fall zweier Elektronen bedeutet das einfach, daß die symmetrischen und die antisymmetrischen Eigenfunktionen auf jeder Energiestufe je eine drehungsinvariante Schar bilden, welche also beide getrennt nach der Drehungsgruppe ausreduziert werden können.

Eine ψ-Funktion eines einzelnen Elektrons ohne Spin möge fortan durch ein Symbol $\psi\,(nlm\,|\,q)$ dargestellt werden, wo n die Hauptquantenzahl, l die innere und m oder m_l die magnetische Quantenzahl ist. Betrachten wir nun zwei Elektronen und vernachlässigen wieder zunächst ihre Wechselwirkung! Bildet man aus zwei drehungsinvarianten linearen Scharen $\psi\,(n\,l\mid q_1)$ und $\psi\,(n'\,l'\mid q_2)$ von Eigenfunktionen der einzelnen Elektronen die $(2\,l+1)\,(2\,l'+1)$ Produkte

$$\psi = \psi\,(n\,l\,m\mid q_1)\,\psi\,(n'\,l'\,m'\mid q_2) \qquad (26.3)$$

sowie die vertauschten Produkte $(1\,2)\,\psi$, so hat man für $n \neq n'$ oder $l \neq l'$ insgesamt $2\,(2\,l+1)\,(2\,l'+1)$ (approximative) Eigenfunktionen zum gleichen Energiewert $E = E_1 + E_2$. Die Summen $\psi + (1\,2)\,\psi$ und die Differenzen $\psi - (1\,2)\,\psi$ bestimmen zwei lineare Teilscharen von je $(2\,l+1)\,(2\,l'+1)$ linear unabhängigen, symmetrischen bzw. antisymmetrischen Funktionen. Bei Drehungen transformieren sich beide Scharen ebenso wie die Scharen (ψ) und $(1\,2)\,(\psi)$, aus denen sie entstanden sind, nach der Darstellung

$$\mathfrak{D}_l \times \mathfrak{D}_{l'} = \mathfrak{D}_{l+l'} + \mathfrak{D}_{l+l'-1} + \cdots + \mathfrak{D}_{|l-l'|} = \sum \mathfrak{D}_L. \qquad (26.4)$$

Durch die Wechselwirkung treten die symmetrischen und antisymmetrischen Terme sowie die zu verschiedenen L-Werten gehörigen Terme auseinander, und wir erhalten zu jedem der in (26.3) angegebenen L-Werte einen symmetrischen und einen antisymmetrischen Term. In der Regel liegen die symmetrischen Terme höher als die antisymmetrischen.

Etwas komplizierter wird die Sache, wenn die beiden Elektronen „sich in derselben Bahn befinden", d. h. wenn $n = n'$, $l = l'$ ist. In diesem Fall können die Produkte $(1\,2)\,\psi$ nicht nur durch Vertauschung von q_1 und q_2 in (26.3), sondern auch durch Vertauschung von m mit m' erhalten werden, d. h., die $(1\,2)\,\psi$ sind schon in der Schar (26.3) enthalten und es gibt nur $(2\,l+1)^2$ linear unabhängige Eigenfunktionen in der Schar. Die symmetrischen Eigenfunktionen sind, wenn in (26.3) die Indices $n,\,l$ unerdrückt werden:

$$\psi + (1\,2)\,\psi = \psi\,(m\mid q_1)\,\psi\,(m'\mid q_2) + \psi\,(m'\mid q_1)\,\psi\,(m\mid q_2),$$

und die antisymmetrischen:

$$\psi - (1\,2)\,\psi = \psi\,(m\mid q_1)\,\psi\,(m'\mid q_2) - \psi\,(m'\mid q_1)\,\psi\,(m\mid q_1).$$

Wir können im symmetrischen Fall $m \geqq m'$, im antisymmetrischen Fall $m > m'$ annehmen. Der Eigenwert des Operators L_z ist für beide angeschriebenen Funktionen $M = m + m'$. Wir betrachten etwa den Fall $l = 2$. Die möglichen Werte von M sind dann:

im symmetrischen Fall

$$
\begin{aligned}
(m = 2)\ M &= 4, 3, 2, 1, 0 \\
(m = 1)\ M &= 2, 1, 0, -1 \\
(m = 0)\ M &= 0, -1, -2 \\
(m = -1)\ M &= -2, -3 \\
(m = -2)\ M &= -4;
\end{aligned}
$$

im antisymmetrischen Fall:

$$\begin{aligned}
(m = 2)\ M &= 3, 2, 1, 0 \\
(m = 1)\ M &= \ 1, 0, -1 \\
(m = 0)\ M &= \ -1, -2 \\
(m = -1)\ M &= \ -3 \,.
\end{aligned}$$

Daraus ersieht man: die größten beiden Werte $M = 4, 3$ (bzw. $M = 3, 2$ im anderen Fall) kommen je einmal vor, die nächstkleineren beiden $M = 2, 1$ (bzw. $1, 0$) je zweimal, der nächste $M = 0$ dreimal. Die negativen Werte von M brauchen uns nicht zu interessieren. Faßt man nun die Werte von M in Serien $L, L-1, \ldots, -L$ zusammen, immer mit dem größten M anfangend nach der Vorschrift von § 17, so erhält man für die symmetrischen Eigenfunktionen die Darstellungen

$$\mathfrak{D}_{2l} \quad + \mathfrak{D}_{2l-2} + \cdots + \mathfrak{D}_0 \quad \text{(in unserem Fall } \mathfrak{D}_4 + \mathfrak{D}_2 + \mathfrak{D}_0),$$

für die antisymmetrischen Eigenfunktionen die Darstellungen

$$\mathfrak{D}_{2l-1} + \mathfrak{D}_{2l-3} + \cdots + \mathfrak{D}_1 \quad \text{(in unserem Fall } \mathfrak{D}_3 + \mathfrak{D}_1)\,.$$

Beim Mehrelektronenproblem wird die Sache entsprechend komplizierter. Zu der symmetrischen und der antisymmetrischen Darstellung treten noch andere mögliche Darstellungen der Permutationsgruppe hinzu (vgl. die Beispiele in § 14). Die einzigen Darstellungen ersten Grades sind die symmetrische und die antisymmetrische; alle anderen sind von höherem Grad. Es hat aber keinen Sinn, dieser Sache genauer nachzugehen, bevor wir nicht ein Gesetz kennen, welches die Anzahl der Möglichkeiten sehr beschränkt: das Pauli-Verbot.

§ 27. Das Pauliverbot und das periodische System der Elemente[1].

Es sei zunächst an folgende Tatsachen erinnert. Die möglichen Zustände für ein Leuchtelektron im Feld eines abgeschirmten Kerns sind, in der Reihenfolge wachsender Energie, folgende:

$$1s, \ 2s, \ 2p, \ 3s, \ 3p, \ldots \quad \text{(siehe Abb. 2 und 6)}.$$

Im Coulombfeld (H, He$^+$) ist die Hauptquantenzahl allein für die Lage der Terme entscheidend, aber je mehr das Feld von einem Coulombfeld abweicht, um so tiefer rücken vor allem die s-, aber auch die p-Terme. Wenn der Atomrumpf immer die Gesamtladung eines Wasserstoffkerns hat, so wird im allgemeinen bei wachsender Kernladungszahl die Abweichung vom Coulombfeld immer größer.

Ob der auf $3p$ folgende Term $3d$ oder $4s$ ist, hängt von den Abschirmungsverhältnissen ab: bei hochwertigen Ionen liegt $3d$ tiefer, bei Atomrümpfen mit der Ladungszahl 1 ist aber meistens $4s$ der

---

[1] Vgl. F. Hund: Linienspektren und periodisches System der Elemente. Berlin 1927.

tiefere Term. Die Lagen der untersten Terme $1s$, $2s$, $2p$, $3s$ sind so sehr verschieden, daß man bei unbekannten tiefen Termen meistens schon aus der Größenordnung der Ionisierungsenergie allein die Nummer vorhersagen kann.

Man würde nun erwarten, daß bei unangeregten Atomen alle Elektronen sich auf dem tiefsten Niveau, also im Zustand $1s$ befinden. Das ist aber nicht der Fall, sondern es zeigt sich ein ganz anderes Verhalten, das eng mit der Existenz des periodischen Systems zusammenhängt.

Das periodische System der Elemente fängt so an:

0	I	II	III	IV	V	VI	VII	VIII		
	1. H									
2. He	3. Li	4. Be	5. B	6. C	7. N	8. O	9. F			
10. Ne	11. Na	12. Mg	13. Al	14. Si	15. P	16. S	17. Cl			
18. Ar	19. K	20. Ca	[21. Sc	[22. Ti	[23. V	[24.Cr	[25.Mn	[26. Fe	[27. Co	[28. Ni

Der Grundzustand des H sowie des He$^+$ ist die tiefste s-Bahn mit der Hauptquantenzahl $n = 1$, also die $1s$-Bahn. Im Grundzustand des He-Atoms befinden sich beide Elektronen auf der $1s$-Bahn. Der Übergang zum nächsten Element Li besteht in der Erhöhung der Kernladungszahl um 1 und dem Einfangen eines neuen Elektrons, das als Valenzelektron fungiert.

Dieses Valenzelektron befindet sich aber im Grundzustand, wie die Abb. 2 (S. 15) zeigt, nicht auf der $1s$-, sondern auf der $2s$-Bahn (der Term $1s$ müßte ja tiefer liegen als der Grundterm des H und sogar des He!). Ebenso befinden sich beim Be im Grundzustand beide Valenzelektronen auf der $2s$-Bahn, wie aus den Ionisierungsenergien dieser Elektronen hervorgeht. Die Leuchtelektronen der nun folgenden Elemente B, C, N, O, F befinden sich weder in der tiefsten Bahn $1s$, noch in der nächsten $2s$, sondern in der $2p$-Bahn. Beim Neon ist die Anzahl der Elektronen auf $2 + 2 + 6$ gewachsen und die lockersten Elektronen sind (nach der langsam zunehmenden Ionisierungsspannung zu schließen) immer noch in der $2p$-Bahn.

Das nächste Element Na hat wieder ein wasserstoffähnliches Spektrum (wie Li); der tiefste Term des Leuchtelektrons ist ein s-Term, der höher liegt als der Grundterm $2s$ des Li, also (mindestens) $3s$ sein muß. Das nächste Mg hat zwei $3s$-Elektronen, und nun wiederholt sich in der zweiten Zeile des periodischen Systems dasselbe, was wir in der ersten schon gesehen haben. Beim K in der dritten Zeile erniedrigt sich wieder die Ionisierungsspannung: der Grundterm des K ist ein s-Term und liegt höher als der Grundterm des Na; wir schreiben daher dem Leuchtelektron die Hauptquantenzahl 4 zu.

Dieser schalenförmige Aufbau des Atoms wird durch die Röntgen-spektroskopie bestätigt. Das gesamte Erfahrungsmaterial bestätigt die folgende *Regel von* STONER: Auf jeder s-Bahn (mit bestimmter Hauptquantenzahl) haben zwei Elektronen Platz, auf jeder p-Bahn sechs, allgemein auf jeder Bahn mit festen Quantenzahlen n und l die Maximalzahl von $2\,(2l+1)$ Elektronen[1].

Demnach ist beim He mit zwei Elektronen die $1s$-Bahn vollbesetzt, beim Be mit $2+2$ Elektronen die $1s$- und $2s$-Bahnen, beim Neon mit $2+2+6$ Elektronen die $1s$-, $2s$- und $2p$-Bahnen, beim Mg auch noch die $3s$-, beim Ar die $3s$- und $3p$-Bahnen, genau im Takt des periodischen Systems. K und Ca sind noch analog zu Na und Mg: bei ihnen wird die $4s$-Bahn besetzt. Von Sc an ist der Verlauf aber anders als in den ersten beiden Perioden, weil jetzt die $3d$-Elektronen sich an der Konkurrenz beteiligen. Es kommen zuerst zehn $3\,d$-, sodann sechs $4\,p$-Elektronen hinzu, bis diese beiden Schalen mit 16 Elektronen vollbesetzt sind. Beim Edelgas Xe mit 36 Elektronen endigt die erste „lange Periode“ des Systems. Dann fängt die zweite an, die ganz analog verläuft. Beim Auftreten der f-Elektronen (Gruppe der seltenen Erden) geht die bisherige Ordnung ganz verloren, wie es nach den chemischen Erfahrungen auch sein muß.

Um die Stonersche Regel zu erklären, stellte PAULI[2] das *Verbot der äquivalenten Bahnen* auf: *Es dürfen nie zwei Elektronen eines Atoms sich in demselben Quantenzustand befinden, d. h. dieselben Quantenzahlen (n, l, j, m) besitzen.* Bei festem n, l sind demnach die Werte $j = l \pm \tfrac{1}{2}$ und $m = j,\ j-1,\ \ldots,\ -j$, also insgesamt $(2l+2) + 2l = 2\,(2l+1)$ Wertekombinationen möglich, wie es die Stonersche Regel verlangt.

In der hier gegebenen Form ist das Pauli-Verbot noch nicht drehungsinvariant. Nehmen wir etwa den Fall zweier s-Elektronen mit Eigenfunktionen

$$\psi^{(1)} = \psi(q)\,u_1 \quad \text{und} \quad \psi^{(2)} = \psi(q)\,u_2$$

(Spin parallel bzw. entgegengesetzt zur Z-Achse). Nach dem Pauli-Verbot wären (bei Vernachlässigung der Wechselwirkung der Elektronen) die Eigenfunktionen[3]

$$\psi^{(1)}(1)\,\psi^{(1)}(2) \quad \text{und} \quad \psi^{(2)}(1)\,\psi^{(2)}(2)$$

für das Elektronenpaar verboten, dagegen z. B.

$$\psi^{(1)}(1)\,\psi^{(2)}(2)$$

erlaubt. Durch die Operation L_q (vgl. § 17), die sich aus infinitesimalen Drehungen zusammensetzt $(L_q = iI_x + I_y)$, geht das angegebene erlaubte Produkt über in

$$\psi^{(1)}(1)\,\psi^{(1)}(2),$$

also in ein verbotenes.

---

[1] STONER, E. C.: Phil. Mag. Bd. 48 (1924) S. 719.

[2] PAULI, W.: Z. f. Physik Bd. 31 (1925) S. 765.

[3] 1 steht für die Argumente q_1, σ_{1z}, ebenso 2 für q_2, σ_{2z}, usw.

Ein drehungsinvariantes Verbot erhält man aber, wenn man verlangt: *Die Eigenfunktionen eines Elektronensystems sollen (als Funktionen der Orts- und Spinkoordinaten) antisymmetrisch sein, d. h. bei jeder Vertauschung zweier Elektronen ihr Vorzeichen ändern.*

In unserem Fall wäre

$$\psi^{(1)}(1)\,\psi^{(2)}(2) - \psi^{(2)}(1)\,\psi^{(1)}(2)$$

die einzige erlaubte Eigenfunktion. Im allgemeinen Fall hat man, um aus f Elektronen-Eigenfunktionen $\psi_1, \ldots, \psi_f$ eine antisymmetrische Eigenfunktion herzuleiten, die alternierende Summe

$$\psi = \sum \delta_P\, P\, \psi_1(q_1, \sigma_1)\, \psi_2(q_2, \sigma_2) \cdots \psi_f(q_f, \sigma_f) \tag{27.1}$$

zu bilden, wo P alle Permutationen durchläuft und $\delta_P = \pm 1$ ist, je nachdem P eine gerade oder eine ungerade Permutation ist. Man überzeugt sich leicht, daß die Summe (27.1) die *einzige* antisymmetrische Linearkombination ihrer Glieder ist. Der Ausdruck (27.1) wird gleich Null, wenn zwei ψ einander gleich sind (oder überhaupt im Falle einer linearen Abhängigkeit zwischen den ψ); das Verbot der äquivalenten Quantenbahnen ist somit eine Folge der Antisymmetrie.

Aus der zeitabhängigen Schroedingergleichung

$$\frac{h}{i}\frac{\partial \psi}{\partial t} + H\psi = 0$$

folgt leicht, daß eine Funktion ψ, welche zu Anfang antisymmetrisch ist, es in ewige Zeiten bleibt, sobald alle Elektronen im Energieoperator H in gleicher Weise vorkommen. Das Pauli-Verbot braucht also nur zu irgendeiner Zeit erfüllt zu sein, dann kann es durch keine physikalisch mögliche Störung je erschüttert werden.

Es ist nützlich zu bemerken, daß man als Quantenzahlen für ein einzelnes Elektron (immer bei Vernachlässigung der Wechselwirkung und der Spinstörung) statt n, l, j, m auch (n, l, m_l, m_s) $(m_s = \pm \tfrac{1}{2}; m_l = l, l-1, \ldots, -l)$ wählen kann. Die einfachsten Eigenfunktionen eines einzelnen Elektrons sind nämlich die Produkte

$$\psi(n\,l\,m_l)\,u_\lambda \quad (m_s = \tfrac{1}{2} \text{ für } u_1; \ m_s = -\tfrac{1}{2} \text{ für } u_2) \tag{27.2}$$

und man kann den antisymmetrischen Ausdruck (27.1) natürlich aus *irgendeinem* System von f linearunabhängigen ψ-Funktionen eines einzelnen Elektrons bilden.

Wir wollen nun den Fall betrachten, daß die Maximalzahl $f = 2(2l+1)$ von Elektronen mit denselben Quantenzahlen n, l in eine Eigenfunktion (27.1) vereinigt werden. Übt man auf die Bahnkoordinaten $q_1, \ldots, q_f$ gleichzeitig eine Drehung D aus, so werden die ψ_ν nur linear transformiert und der Ausdruck (27.1) bleibt (bis auf einen Faktor) ungeändert. Die ganze drehungsinvariante Schar, der die Funktion ψ angehört, besteht somit nur aus einem Glied, d. h. es handelt sich um einen S-Term $(L = 0)$. Dasselbe gilt, wenn man die

Drehung D auf die Spinkoordinaten ausübt; mithin ist die Spinzahl $S = 0$ und somit auch $J = 0$. Mithin: *Eine mit* $2(2l+1)$ *Elektronen vollbesetzte Schale hat immer Kugelsymmetrie und ist spinfrei.* Aus solchen vollbesetzten Schalen bestehen, wie wir sahen, die Atome He, Be, Ne, Mg, Ar, Ca im Grundzustand, und ebenso die „Atomrümpfe" der Alkalien Li, Na, K. Dementsprechend haben auch die erstgenannten Atome und die Ionen der letztgenannten als Grundzustände immer ^1S-Terme.

Besonders „abgeschlossen", d. h. schwer auseinander zu zerren, ist die vollbesetzte Schale dann, wenn eine möglichst große Anzahl von Elektronen möglichst fest gebunden, d. h. möglichst nahe beim Kern ist. Das ist der Fall bei den Elementen

> He (zwei $1s$-Elektronen),
> Ne (zwei $1s$-, zwei $2s$-, sechs $2p$-Elektronen),
> Ar (dasselbe und zwei $3s$- und sechs $3p$-Elektronen),

also bei den Edelgasen, die dementsprechend auch keine chemisch beobachtbaren Bindungen eingehen[1]. Daß beim Be (zwei $1s$- und zwei $2s$-Elektronen) aus der Gruppe der Erdalkalien diese Abgeschlossenheit noch nicht eingetreten ist, liegt daran, daß die $2s$-Elektronen bei der relativ kleinen Kernladungszahl 4 noch nicht so fest eingefangen sind, wie z. B. die $1s$-Elektronen beim He. Kommen aber noch die sechs $2p$-Elektronen mit derselben Hauptquantenzahl 2 hinzu, so sind alle Elektronen fest gebunden, während kein neues eindringen kann, und man hat das Edelgas Ne.

Beim nächsten Edelgas Ar würde man annehmen, daß neben den zwei $3s$- und den sechs $3p$-Elektronen noch für zehn $3d$-Elektronen Platz wäre. Das ist aber nicht der Fall, weil für ein d-Elektron die Abschirmung des Kernes durch die übrigen Elektronen ziemlich vollständig ist und daher die d-Elektronen eine relativ kleine Anziehung vom Kern erfahren[2]. Dementsprechend wird auch bei den auf Ar folgenden Elementen K, Ca, . . . nicht zuerst die $3d$-Schale ausgebildet, sondern zuerst die $4s$-Schale (beim K und Ca). Erst nach Vollbesetzung der $4s$-, $3d$- und $4p$-Schalen kommt wieder ein Edelgas, nämlich Xe zustande.

Jedesmal folgen auf ein Edelgas ein Alkali- und ein Erdalkalimetall, bei denen das eine bzw. die zwei hinzukommenden Elektronen lockerer gebunden und daher auch relativ leicht zu entfernen sind: das erklärt die leichte Bildung der einwertigen Ionen Li^+, Na^+, K^+, Rb^+, Cs^+ und

---

[1] Spektroskopisch ist z. B. das Molekül He_2 wahrgenommen. Es ist aber nicht sehr stabil und entsteht nur bei angeregten He-Atomen, nicht aus zwei He-Atomen im Grundzustand.

[2] Je höher l ist, desto weniger tief „dringt die Bahn in das Atom ein", oder exakt quantenmechanisch: desto weiter vom Kern liegen die größten Werte der ψ-Funktion.

der zweiwertigen Ionen Be^{++}, Mg^{++}, Ca^{++}, Sr^{++}, Ba^{++}. Der abgeschlossene Rumpf des Li, Na, K usw. wirkt nach außen kugelsymmetrisch ($L = 0, S = 0, J = 0$) und sein Vorhandensein erhöht die Termmannigfaltigkeit des vom Leuchtelektron ausgesandten Spektrums nicht. Daher haben alle diese Metalle ein „wasserstoffähnliches Spektrum". Dasselbe gilt für die „Funkenspektren" der Ionen Be$^+$, Mg$^+$, Ca$^+$, usw.

Wie man sieht, erklärt das Pauliverbot den Aufbau des periodischen Systems und die typischen chemischen und spektroskopischen Eigenschaften z. B. der Edelgase, der Alkalien und Erdalkalien, die ohne es völlig unverständlich wären. Wir werden im nächsten Paragraphen genauer erörtern, wie sich die Termspektren der verschiedenen Elemente nach dem Pauliverbot gestalten.

§ 28. Die Eigenfunktionen des Atoms nach dem Pauliverbot.

Die Eigenfunktionen eines Mehrelektronensystems brauchen natürlich in den Ortskoordinaten allein oder in den Spinkoordinaten allein nicht antisymmetrisch zu sein. Bei zwei Elektronen z. B. kann die ψ-Funktion in den Ortskoordinaten allein entweder symmetrisch oder antisymmetrisch sein, dann muß sie aber in den Spinkoordinaten gerade umgekehrt antisymmetrisch bzw. symmetrisch sein, damit insgesamt bei Vertauschung von den Orts- *und* Spinkoordinaten der beiden Elektronen das Vorzeichen der ψ-Funktion sich umkehrt.

Wenn man für die Spinfunktionen der beiden einzelnen Elektronen wieder die Basisgrößen u_1, u_2 bzw. v_1, v_2 zugrunde legt, so kommt als antisymmetrische Spinfunktion des Elektronenpaares nur

$$u_1 v_2 - u_2 v_1$$

in Betracht; für diese ist, da sie bei Drehungen nur in sich selbst transformiert werden kann, $S = 0$. Als symmetrische Spinfunktionen kommen dagegen

$$u_1 v_1, \qquad u_1 v_2 + u_2 v_1, \qquad u_2 v_2$$

in Betracht. Diese bestimmen eine drehungsinvariante lineare Schar. Die Eigenwerte des Operators S_z sind für unsere drei Funktionen

$$m_s = 1, \qquad 0, \qquad -1,$$

mithin transformiert sich unsere Schar notwendig nach $\mathfrak{D}_1$, d. h. es ist $S = 1$. Beachten wir noch, daß zufolge des Pauliverbotes zu einer antisymmetrischen Spinfunktion eine symmetrische Ortsfunktion gehören muß, so folgt: *Bei zwei Elektronen gehört zu einer symmetrischen Ortsfunktion stets eine Spinfunktion mit $S = 0$ und daher ein Singulettterm, dagegen zu einer antisymmetrischen Ortsfunktion eine Spinfunktion mit $S = 1$ und daher ein Triplettterm.*

Damit ist die schon in § 26 bemerkte Tatsache, daß beim Helium die symmetrischen Eigenfunktionen nur Singuletterme, die antisymmetrischen nur Tripletterme haben, erklärt. Das Entsprechende gilt daher auch für alle Atome, die außerhalb eines abgeschlossenen Rumpfes zwei Leuchtelektronen haben, wie Be, Mg, Ca usw. Der Grundzustand dieser Atome ist immer ein ^1S-Term, denn wenn beide Elektronen in der niedersten erlaubten s-Bahn sind, ist die Eigenfunktion notwendig symmetrisch.

Bei mehr als zwei Elektronen gestaltet sich die Frage: „Wie transformieren sich die Eigenfunktionen als Funktionen der Ortskoordinaten allein oder als Funktionen der Spinkoordinaten allein bei Permutationen?" wesentlich komplizierter durch das Auftreten der nichtlinearen Darstellungen der Permutationsgruppe. Denken wir uns zunächst (bei Vernachlässigung der Spinstörung) die Eigenfunktionen als Produkte

$$\psi_b (q_1, \ldots, q_f) u_\lambda v_\mu \cdots w_\nu \qquad (28.1)$$

bzw. Linearkombinationen von solchen, wo die ψ_b die unter Berücksichtigung der elektrostatischen Wechselwirkung, aber ohne Spin gebildeten Eigenfunktionen sind, so erleiden die Ausdrücke (28. 1) auf jeder Energiestufe vier miteinander vertauschbare Gruppen von linearen Transformationen

die Drehungen des q-Raumes,
die Drehungen des Spinraumes.
die Permutationen der $q_1, \ldots, q_f$,
die Permutationen der $u, v, \ldots, w$.

Die *erste* Methode, das Benehmen der Funktionen (28. 1) bei diesen Gruppen zu untersuchen und dem Pauliprinzip Rechnung zu tragen, besteht darin, daß man zunächst für die Raumfunktionen allein die beiden vertauschbaren Transformationsgruppen ausreduziert, also die Eigenfunktionen in Rechtecke anordnet, deren Zeilen sich nach irgendeiner irreduziblen Darstellung $\mathfrak{D}_L$ der Drehungsgruppe und deren Spalten sich nach einer irreduziblen Darstellung $\varDelta$ der Permutationsgruppe transformieren (siehe § 13). Die Spalten werden durch Zahlen $m_L (= L, L-1, \ldots, -L)$ numeriert. Im allgemeinen wird zu jeder Energiestufe nur ein solches Rechteck gehören (d. h., es wäre eine „zufällige Entartung", wenn es nicht so wäre).

Sodann nimmt man für die Spinfunktionen allein dieselbe Reduktion vor: das ergibt wieder Rechtecke mit Spaltennummern $m_S = S$, $S-1, \ldots, -S$ und Darstellungen $\mathfrak{D}_S$ und $\varDelta'$. Schließlich sucht man aus den erhaltenen Raum- und Spinfunktionen diejenigen heraus, welche dem Pauliprinzip genügen, d. h. antisymmetrisch gegenüber Permutationen sind. Offenbar gehören die Produkte von Raum- und Spinfunktionen, welche einzeln bei Permutationen nach $\varDelta$ und $\varDelta'$ transformiert werden, zur Produktdarstellung $\varDelta \times \varDelta'$; es handelt sich also darum, ob diese Produktdarstellung $\varDelta \times \varDelta'$ bei der Ausreduktion die antisymmetrische Darstellung $\mathfrak{A}$ als Bestandteil enthält. Nach dem

Satz von § 12 ist diese Frage äquivalent mit der anderen, ob im Produkt $\Delta \times \Delta' \times \mathfrak{A}$ die identische Darstellung, oder auch mit der, ob im Produkt $\Delta \times \mathfrak{A}$ die zu Δ' kontragrediente Darstellung $\tilde{\Delta}'$ enthalten ist. Da nun die Darstellung $\Delta \times \mathfrak{A}$ irreduzibel ist, so ist $\tilde{\Delta}'$ nur dann darin enthalten, wenn

$$\Delta \times \mathfrak{A} = \tilde{\Delta}' \qquad \text{oder} \qquad \Delta = \tilde{\Delta}' \times \mathfrak{A} \tag{28.2}$$

ist. Wenn diese Beziehung zwischen den Darstellungen Δ und Δ' besteht, so gibt es im Produktraum eine antisymmetrische Eigenfunktion, sonst keine. D. h., wenn die Beziehung erfüllt ist, so kann man aus jeder Spalte des Bahnfunktionenrechteckes $(\mathfrak{D}_L, \Delta)$ und jeder Spalte des Spinrechteckes eine antisymmetrische Bahnspinfunktion $\psi^{(m_L \cdot m_S)}$ bilden, und da das für alle Spaltenpaare gilt, so nimmt m_L darin alle Werte $L, L-, \ldots, -L$ und m_S alle Werte $S, S-1, \ldots, -S$ an; man erhält somit insgesamt einen sich nach $\mathfrak{D}_L \times \mathfrak{D}_S$ transformierenden Multipletterm, der dem Pauliprinzip genügt.

Diese „erste Methode" ist in den ersten Abhandlungen über die gruppentheoretische Ordnung des Linienspektrums immer befolgt worden. Zu ihrer vollständigen Ausführung (bis zur Klassifikation der möglichen Terme und Berechnung ihrer Eigenwerte in erster Approximation) benötigt man die wirkliche Aufstellung der Darstellungen Δ und Δ', die Berechnung ihrer Charaktere und ihre Beziehung zu den Darstellungen $\mathfrak{D}_L$ und $\mathfrak{D}_S$. Für die Durchführung möge auf das Buch von H. WEYL[1] verwiesen werden.

Es gibt aber eine zweite, im Prinzip schon ältere, neuerdings vor allem von J. C. SLATER[2] erfolgreich angewendete Methode, die mit viel einfacheren Hilfsmitteln auskommt und insbesondere die Darstellungstheorie der Permutationsgruppe nicht benötigt. Sie besteht darin, daß man auf die Diskussion der Permutationen der Bahnen allein oder des Spins allein verzichtet, nur beide zugleich permutiert und sich dabei von vornherein auf die antisymmetrischen Eigenfunktionen

$$\sum \delta_P \, P \, \psi_b \, (q_1, \ldots, q_f) \, u_\lambda v_\mu \cdots w_\nu; \quad \delta_P = \begin{cases} +1 \ \text{für } P \text{ gerade} \\ -1 \ \text{für } P \text{ ungerade} \end{cases} \tag{28.3}$$

beschränkt. Diese antisymmetrischen Eigenfunktionen werden sowohl bei den Drehungen des q-Raumes als auch bei denen des Spinraumes stets wieder in antisymmetrische übergeführt; man kann also im Raum der Funktionen (28.3) wieder die beiden miteinander vertauschbaren Gruppen von Transformationen, die durch diese Drehungen induziert werden, ausreduzieren und erhält jeweils ein Rechteck, dessen Zeilen bei Raumdrehungen nach $\mathfrak{D}_L$ und dessen Spalten bei Spindrehungen

---

[1] WEYL, H.: Gruppentheorie und Quantenmechanik, 2. Aufl. 1931.
[2] SLATER, J. C.: Phys. Rev. Bd. 34 (2) (1929) S. 1293.

nach $\mathfrak{D}_S$ transformiert werden. Bei gleichzeitiger Spin- und Raumdrehung erleidet das ganze Rechteck natürlich die Transformation $\mathfrak{D}_L \times \mathfrak{D}_S = \sum \mathfrak{D}_J$. Die Terme $\mathfrak{D}_J$ treten durch die Spinstörung auseinander, genau wie im § 25, und wir sehen: *das Pauliverbot verbietet nie einen Teil eines Multipletts, sondern entweder wird das ganze Multiplett verboten oder es wird ganz zugelassen.*

Wir wollen nun mit der zweiten Methode die Frage beantworten: Welche Multipletts können aus gegebenen Elektronentermen entstehen?

Vernachlässigen wir zunächst die Wechselwirkung zwischen den Elektronen, so können wir in (28. 3) die Funktion ψ_b durch ein Produkt

$$\psi_b = \psi\,(n_1\,|\,q_1)(n_2\,|\,q_2)\,\ldots\,(n_f\,|\,q_f)$$

ersetzen. Dabei bedeutet die einzelne Quantenzahl n_ν eigentlich ein Zahlentripel (n, l, m_l). Die Funktion ψ_b kann also durch ein Verzeichnis der vorkommenden Werttripel (n, l, m_l) näher bestimmt werden. Um auch noch anzugeben, mit welchem Produkt $u_\lambda\,v_\mu\cdots w_\nu$ die Funktion ψ_b in (28. 3) multipliziert wird, fügen wir in jeder Klammer noch ein Symbol $+$ oder $-$ hinzu, welches für $m_s = +\frac{1}{2}$ oder $-\frac{1}{2}$ steht (also $+$ für einen Faktor u_1, $-$ für einen Faktor u_2). Z. B. wird die Eigenfunktion

$$\sum \delta_P\,P\,\psi\,(2\ 1\ 1\,|\,q_1)\,\psi\,(2\ 1\ 0\,|\,q_2)\,\psi\,(2\ 1\ 0\,|\,q_3)\,u_1\,v_1\,w_2 \qquad (28.4)$$

durch das Symbol

$$(2\ 1\ 1\,+)(2\ 1\ 0\,+)(2\ 1\ 0\,-)$$

angegeben werden. Da es auf das Vorzeichen der Funktion (28. 4) nicht ankommt, so kommt es auf die Reihenfolge der Symbole (n, l, m_l, m_s) nicht an. Zwei Elektronen mit gleichen Symbolen (n, l, m_l, m_s) dürfen nicht vorkommen, da sonst die Summe (28. 4) Null ergeben würde.

Sind die n, l der verschiedenen Elektronen vorgegeben und lassen wir die m_l, m_s variieren, so erhalten wir eine ganze Reihe von Symbolen. Zu jedem Symbol können wir die Summen $M_L = \sum m_l$ und $M_S = \sum m_s$ berechnen und ein Verzeichnis der vorkommenden Wertpaare M_L, M_S machen. Z. B. sieht im Fall von drei $2p$-Elektronen das Verzeichnis so aus[1]

	M_L	M_S
$(2\ 1\ 1\,+)(2\ 1\ \ \ 0\,+)(2\ 1\,-1\,+)$	0	$\frac{3}{2}$
$(2\ 1\ 1\,+)(2\ 1\ \ \ 0\,+)(2\ 1\ \ \ 1\,-)$	2	$\frac{1}{2}$
$(2\ 1\ 1\,+)(2\ 1\ \ \ 0\,+)(2\ 1\ \ \ 0\,-)$	1	$\frac{1}{2}$
$(2\ 1\ 1\,+)(2\ 1\ \ \ 0\,+)(2\ 1\,-1\,-)$	0	$\frac{1}{2}$
$(2\ 1\ 1\,+)(2\ 1\,-1\,+)(2\ 1\ \ \ 1\,-)$	1	$\frac{1}{2}$
$(2\ 1\ 1\,+)(2\ 1\,-1\,+)(2\ 1\ \ \ 0\,-)$	0	$\frac{1}{2}$
$(2\ 1\ 1\,+)(2\ 1\,-1\,+)(2\ 1\,-1\,-)$	-1	$\frac{1}{2}$
$(2\ 1\ 0\,+)(2\ 1\,-1\,+)(2\ 1\ \ \ 1\,-)$	0	$\frac{1}{2}$
$(2\ 1\ 0\,+)(2\ 1\,-1\,+)(2\ 1\ \ \ 0\,-)$	-1	$\frac{1}{2}$
$(2\ 1\ 0\,+)(2\ 1\,-1\,+)(2\ 1\,-1\,-)$	-2	$\frac{1}{2}$

[1] Die negativen Werte von M_S sind in der Tabelle weggelassen, da sie nur Wiederholungen der positiven mit Umkehrung der Vorzeichen darstellen.

Nunmehr fassen wir die erhaltenen Wertpaare (M_L, M_S) in Doppelserien $(M_L = L, L-1, \ldots, -L;\ M_S = S, S-1, \ldots, -S)$ zusammen. Wir fangen dabei mit dem größten Wert S von M_S an und suchen den größten dazugehörigen Wert L von M_L. In unserem Fall wären die größten Werte $L = 0$, $S = \frac{3}{2}$. Die zugehörige Doppelserie umfaßt die Werte $M_L = 0$ und $M_S = \pm \frac{3}{2}$. Streicht man diese Werte aus der Tabelle aus, und sucht man aus den übrigbleibenden wieder den größten Wert M_S, so wäre dieser $S = \frac{1}{2}$ und das zugehörige $L = 2$; das ergibt die Serie $M_L = 2, 1, 0, -1, -2$ und $M_S = \pm \frac{1}{2}$. Schließlich bleibt noch eine Serie mit $M_L = 1, 0, -1$ und $M_S = \pm \frac{1}{2}$. Mithin ergeben drei $2p$-Elektronen die möglichen Terme

$$^4S\,(L = 0,\ S = \tfrac{3}{2}),\quad ^2D\,(L = 2,\ S = \tfrac{1}{2}),\quad ^2P\,(L = 1,\ S = \tfrac{1}{2}).$$

Das Ergebnis ist natürlich von der Hauptquantenzahl 2 unabhängig. Bezeichnen wir allgemein solche Elektronen, die zu gleichen Quantenzahlen n, l gehören, als *äquivalent*, so ergibt sich aus der obigen Rechnung: *Drei äquivalente p-Elektronen geben zu den Termen ^4S, ^2D, ^2P Anlaß.*

In genau derselben Weise kann man alle Fälle durchrechnen. Für den Fall von zwei Elektronen erhält man natürlich nur die uns schon bekannten Resultate wieder zurück: *Zwei inäquivalente Elektronen (n, l) und (n', l') ergeben erstens in den Bahnen symmetrische Singuletterme mit $L = l + l',\ l + l' - 1, \ldots, |\,l - l'\,|$ und zweitens in den Bahnen antisymmetrische Tripletterme mit denselben L-Werten. Zwei inäquivalente (n, l)-Elektronen ergeben dagegen nur die symmetrischen Singuletterme mit $L = 2l,\ 2l - 2, \ldots, 0$ und die antisymmetrischen Tripletterme mit $L = 2l - 1,\ 2l - 3, \ldots, 1$.* In der Regel liegen die Tripletterme tiefer als die Singuletterme.

Bevor wir die entsprechenden Sätze für mehr als zwei Elektronen zusammenstellen, formulieren wir einige allgemeine Regeln, die sich bei der Anwendung der obigen Methode ganz von selbst ergeben.

Regel 1. *Eine vollbesetzte Schale (n, l), wo also alle Wertepaare $m_l = l, l-1, \ldots, -l,\ m_s = s, \ldots, -s$ je einmal vertreten sind, erhöht die Termmannigfaltigkeit nicht:* sie kommt einfach ungeändert in allen Zeilen des Verzeichnisses vor und hat auf die Werte von M_L und M_S keinen Einfluß, da für sie $\sum m_l = 0$ und $\sum m_s = 0$ ist.

Vermöge dieser Regel hat man bei jedem Atom immer nur die relativ wenigen Elektronen wirklich in Rechnung zu bringen, die sich außerhalb der vollbesetzten Schalen befinden. Diese heißen *Leuchtelektronen*.

Regel 2. Hat man (nach Weglassung der vollbesetzten Schalen) zwei (oder mehr) *in*äquivalente Gruppen von äquivalenten Elektronen, so kann man zunächst einmal für beide Gruppen gesondert die Werte von $\sum m_l$ und $\sum m_s$ berechnen. Man erhält so gewisse Wertepaare M'_L, M'_S für die eine, M''_L, M''_S für die zweite Gruppe. Nachher hat man dann in *allen* möglichen Weisen $M_L = M'_L + M''_L$ und $M_S = M'_S + M''_S$ zu bilden und daraus in der bekannten Weise die Doppelserien ($M_L = L$, $L - 1, \ldots, - L$, $M_S = S$, $S - 1, \ldots, - S$) heraussuchen. Statt dessen kann man nun offenbar auch zuerst für die beiden Gruppen getrennt die Doppelserien (L', S') und (L'', S'') heraussuchen, dann jedes L' mit jedem L'' zusammensetzen nach der Regel $L = L' + L''$, $L' + L'' - 1$, $\ldots, |L' - L''|$ und ebenso jedes S' mit jedem S'' nach der Formel $S = S' + S''$, $S' + S'' - 1$, $\ldots, |S' - S''|$. Das Ergebnis ist zum Schluß dasselbe.

Beispiel. Welche Terme entstehen beim Stickstoffatom (7 Elektronen), wenn die $1s$- und $2s$-Bahnen vollbesetzt sind und außerdem zwei $2p$- und ein $3s$-Elektron vorhanden sind? Die beiden $2p$-Elektronen ergeben die Terme ${}^3P$ ($L' = S' = 1$), ${}^1D$ ($L' = 2, S' = 0$) und ${}^1S$ ($L' = 0, S' = 0$). Kombiniert man diese mit dem $3s$-Elektron ($l = 0, s = \frac{1}{2}$), so erhält man die Terme ${}^4P$, ${}^2P$; ${}^2D$; ${}^2S$. Als Termsymbol z. B. für den ${}^4P$-Term haben wir $1s^2\,2s^2\,2p^2\,3s\,{}^4P$ oder kurz, wenn man die vollbesetzten Schalen als selbstverständlich wegläßt, $2p^2\,3s\,{}^4P$. Der Term ist nur ein Triplett, gehört aber zum Quartettsystem (vgl. § 25).

Ganz allgemein beherrscht man auf Grund der Regel 2 alle Möglichkeiten sehr leicht, sobald nur die Möglichkeiten im Fall äquivalenter Elektronen bekannt sind. Äquivalente s-Elektronen gibt es nur höchstens 2, p-Elektronen höchstens 6 usw. Die Fälle von einem, zwei oder drei äquivalenten p-Elektronen haben wir schon diskutiert. Wenn man nun für 4 äquivalente p-Elektronen die möglichen Reihen von je 4 Symbolen (n, l, m_s, m_l) aufschreibt, so kann man sich die Arbeit erleichtern durch die Bemerkung, daß man statt 4 solcher Symbole jeweils auch die 2 zu einer vollbesetzten Schale noch fehlenden hätte aufschreiben können. Da nämlich $\sum m_l$ und $\sum m_s$ für eine vollbesetzte Schale stets Null sind, so haben diese Summen für die fehlenden 2 Elektronen immer den entgegengesetzten Wert wie für die anderen 4. Es genügt also, immer die zwei zu betrachten und nachher die Vorzeichen von M_L und M_S umzukehren. Von dieser Vorzeichenumkehrung bleiben aber die Doppelserien ($M_L = L, L - 1, \ldots, - L; M_S = S, S - 1, \ldots, - S$) unberührt, d. h.: vier äquivalente p-Elektronen geben genau dieselbe Termmannigfaltigkeit wie zwei.

Dieselbe Betrachtung gilt offenbar auch in anderen Fällen. Man erhält somit die folgende

Regel 3. *Vier äquivalente p-Elektronen ergeben dieselbe Termmannigfaltigkeit wie zwei solche und fünf dieselbe wie ein einziges. Ebenso geben sechs äquivalente d-Elektronen dasselbe wie vier, sieben dasselbe wie drei, acht wie zwei und neun wie ein einziges d-Elektron.*

Ich stelle hier die möglichen Terme für die wichtigsten Fälle bei äquivalenten s-, p- und d-Elektronen zusammen:

$$s^2 \qquad\qquad : \; {}^1S.$$
$$s^1 \qquad\qquad : \; {}^2S.$$
$$p^6 \qquad\qquad : \; {}^1S.$$
$$p^1 \quad \text{oder} \quad p^5 : \; {}^2P.$$
$$p^2 \quad \text{oder} \quad p^4 : \; {}^3P, \, {}^1D, \, {}^1S.$$
$$p^3 \qquad\qquad : \; {}^4S. \; {}^2D, \, {}^2P.$$
$$d^{10} \qquad\qquad : \; {}^1S.$$
$$d^1 \quad \text{oder} \quad d^9 : \; {}^2D.$$
$$d^2 \quad \text{oder} \quad d^8 : \; {}^3F, \, {}^3P, \, {}^1G, \, {}^1D, \, {}^1S.$$
$$d^3 \quad \text{oder} \quad d^7 : \; {}^4F, \, {}^4P, \, {}^2H, \, {}^2G, \, {}^2F, \, {}^2D, \, {}^2D, \, {}^2P.$$
$$d^4 \quad \text{oder} \quad d^6 : \; {}^5D, \, {}^3H, \, {}^3G, \, {}^3F, \, {}^3D. \; {}^3P, \, \text{usw.}$$
$$d^5 \qquad\qquad : \; {}^6S, \, {}^4G, \, {}^4F, \, {}^4D, \, {}^4P, \, \text{usw.}$$

Beispiel: Was ist der Grundzustand des Sauerstoffatoms? Wenn alle 8 Elektronen sukzessiv in die niedrigsten Bahnen gebracht werden, erhält man das Symbol $1s^2\,2s^2\,2p^4$. Abgesehen von den vollbesetzten Schalen haben wir 4 äquivalente p-Elektronen, also die Terme ${}^1S$, ${}^3P$, ${}^1D$. Nach einer bewährten empirischen Regel liegen die Terme höchster Multiplizität am tiefsten; in unserem Fall ist das der Tripletterm. Also hat der Grundzustand das Symbol

$$1s^2\,2s^2\,2p^4\,{}^3P \quad \text{oder kurz} \quad 2p^4\,{}^3P.$$

Der Term ist „gerade": $w = +1$ (vgl. § 18, 3).

Die niedrigsten mit dem Grundzustand kombinierenden Terme erhält man, wenn man von den $2s$- oder $2p$-Elektronen eines in eine höhere Bahn hebt. Hebt man ein $2s$-Elektron in die $2p$-Bahn, so erhält man die Elektronenkonfiguration $1s^2\,2s\,2p^5$ und die Terme ${}^3P$ und ${}^1P$, von denen nur der Tripletterm mit dem Grundzustand kombiniert. Hebt man ein $2p$-Elektron in die $3s$-Bahn, so erhält man die Konfiguration $2p^3\,3s$; die drei $2p$-Elektronen allein würden ${}^4S$, ${}^2P$, ${}^2D$ ergeben; nimmt man noch das $3s$-Elektron hinzu, so erhält man ${}^5S$, ${}^3S$; ${}^3P$, ${}^1P$; ${}^3D$, ${}^1D$. Mit dem Grundzustand kombinieren nur ${}^3S$, ${}^3P$, ${}^3D$. Nimmt man statt des $3s$-Elektrons ein $4s$-, $5s$- usw. Elektron, so erhält man drei Termserien ${}^3S$, ${}^3P$, ${}^3D$, deren Grenzen die Ionenterme $2p^3\,{}^4S$, $2p^3\,{}^2P$, $2p^3\,{}^2D$ sind.

Dem Leser sei empfohlen, in ähnlicher Weise die Grundzustände aller Elemente der ersten Zeile des periodischen Systems zu bestimmen. Für eine ausführlichere Diskussion der Spektren der einzelnen Elemente verweise ich auf das Buch von F. HUND[1].

---

[1] HUND, F.: Linienspektren und periodisches System der Elemente. Berlin 1927.

§ 29. Die approximative Berechnung der Energie.

Die völlige Vernachlässigung der Wechselwirkung der Elektronen gibt keine gute Approximation für die Energiewerte und Eigenfunktionen eines Atoms. Eine bedeutend bessere Annäherung erhält man jedoch, wenn man für jedes einzelne Elektron die Wirkung der anderen Elektronen in passender Weise durch eine *Abschirmung* des Kernfeldes ersetzt. Einen sehr brauchbaren Ansatz für diese Abschirmung erhält man nach HARTREE[1] durch die „Methode des self-consistent field". Man versucht bei dieser Methode, für jedes einzelne Elektron das Potential des abgeschirmten Feldes derart zu bestimmen, daß, wenn man in diesem Feld durch numerische Integration die Eigenfunktionen $\psi_a(q)$ des einzelnen (α-ten) Elektrons berechnet und dann für alle Elektronen bis auf das ν-te die gesamte Ladungsdichte

$$- e \sum_{\alpha \neq \nu} \overline{\psi}_\alpha \psi_\alpha$$

durch Mittelwertbildung gleichmäßig über jede Kugelfläche $r = $ const „verschmiert", dann diese Ladung und der Kern zusammen genau dasjenige Potentialfeld für das ν-te Elektron ergeben, von dem man ausgegangen ist. Es zeigt sich, daß man diese „mit sich selbst verträglichen" Felder durch sukzessive Approximationen hinreichend genau bestimmen kann. Die so gefundenen Energiewerte (wir bezeichnen sie mit E_0) stimmen in allen durchgerechneten Fällen recht gut mit den beobachteten Termwerten überein, und es ist daher anzunehmen, daß das Produkt der Hartreeschen Elektronen-Eigenfunktionen

$$\psi_b = \psi_1(q_1)\,\psi_2(q_2) \cdots \psi_f(q_f) \tag{29.1}$$

eine brauchbare Approximation für die Eigenfunktion des Systems liefern wird. Diese Annahme wird durch theoretische Erwägungen über die Größenordnung der außerdiagonalen Glieder der auf die Funktionen (29. 1) bezogenen Energiematrix bestätigt[2].

Um nun die Atomterme und ihre Aufspaltung durch die Wechselwirkung (ohne Spin) genauer zu berechnen, wendet man die Störungsrechnung an, wobei die Funktionen (29. 1) als erste Approximation benutzt werden. Es ist dabei zweckmäßig, die Abschirmungsfelder und damit die ψ-Funktionen etwas anders zu wählen, als HARTREE es tut, indem nämlich für alle Elektronen und alle Zustände ein und dasselbe (mittlere) Abschirmungsfeld gewählt wird. Dadurch erreichen wir, daß die Funktionen (29. 1) und ihre Permutationen sämtlich Eigenfunktionen ein und desselben „ungestörten" Operators

$$H_0 = - \frac{h^2}{2\mu} \sum_\alpha \Delta_\alpha + \sum_\alpha \left(- \frac{e^2 Z}{r_\alpha} + e\,U(r_\alpha) \right)$$

$$[U(r) = \text{Abschirmungspotential}]$$

---

[1] HARTREE D. R.: Proc. Cambr. Phil. Soc. Bd. 24 (1928) S. 89.

[2] GAUNT, J. A.: Proc. Cambr. Phil. Soc. Bd. 24 (1928) S. 328. SLATER, J. S.: Physic. Rev. Bd. 32 (1928) S. 339.

sind und daher auch ein Orthogonalsystem bilden, was für die Störungsrechnung bequem ist. Für die Eigenfunktionen ψ_b schreiben wir jetzt
genauer:

$$\psi_b = \psi(n_1 \mid q_1)\,\psi(n_2 \mid q_2)\cdots\psi(n_f \mid q_f)\,, \tag{29.2}$$

wo jedes n_ν abkürzend ein System von drei Quantenzahlen (n, l, m_l)
bezeichnet. Variiert man in (29. 2) die Quantenzahlen m_l und permutiert auch noch die Elektronen, so entsteht ein System von Funktionen ψ_b, die durch Nummern b voneinander unterschieden werden
mögen und die alle zum gleichen Eigenwert E_0 des Operators H_0 gehören.
Nehmen wir nun an, daß dieser Term E_0 von den benachbarten Termen
so weit entfernt ist, daß keine gegenseitige Störung eintritt, so wird
die Aufspaltung dieses Terms nach der Störungsrechnung errechnet
durch Hauptachsentransformation der Störungsmatrix (ω_{ab}). Diese
wird gefunden, indem der Störungsoperator (Wechselwirkung minus
Abschirmung)

$$W = \sum_{\varkappa,\lambda} \frac{e^2}{r_{\varkappa\lambda}} - \sum_{\lambda} e\,U(r_\lambda)$$

auf ψ_b ausgeübt und nach den Eigenfunktionen von H_0 entwickelt wird:

$$W\psi_b \sim \sum \omega_{ab}\,\psi_a + \cdots, \tag{29.3}$$

wobei es auf der rechten Seite nur auf die Glieder ankommt, welche
wieder zum System der ψ_b gehören.

Betrachten wir nun irgendein Glied des Operators W, z. B. das
Glied $\dfrac{e^2}{r_{12}}$. Multipliziert man (29. 2) mit diesem Ausdruck, so bleiben
die Faktoren $(n_3 \mid q_3)\cdots(n_f \mid q_f)$ ungeändert; man hat also nur noch
das Produkt

$$\frac{e^2}{r_{12}}\,\psi(n_1 \mid q_1)\,\psi(n_2 \mid q_2)$$

nach den Produkten $\psi(n_1' \mid q_1)\,\psi(n_2' \mid q_2)$ zu entwickeln, wobei es sogar
nur auf die Glieder ankommt, die durch Abänderung der Quanten-
zahlen m_l oder Vertauschung von q_1 und q_2 aus $\psi(n_1 \mid q_1)\,\psi(n_2 \mid q_2)$
entstehen. Die Entwicklungskoeffizienten sind:

$$A(n_1'\,n_2' \mid n_1\,n_2) = \iint \overline{\psi}(n_1' \mid q_1)\,\overline{\psi}(n_2' \mid q_2)\,\frac{e^2}{r_{12}}\,\psi(n_1 \mid q_1)\,\psi(n_2 \mid q_2)\,dq_1\,dq_2. \tag{29.4}$$

Analog sind die Ausdrücke $A(n_\lambda'\,n_\mu' \mid n_\lambda\,n_\mu)$ gebildet. Die aus den Ab-
schirmungspotentialen $U(r_\lambda)$ entstehenden Glieder von (29. 3) sind noch
leichter auszuwerten: man hat jeweils den Ausdruck $-e\,U(r_\lambda)\,\psi(n_\lambda \mid q_\nu)$
nach den $\psi(n_\lambda \mid q_\lambda)$ zu entwickeln, wobei der von r unabhängige
Faktor $Y_l^{(m)}$ (Kugelfunktion l-ter Stufe) von $\psi(n_\lambda \mid q_\lambda)$ ungeändert
bleibt und wobei es nur auf das Glied mit der gleichen Hauptquanten-
zahl $n' = n$ ankommt; der einzige von Null verschiedene Entwicklungs-
koeffizient ist also

$$B(n_\lambda) = B(n_\lambda \mid n_\lambda) = -\int \overline{\psi}(n_\lambda \mid q_\lambda)\,e\,U(r_\lambda)\,\psi(n_\lambda \mid q_\lambda)\,dq_\lambda\,, \tag{29.5}$$

wobei das Integral sogar durch ein Integral nach r_λ allein ersetzt werden kann und somit von der Quantenzahl m unabhängig ist.

Die Addition aller dieser Ausdrücke A und B ergibt die Elemente ω_{ab} der Störungsmatrix, deren Eigenwerte ζ_ν die korrigierten Energiewerte $E_\nu = E_0 + \zeta_\nu$ bestimmen.

Um die Hauptachsentransformation dieser Matrix (ω_{ab}) zu bewerkstelligen, hat man statt der ω_b neue Linearkombinationen einzuführen, die durch Ausreduktion der Drehungs- und der Permutationsgruppe bestimmt werden können. Von diesen Linearkombinationen braucht man wiederum nur diejenigen, welche dem Pauliprinzip genügen. Man kann daher die beiden Methoden des vorigen Paragraphen anwenden: entweder zuerst die spinlosen Funktionen (29. 2) ausreduzieren und nachher erst das Pauliverbot einführen, oder nach SLATER gleich den Spin einführen und die antisymmetrischen Linearkombinationen bilden. Bei beiden Methoden kann man sich das explizite Ausrechnen der richtigen Linearkombinationen ersparen durch gewisse Spurenbetrachtungen. Bei der ersten Methode braucht man dazu die Charaktere der symmetrischen Gruppe, bei der zweiten sind sie unnötig. Hier soll die zweite, einfachere Slatersche Methode befolgt werden.

Wir führen also gleich neben den Ortskoordinaten q Spinkoordinaten σ_z ein. An die Stelle der reinen Ortsfunktionen $\psi\,(n\mid q)$, die durch drei Quantenzahlen (n, l, m_l) bestimmt werden, treten Orts-Spinfunktionen $\psi(n, m_s \mid q, \sigma_z) = \psi\,(n\mid q)\cdot u_\lambda$, die durch vier Quantenzahlen (n, l, m_l, m_s) bestimmt werden. Wir schreiben für diese vier Quantenzahlen (n, l, m_l, m_s) ein einziges Symbol ϱ und für die Orts- und Spinkoordinaten q, σ_z ein einziges Symbol x. Statt (29. 2) haben wir also:

$$\psi_\beta = \psi\,(\varrho_1\mid x_1)\,\psi\,(\varrho_2\mid x_2)\cdots\psi\,(\varrho_f\mid x_f). \tag{29.6}$$

Die Nummer β steht abkürzend für eine Reihe von Symbolen $\varrho_1, \varrho_2, \ldots, \varrho_f$. Aus (29. 3) folgt durch Multiplikation mit den Spinfunktionen $u_\lambda v_\mu \cdots$:

$$W\,\psi_\beta = \sum \omega_{\alpha\beta}\,\psi_\alpha + \cdots, \tag{29.7}$$

wo die $\omega_{\alpha\beta}$ Summen von Ausdrücken folgender Art sind:

$$A\,(\varrho_\lambda'\,\varrho_\mu'\mid \varrho_\lambda\,\varrho_\mu) = \begin{cases} A\,(n_\lambda'\,n_\mu'\mid n_\lambda\,n_\mu) & \text{für} \quad m_{s\lambda}' = m_{s\lambda}, \quad m_{s\mu}' = m_{s\mu}, \\ 0 \text{ sonst} \end{cases} \tag{28.8}$$

und

$$B\,(\varrho_\lambda\mid \varrho_\lambda) = B\,(n_\lambda\mid n_\lambda).$$

Üben wir nun auf die Argumente $x_1, \ldots, x_f$ in (29. 6) die Permutation P aus oder, was dasselbe ist, üben wir auf die Quantenzahlsymbole $\varrho_1, \ldots, \varrho_f$ die Permutation P^{-1} aus, so entsteht aus ψ_β eine Funktion $P\,\psi_\beta$, welche wieder dem System der ψ_β angehört und daher mit $\psi_{P\beta}$ bezeichnet werden kann.

Wir bilden nun die antisymmetrischen Linearkombinationen

$$\Psi_\beta = \sum_P \delta_P \, P \, \psi_\beta.$$

Aus (29. 7) folgt durch Ausübung der mit W vertauschbaren Operationen $\sum \delta_P P$:

$$W\Psi_\beta = \sum \omega_{P\alpha,\,\beta}\Psi_\alpha + \cdots.$$

Hier kann rechts ein und dasselbe Glied Ψ_α mehrmals vorkommen, da ja neben Ψ_α auch $\Psi_{P\alpha} = \delta_P \Psi_\alpha$ mit den Koeffizienten $\omega_{P\alpha,\beta}$ vorkommt. Die Zusammenfassung aller dieser Glieder ergibt:

$$W\Psi_\beta = \sum \Psi_\alpha \Omega_{\alpha\beta}; \quad \Omega_{\alpha\beta} = \sum_P \delta_P \,\omega_{P\alpha,\beta}. \tag{29.9}$$

Es ist für das Folgende zweckmäßig, den Störungsoperator durch den vollen Energieoperator $H = H_0 + W$ zu ersetzen; seine Matrix $(\theta_{\alpha\beta})$ stimmt mit $(\Omega_{\alpha\beta})$ überein bis auf die Diagonalglieder:

$$\theta_{\beta\beta} = \Omega_{\beta\beta} + E_0. \tag{29.10}$$

Wir bezeichnen diese Matrix $(\theta_{\alpha\beta})$ einfach mit H. Ihre Eigenwerte sind die Energiewerte $E_\nu = E_0 + \zeta_\nu$.

Die Hauptachsentransformation der Matrix H wird wesentlich vereinfacht durch die folgende Bemerkung: Wenn die Funktion ψ_β in (29. 7) links zu bestimmten Eigenwerten $M_L = \sum m_l$ und $M_S = \sum m_s$ der Operatoren L_z und S_z gehört, so gehören auch alle Glieder rechts zu denselben Werten. Demzufolge zerfällt die Matrix $(\Omega_{\alpha\beta})$ und daher auch die Energiematrix H in so viele Teilmatrices $H(M_L, M_S)$, als es Wertepaare (M_L, M_S) gibt.

Für jedes Wertepaar (M_L, M_S) bilden wir nun die Spur der Matrix $H(M_L, M_S)$:

$$Sp(M_L, M_S) = \sum_{\substack{\Sigma m_l = M_L \\ \Sigma m_s = M_S}} \theta_{\beta\beta}. \tag{29.11}$$

Diese Spur muß für die auf Diagonalform transformierte Matrix $H(M_L, M_S)$ denselben Wert haben. Nun gehören zu jedem Energieterm E_ν gewisse Quantenzahlen L, S und $(2L + 1)(2S + 1)$ Eigenfunktionen

$$\Psi_{L,S}^{(M_L,M_S)} \qquad (-L \leqq M_L \leqq L, \quad -S \leqq M_S \leqq S),$$

denen je ein Diagonalglied E_ν der auf Diagonalform transformierten Matrices $H(M_L, M_S)$ entspricht. Folglich ist die Spur $Sp(M_L, M_S)$ der Matrix $H(M_L, M_S)$ gleich der Summe aller derjenigen Terme E_ν, deren $L \geqq |M_L|$ und deren $S \geqq |M_S|$ ist:

$$Sp(M_L, M_S) = \sum_{\substack{L \geqq |M_L| \\ S \geqq |M_S|}} E_\nu(L, S). \tag{29.12}$$

Sobald die Spuren linker Hand bekannt sind, hat man in (29. 12) ein lineares Gleichungssystem zur Bestimmung der Terme E_ν. Wenn insbesondere zu jedem Wertepaar (L, S) nur *ein* Term E_ν (L, S) gehört, wie es häufig der Fall ist, reicht das Gleichungssystem (29.12) zur Bestimmung aller E_ν aus.

Die Diagonalglieder $\theta_{\beta\beta}$, aus denen sich $S(M_L, M_S)$ zusammensetzt, sind aus (29.9) und (29.10) zu entnehmen:

$$\theta_{\beta\beta} = \Omega_{\beta\beta} + E_0 = \sum_P \delta_P \omega_{P\beta,\beta} + E_0. \qquad (29.13)$$

Zu ihrer Berechnung hat man in (29.7) rechts die Glieder mit $\alpha = P\beta$ oder $\psi_\alpha = P\psi_\beta$ zu suchen. Nun kommen in (29.7) nur solche Glieder rechts wirklich vor, bei denen höchstens zwei Quantenzahlsymbole $\varrho_\lambda, \varrho_\mu$ von ψ_β in $\varrho'_\lambda, \varrho'_\mu$ abgeändert sind; die Permutation P kann also nur die Identität $(\varrho'_\lambda = \varrho_\lambda, \varrho'_\mu = \varrho_\mu)$ oder eine Transposition (λ_μ) $(\varrho'_\lambda = \varrho_\mu, \varrho'_\mu = \varrho_\lambda)$ sein. Demnach kommen in (29.13) nur die Glieder

$$\begin{aligned}
\omega_{\beta\beta} &= \sum_{\lambda,\mu} A(\varrho_\lambda, \varrho_\mu \mid \varrho_\lambda, \varrho_\mu) + \sum_\lambda B(\varrho_\lambda \mid \varrho_\lambda), \\
\omega_{(\lambda\mu)\beta,\beta} &= A(\varrho_\lambda \varrho_\mu \mid \varrho_\mu \varrho_\lambda)
\end{aligned} \right\} \qquad (29.14)$$

wirklich vor. Das letzte Glied, das „Austauschintegral", ist nach (29.8) nur dann von Null verschieden, wenn die Spins des λ-ten und μ-ten Elektrons gleichgerichtet sind, während das erste $\omega_{\beta\beta}$ von den Spins unabhängig ist und einfach den Mittelwert der Störungsenergie W im Zustand ψ_β bedeutet. Die Glieder $B(\varrho_\lambda \mid \varrho_\lambda)$ sind sogar von den Quantenzahlen m_l unabhängig; wir wollen sie mit dem Glied E_0 von (29.13) zu einem einzigen Ausdruck

$$I = E_0 + \sum_\lambda B(\varrho_\lambda, \varrho_\lambda)$$

zusammenfassen. Setzen wir weiter

$$J(\varrho, \varrho') = A(\varrho\varrho' \mid \varrho\varrho'); \quad K(\varrho, \varrho') = A(\varrho\varrho' \mid \varrho'\varrho),$$

so wird nach (29.13):

$$\theta_{\beta\beta} = \theta(\varrho_1, \varrho_2, \ldots, \varrho_f) = I + \sum_{\lambda,\mu} J(\varrho_\lambda, \varrho_\mu) - \sum_{\lambda,\mu} K(\varrho_\lambda, \varrho_\mu). \qquad (29.15)$$

Die Glieder $I + \sum J$ in diesem Ausdruck geben die mittlere Energie des Zustandes ψ_β an. Das Austauschintegral K ist, wie in § 26 schon bemerkt, meistens positiv. Da für die Summe $\sum K$ nur die Elektronenpaare mit gleichgerichteten Spins in Betracht kommen, so ist $\sum K$ am größten, wenn möglichst viele Spins gleichgerichtet sind, also für die größten Werte von M_S und S. Daraus erklärt sich die empirische Regel, daß die Terme größter Multiplizität $2S + 1$ meistens am tiefsten liegen. Wie im übrigen die Lage der Terme sein wird, ergibt sich in jedem Einzelfall aus den Gleichungen (29.12).

Beispiel. Zwei Elektronen, von denen eines in einer s-Bahn. Etwa $ns, n'p$. (In den Fällen $ns, n's$ oder $ns, n'd$ usw. ist das Schema der Rechnung genau dasselbe.) Die möglichen Terme sind: ^1P, ^3P; die zugehörigen Termwerte werden ebenso bezeichnet. In den Gleichungen (29. 12) genügt es, $M_L = 0$ und $M_S = 0$ und 1 zu wählen. Man erhält aus (29. 12):

$$Sp(0, 0) = {}^1P + {}^3P,$$
$$Sp(0, 1) = {}^3P.$$

Nach (29. 11) und (29. 15) ist, wenn man die Symbole $\varrho_\lambda = (n\,l\,m_l\,m_s)$ ganz ausschreibt:

$$Sp(0, 1) = \theta(n\,0\,0\,+, n'\,1\,0\,+) = I + J(n\,0\,0, n'\,1\,0) - K(n\,0\,0, n'\,1\,0),$$
$$Sp(0, 0) = \theta(n\,0\,0\,+, n'\,1\,0\,-) + \theta(n\,0\,0\,-, n'\,1\,0\,+) = 2\theta(n\,0\,0\,-, n'\,1\,0\,+)$$
$$= 2I + 2J(n\,0\,0, n'\,1\,0).$$

Daraus folgt also

$$^3P = I + J - K,$$
$$^1P = I + J + K.$$

Die Differenz der beiden Terme ist also gleich dem doppelten Austauschintegral, wie im § 26.

Die Diskussion komplizierter Beispiele wird durch folgende Hilfsbetrachtung erleichtert: Wenn wir eine vollbesetzte Schale und noch ein Elektron x_f (mit Quantenzahlen n, l, m_l, m_s) betrachten, so entsteht aus jeder Eigenfunktion $\psi(\varrho_f, x_f)$ des einen Elektrons nur eine Eigenfunktion ψ_β des Systems, dessen Energie E_ν unabhängig von den Quantenzahlen $M_S = m_s$ und $M_L = m_l$ ist. Die Teilmatrices $H(M_L, M_S)$ haben je nur ein einziges Element $\theta_{\beta\beta} = I + \Sigma J - \Sigma K = E_\nu$; also muß $\Sigma J - \Sigma K$ von m_l und m_s unabhängig sein. Diejenigen Summanden in ΣJ und ΣK, welche die Wechselwirkung der Elektronenpaare innerhalb der abgeschlossenen Schale beschreiben, sind allein schon von m_l und m_s unabhängig, da sie mit den Quantenzahlen des äußeren Elektrons gar nichts zu tun haben. Mithin ist die Summe der Glieder in $\Sigma J - \Sigma K$, welche die Wechselwirkung des äußeren Elektrons x_f mit den Elektronen der vollbesetzten Schale beschreiben, unabhängig von den Quantenzahlen m_l, m_s dieses äußeren Elektrons.

Dieser Satz bleibt natürlich gelten, wenn außer dem einen Elektron und der abgeschlossenen Schale noch andere Elektronen vorhanden sind, denn die Werte der Integrale J und K, die sich immer nur auf zwei Elektronen beziehen, bleiben von dem Vorhandensein anderer unbeeinflußt. Die Glieder in ΣJ und ΣK, die sich auf solche Elektronenpaare beziehen, von denen ein oder beide Elektronen sich in der abgeschlossenen Schale befinden, ergeben zu allen Matrixelementen $\theta_{\beta\beta}$ und daher auch zu allen Energietermen E_ν einen festen Beitrag, d. h. das Vorhandensein der abgeschlossenen Schale beeinflußt wohl die Lage des Termsystems, aber nicht die Aufspaltung. Für die Berechnung der Aufspaltung kann man sich demnach auf die Elektronenpaare beschränken, welche außerhalb der abgeschlossenen Schale sich befinden.

Für die Auswertung der Integrale J und K, sowie für die Diskussion von weiteren Beispielen verweisen wir auf die Originalabhandlung von J. C. Slater[1].

§ 30. Die reinen Spinfunktionen und ihre Transformation bei Drehungen und Permutationen.

Durch die in § 28 und § 29 benutzte „zweite Methode" sind noch zwei Fragen unerledigt geblieben, nämlich: Zu welcher Darstellung der Permutationsgruppe gehören die aufgestellten Eigenfunktionen, wenn man vom Spin ganz absieht? Und mit welchen Spinfunktionen müssen sie multipliziert werden, wenn man die richtigen (antisymmetrischen) Wellenfunktionen erhalten will?

Um diese Fragen zu beantworten, müssen wir auf die „erste Methode" zurückgreifen, d. h. Raum- und Spinfunktionen trennen und für beide gesondert die Darstellungen der Drehungs- und Permutationsgruppe ausreduzieren. Wir wissen nach § 25, daß immer zwei zusammengehörige Darstellungen $\varDelta$ und $\varDelta'$ der Permutationsgruppe für die Raum- und Spinfunktionen in Betracht kommen, zwischen denen die Beziehung (28. 2) besteht. Es genügt demnach, $\varDelta'$ zu bestimmen und wir können uns auf reine Spinfunktionen beschränken.

Alle Spinfunktionen von f Elektronen setzen sich aus 2^f Produkten

$$u_\lambda v_\mu \cdots t_\nu \qquad (\lambda, \mu, \ldots = 1, 2) \qquad (30.1)$$

linear zusammen. Sie bilden also einen 2^f-dimensionalen Vektorraum $\mathfrak{R}$, der linear in sich transformiert wird erstens bei Permutationen der Elektronen, zweitens bei Drehungen des Raumes, oder, was dasselbe ist, bei gleichzeitiger unitärer Transformation der Variablenpaare $u_\lambda, v_\mu, \ldots, t_\nu$. Wir haben also in $\mathfrak{R}$ eine Darstellung π der Permutationsgruppe $\mathfrak{S}_f$ und eine Darstellung δ der unitären Gruppe $\mathfrak{u}_2$. Die Ausreduktion dieser beiden Darstellungen kann nach § 13 gleichzeitig geschehen, da die Operationen der beiden Gruppen miteinander vertauschbar sind. Es läßt sich aber noch mehr behaupten, nämlich:

Alle mit den Matrices des Systems π vertauschbaren Matrices T sind Linearkombinationen der Matrices des Systems δ.

Beweis. Die Transformation T sei durch

$$T\, u_\lambda v_\mu \cdots t_\nu = \sum c_{\lambda'\lambda,\, \mu'\mu,\, \ldots,\, \nu'\nu}\, u_{\lambda'} v_{\mu'} \cdots t_{\nu'} \qquad (30.2)$$

gegeben. Soll nun T mit den durch die Permutationen der Buchstaben $u, v, \ldots, w$ hervorgebrachten Transformationen vertauschbar sein, so müssen die Koeffizienten $c_{\lambda'\lambda,\, \mu'\mu,\, \ldots,\, \nu'\nu}$ bei Permutationen der Indexpaare in sich übergehen. Schreiben wir einen Index l statt

---

[1] Slater, J. C.: Phys. Rev. Bd. 34 (2) (1929) S. 1293.

des Indexpaares λ, λ', ebenso m statt μ, μ' usw., so muß also $c_{l,\,m,\,\ldots,\,n}$ in allen Indices symmetrisch sein.

Das System δ besteht aus allen Transformationen, die durch

$$u'_\lambda = \sum c_{\lambda'\lambda}\,u_{\lambda'}; \quad v'_\mu = \sum c_{\mu'\mu}\,u_{\mu'}; \ldots$$

mit

$$\begin{pmatrix} c_{11} & c_{12} \\ c_{21} & c_{22} \end{pmatrix} = \begin{pmatrix} \alpha & \beta \\ -\bar\beta & \bar\alpha \end{pmatrix} \quad \text{und} \quad \alpha\bar\alpha + \beta\bar\beta = 1$$

hervorgebracht werden; das ergibt

$$u'_\lambda\,u'_\mu \cdots w'_\nu = \sum c_{\lambda'\lambda}\,c_{\mu'\mu} \cdots c_{\nu'\nu}\,u_{\lambda'}\,v_{\mu'} \cdots w_{\nu'},$$

also jeweils eine Transformation (30. 2) mit Koeffizienten

$$c_{\lambda'\lambda,\,\mu'\mu,\,\ldots,\,\nu'\nu} = c_{\lambda'\lambda}\,c_{\mu'\mu} \cdots c_{\nu'\nu},$$

oder kurz

$$c_{l\,m\,\cdots\,n} = c_l\,c_m \cdots c_n. \tag{30.3}$$

Zu beweisen ist, daß alle symmetrischen $c_{l\,m\cdots n}$ Linearkombinationen der speziellen $c_{l\,m\cdots n}$ von (30. 3) sind, oder daß alle linearen Gleichungen

$$\sum \gamma_{l\,m\,\cdots\,n}\,c_{l\,m\,\cdots\,n} = 0, \tag{30.4}$$

welche für die speziellen $c_{l\,m\cdots n}$ (30. 3) gelten, auch für jedes symmetrische $c_{l\,m\cdots n}$ gelten.

Wir setzen

$$\left. \begin{aligned} c_{11} &= \alpha = a_1 + i\,a_2, & c_{12} &= \beta = a_3 + i\,a_4, \\ c_{22} &= \bar\alpha = a_1 - i\,a_2, & c_{21} &= -\bar\beta = -a_3 + i\,a_4. \end{aligned} \right\} \tag{30.5}$$

Wenn nun eine Gleichung gilt:

$$\sum \gamma_{l\,m\,\cdots\,n}\,c_l\,c_m \cdots c_n = 0, \tag{30.6}$$

so erhält man daraus durch Einsetzen von (30. 5) eine Gleichung, welche für alle reellen a_1, a_2, a_3, a_4 mit $a_1^2 + a_2^2 + a_3^2 + a_4^2 = 1$ gilt. Wegen der Homogenität bleibt diese Gleichung gelten, wenn alle a_k mit einem gemeinsamen reellen Faktor λ multipliziert werden; also gilt die Gleichung identisch in a_1, a_2, a_3, a_4, und somit verschwinden alle ihre Koeffizienten. Nun kann man aus diesen Koeffizienten rückwärts die Koeffizienten von (30. 6) berechnen, da man aus (30. 5) die a_k eindeutig auflösen kann. Also verschwinden auch die Koeffizienten von (30. 6). D. h., es gilt

$$\sum_P P\,\gamma_{l\,m\,\cdots\,n} = 0,$$

wo P alle Permutationen der Indices durchläuft. Daraus folgt aber (30. 4) für beliebige in den Indices symmetrische $c_{l\,m\cdots n}$, was zu beweisen war.

Das System der mit π vertauschbaren Matrices, wir nennen es σ, besteht also aus allen Linearkombinationen der Matrices von δ. Wenn ein Teilraum des Vektorraumes invariant ist gegenüber σ, so ist er es auch gegenüber δ, und umgekehrt; ist er irreduzibel gegenüber σ, so ist er es auch gegenüber δ; sind zwei Teilräume äquivalent gegenüber σ, so sind sie es auch gegenüber δ, und umgekehrt.

Nach § 13 ist nun das System σ sehr leicht aufzustellen: Reduziert man die Darstellung π aus und ordnet die Basisvektoren in Rechtecken an

$$
\begin{matrix}
V_{11}, \ldots, V_{1n} & V'_{11}, \ldots, V'_{1n'} \\
\vdots \qquad \vdots \; ; & \vdots \qquad \vdots \; ; \ldots; \\
V_{k1}, \ldots, V_{kn} & V'_{k'1}, \ldots, V'_{k'n'}
\end{matrix}
\qquad (30.\,7)
$$

deren Zeilen sich bei der Gruppe π jeweils alle gleich und irreduzibel transformieren, so werden die Spalten dieser Rechtecke durch die Transformationen von σ gleich, aber sonst willkürlich transformiert. Daraus folgt also, daß die Spalten dieser Rechtecke auch für die Darstellung δ äquivalente irreduzible Darstellungsräume bestimmen, wobei die Spalten verschiedener Rechtecke inäquivalente Transformationen erleiden. Zu jeder in π enthaltenen irreduziblen Darstellung der Permutationsgruppe gehört also durch Vermittlung der Rechtecke (30. 7) eine bestimmte irreduzible Darstellung der unitären Gruppe $\mathfrak{u}_2$ oder der Drehungsgruppe $\mathfrak{d}$. Da die verschiedenen irreduziblen Darstellungen von $\mathfrak{u}_2$ durch ihre *Spinzahl* S unterschieden werden können, so kann diese Spinzahl gleichzeitig zur Unterscheidung der irreduziblen Bestandteile von π dienen: Zu jedem S gehört (bei gegebener Elektronenzahl f) eine ganz bestimmte in π enthaltene irreduzible Darstellung $\varDelta'$ der Permutationsgruppe und zu verschiedenen S gehören verschiedene Darstellungen. Wir bezeichnen diese Darstellung $\varDelta'$ fortan mit $\varDelta'_S$. Für S kommen nur die Werte $S = \dfrac{f}{2} - g \left(g \text{ ganz}, \leqq \dfrac{f}{2} \right)$ in Betracht.

Um nun die Rechtecke (30. 7) explizite hinzuschreiben, suchen wir für jedes $S = \dfrac{f}{2} - g$ zunächst solche Größen im Vektorraum $\mathfrak{R}$ zu bestimmen, die sich bei der Gruppe $\mathfrak{u}_2$ nach der Darstellung $\mathfrak{D}_S$ transformieren. Wir können dabei so verfahren wie im § 18: wir führen ein kontragredientes Variablenpaar x_1, x_2 ein und bilden aus g „Klammerfaktoren" von der Art $u_1 v_2 - u_2 v_1$ und $f - 2g$ „Linearfaktoren" von der Art $u_1 x_1 + u_2 x_2$ den invarianten Ausdruck

$$
B = (u_1 v_2 - u_2 v_1) \cdots (p_1 q_2 - p_2 q_1)(r_1 x_1 + r_2 x_2) \cdots (t_1 x_1 + t_2 x_2). \quad (30.\,8)
$$

Dann transformieren sich die Koeffizienten W^S_M der Monome

$$
X^S_M = \frac{x_1^{S+M}\, x_2^{S-M}}{\sqrt{(S+M)!\,(S-M)!}}
$$

in $\mathfrak{R}$ nach der Darstellung $\mathfrak{D}_S$. Damit haben wir für jedes der Rechtecke (30. 7) eine Spalte gefunden. Die anderen Spalten findet man jeweils durch Permutation der Buchstaben u bis t. Unter allen durch Permutationen entstehenden Ausdrücken hat man nur ein System von

linear-unabhängigen zu behalten. Jede Zeile der so gefundenen Rechtecke transformiert sich dann bei Permutationen nach der Darstellung $\varDelta'_S$.

Beispiel. Für $f = 3$ haben wir im 2^3-dimensionalen Raum der
Produkte $u_\lambda v_\mu w_\nu$ die folgenden Rechtecke:

$$S = \tfrac{3}{2}: \quad \boxed{\begin{array}{c} \sqrt{3}\, u_1 v_1 w_1 \\[4pt] u_1 v_1 w_2 + u_1 v_2 w_1 + u_2 v_1 w_1 \\[4pt] u_1 v_2 w_2 + u_2 v_1 w_2 + u_2 v_2 w_1 \\[4pt] \sqrt{3}\, u_2 v_2 w_2 \end{array}} \quad,$$

$$S = \tfrac{1}{2}: \quad \boxed{\begin{array}{cc} (u_1 v_2 - u_2 v_1)\, w_1 & (u_1 w_2 - u_2 w_1)\, v_1 \\[4pt] (u_1 v_2 - u_2 v_1)\, w_2 & (u_1 w_2 - u_2 w_1)\, v_1 \end{array}} \quad.$$

Zu bemerken ist, daß die Spinfunktionen W_M^S, die Koeffizienten
von (30. 8), dadurch charakterisiert werden können, daß sie in den
ersten g Elektronenpaaren antisymmetrisch, in den weiteren $f - 2g$
Elektronen symmetrisch sind. Im Vektorschema hat man sich die Spins
der g Paare jeweils entgegengesetzt gerichtet und die der übrigen
$f - 2g$ Elektronen gleichgerichtet vorzustellen. Der resultierende Spin
ist dementsprechend $S = \dfrac{f - 2g}{2} = \dfrac{1}{2}f - g$.

Aus unserer Konstruktion der Darstellungen $\varDelta'_S$ folgt, daß alle
Matrixelemente dieser Darstellungen rationale Zahlen sind. Daraus
folgt, daß die Darstellung $\varDelta'_S$ mit ihrer konjugiert-komplexen oder
kontragredienten Darstellung $\tilde\varDelta'_S$ (vgl. § 12) äquivalent ist. Infolgedessen
vereinfacht sich die Beziehung (28. 2) zu

$$\varDelta_S = \varDelta'_S \times \mathfrak{A}.$$

Die Berechnung der Charaktere der Darstellungen $\varDelta'_S$ von $\mathfrak{S}_f$ ist
auf Grund des Vorangehenden nicht schwer: es genügt, die Spur einer
Transformation AP im Raum $\mathfrak{R}$, wo A eine spezielle unitäre Transformation der Gestalt

$$u_1 = \zeta\, u_1\,; \qquad u_2 = \zeta^{-1}\, u_2$$

und P eine Permutation ist, auf zwei Weisen zu bestimmen: einmal
unter Zugrundelegung der „Rechtecksbasis" (30. 7) und ein zweites Mal
unter Zugrundelegung der Basis $u_\lambda v_\mu \cdots w_\nu$. Das Ergebnis der Rechnung
ist folgendes: Wenn die Permutation P der Buchstaben $uv \ldots$ in zyklische
Permutationen von je $\alpha_1, \alpha_2, \ldots, \alpha_k$ Buchstaben zerfällt und wenn
$\chi'_S(P)$ den Charakter von P in der Darstellung $\varDelta'_S$ bedeutet, so gilt
die Formel

$$\sum_S \chi'_S(P)(\zeta^{2S} + \zeta^{2S-2} + \cdots + \zeta^{-2S})$$

$$= (\zeta^{\alpha_1} + \zeta^{-\alpha_1})(\zeta^{\alpha_2} + \zeta^{-\alpha_2}) \ldots (\zeta^{\alpha_k} + \zeta^{-\alpha_k}),$$

wo die Summation sich über alle $S = \frac{1}{2} f - g$ erstreckt. Multipliziert man noch beide Seiten mit $\zeta^f (1 - \zeta^2)$ und setzt $\zeta^2 = z$, so folgt: $\chi'_S(P)$ *ist der Koeffizient von z^g im Polynom*

$$(1 + z^{\alpha_1}) (1 + z^{\alpha_2}) \cdots (1 + z^{\alpha_k}) (1 - z).$$

Um daraus die Charaktere der Darstellung Δ_S zu erhalten, braucht man nur die Charaktere der ungeraden Permutationen mit -1 zu multiplizieren.

Es sei noch erwähnt, daß die in diesem Paragraphen angewandte Methode der Untersuchung der Transformationen der Potenzprodukte $u_\lambda v_\mu \cdots t_\nu$ bei Permutationen und linearen Transformationen der Variablenreihen $u v \ldots$ auch dann (mit einigen Modifikationen) anwendbar ist, wenn es sich um Reihen von n (statt von 2) Variablen handelt ($\lambda, \mu, \ldots, \nu = 1, 2, \ldots, n$). Wählt man $n \geq f$, so kommt in der Darstellung π der Permutationsgruppe $\mathfrak{S}_f$ jede irreduzible Darstellung von $\mathfrak{S}_f$ mindestens einmal als Bestandteil vor. Diese Tatsache kann zur Berechnung der Charaktere der symmetrischen Gruppe benutzt werden. Für die weitere Durchführung dieser Betrachtungen verweise ich auf die Originalabhandlungen von I. Schur und H. Weyl[1] sowie auf H. Weyl[2].

VI. Molekülspektren[3].

§ 31. Die Quantenzahlen des Moleküls.

Zur Gewinnung eines rohen Überblicks über die möglichen Energieterme eines Moleküls und zur Behandlung von Stabilitätsfragen faßt man das Molekül zunächst auf als ein System mit zwei *festen* Kernen k, k' und etwa f Elektronen q_1 bis q_f im Feld dieser beiden Kraftzentren. Denkt man sich die Kerne k und k' auf der Z-Achse gelegen in Entfernungen $\beta \varrho$ und $\beta' \varrho$ vom Schwerpunkt, wo

$$\beta = \frac{M'}{M^0 + M'}, \quad \beta' = \frac{M^0}{M^0 + M'};$$

$$M^0, M' = \text{Kernmassen}, \quad \varrho = \text{Kernabstand},$$

ist, so gestattet dieses Zweizentrenproblem die Gruppe der Drehspiegelungen um die Z-Achse, deren Darstellungen wir im § 10 (Beispiel 3)

---

[1] Schur, I.: Dissertation Berlin 1901. Weyl, H.: Math. Z. Bd. 23 (1925) S. 271. Schur, I.: Sitzungsber. Berlin 1927 S. 58.

[2] Weyl, H.: Gruppentheorie und Quantenmechanik 2. Aufl. Kap. V.

[3] Für eine ausführlichere Darstellung der Theorie der Molekülspektren vgl. R. de L. Kronig: Band Spectra and Molecular Structure. Cambridge 1930. Dieses Buch von Kronig und das vorliegende Kapitel ergänzen sich insofern, als gerade die gruppentheoretischen Betrachtungen, die hier dargestellt sind, bei Kronig fehlen.

schon bestimmt haben. Das Ergebnis war das Folgende: Die Eigenfunktionen $\varphi_{\pm\Lambda}$ haben je eine *axiale Quantenzahl* Λ, deren Bedeutung ist, daß bei einer Drehung $(0,0,\gamma)$ die Funktionen $\varphi_{\pm\Lambda}$ den Faktor $e^{\mp i\Lambda\gamma}$ annehmen. Im Fall $\Lambda = 0$ gibt es zwei Arten von Eigenfunktionen φ_0^+ und φ_0^-, die bei der Spiegelung s_y $(y' = -y)$ die Faktoren $+1$ und -1 annehmen. Wir schreiben in diesen Fällen $\Lambda = 0^+$ bzw. $\Lambda = 0^-$; die zugehörigen Darstellungen (ersten Grades) der Drehspiegelungsgruppe heißen $\mathfrak{A}_0^+$ und $\mathfrak{A}_0^-$. Für $\Lambda > 0$ dagegen gibt es zwei Eigenfunktionen φ_Λ und $\varphi_{-\Lambda}$ zum gleichen Energiewert, die bei der Spiegelung s_y ineinander übergehen und zusammen die irreduzible Darstellung zweiten Grades $\mathfrak{A}_\Lambda$ erleiden.

Die Terme mit $\Lambda = 0^+, 0^-, 1, 2, 3, \ldots$ bezeichnet man mit den griechischen Buchstaben $\Sigma^+, \Sigma^-, \Pi, \Delta, \Phi, \ldots$, die den früheren lateinischen Buchstaben $S, P, D, F, \ldots$ für Atomterme entsprechen. Unter Berücksichtigung des Spin ergibt sich für diese Terme eine weitere Aufspaltung, auf die wir später zurückkommen.

Bei der infinitesimalen Drehung I_z ist $I_z \varphi_\Lambda = -i\Lambda\varphi_\Lambda$, mithin $L_z \varphi_\Lambda = i I_z \varphi_\Lambda = \Lambda\varphi_\Lambda$, d. h. die Komponente hL_z des Drehimpulses hat für den Zustand φ_Λ den scharfen Wert $h\Lambda$. Die übrigen Komponenten hL_x, hL_y sind natürlich keine Konstanten. Im Vektorschema stellt man sich vor, daß der momentane Drehimpulsvektor eine Präzession um die Kernverbindungslinie ausführt, wobei seine Z-Komponente konstant $= h\Lambda$ bleibt.

Nun ist aber ein Molekül in Wirklichkeit nicht ein System mit zwei festen Kernen, sondern ein System von zwei beweglichen Kernen k, k' und f beweglichen Elektronen. Halten wir den Schwerpunkt im Anfangspunkt fest, so bleiben ein fiktiver Kern (vgl. § 3) mit Koordinaten q_0 und f Elektronen $q_1, \ldots, q_f$ beweglich. Das ganze Problem ist drehungsinvariant und die Eigenfunktionen erleiden bei Drehungen eine Darstellung $\mathfrak{D}_K$ mit Spiegelungscharakter $w = \pm 1$. Die Fragen, die wir zu beantworten haben, sind: Welche Beziehung besteht zwischen den Eigenfunktionen $\varphi_{\pm\Lambda}$ des Zweizentrenproblems und den Eigenfunktionen $\psi_K^{(m)}$ des frei drehbaren Moleküls? Welche zwischen der Quantenzahl Λ und den Quantenzahlen K, m, w? Welche zwischen dem Energiewert $E(\varrho)$ des Zweizentrenproblems mit Kernabstand ϱ und den wirklichen Eigenwerten, bei denen der Kernabstand nicht fest ist?

Wir vernachlässigen vorläufig den Spin. Eine Schar von Eigenfunktionen des freien Moleküls, die sich bei Drehungen nach $\mathfrak{D}_K$ transformiert, möge von den $2K + 1$ Funktionen

$$\psi^{(m)}(q_0, q_1, \ldots, q_f)$$

aufgespannt werden. Dabei bedeute q_0 (wie q_* in § 3) die Koordinaten eines fiktiven Kerns, der sich vom Schwerpunkt aus in der Richtung kk' in der Entfernung ϱ befindet.

Der Punkt $(0, 0, \varrho)$ auf der Z-Achse, in den der Punkt q_0 durch eine passende Drehung D übergeht, möge mit Q bezeichnet werden. Wenn bei einer Drehung D die Funktion $\psi^{(m)}$ in $'\psi^{(m)}$ übergeht, so ist

$$\psi^{(m)}(q_0, \ldots, q_f) = {'\psi^{(m)}}(Dq_0, \ldots, Dq_f) = \sum a_{gm}(D)\, \psi^{(g)}(Dq_0, \ldots, Dq_f),$$

wo $a_{gm}(D)$ die Elemente der darstellenden Matrix von D in der Darstellung $\mathfrak{D}_K$ bedeuten. Wählt man nun die Drehung D so, daß $Dq_0 = Q$ ist, so folgt:

$$\psi^{(m)}(q_0, \ldots, q_f) = \sum_g a_{gm}(D)\, \psi^{(g)}(Q, D q_1, \ldots, D q_f). \qquad (31.\ 1)$$

Diese für das Folgende grundlegende Formel leistet die Zurückführung der ψ-Funktion auf $2K + 1$ Funktionen

$$\psi_Q^{(g)} = \psi^{(g)}(Q, q_1, \ldots, q_f) \quad (g = K, K-1, \ldots, -K),$$

welche zwei Freiheitsgrade weniger enthalten.

Die Drehung D ist durch Angabe der Punkte q_0 und Q natürlich nicht vollständig bestimmt, sondern sie kann noch durch $D_\gamma D$ ersetzt werden, wo D_γ eine Drehung $(0, 0, \gamma)$ ist, die den Punkt Q invariant läßt. Die Drehung D_γ wird in der Darstellung $\mathfrak{D}_K$ durch eine Diagonalmatrix mit Elementen $e^{-im\gamma}$ dargestellt. Ersetzt man in (31. 1) D durch $D_\gamma D$, so kommt

$$\psi^{(m)}(q_0, \ldots, q_f) = \sum_g e^{-ig\gamma} a_{gm}(D)\, \psi^{(g)}(Q, D_\gamma D q_1, \ldots, D_\gamma D q_f).$$

Damit dieser Ausdruck mit (31. 1) übereinstimmt, muß

$$e^{-ig\gamma}\psi^{(g)}(Q, D_\gamma q_1, \ldots, D_\gamma q_f) = \psi^{(g)}(Q, q_1, \ldots, q_f),$$

oder

$$D_\gamma\, \psi_Q^{(g)} = e^{-ig\gamma}\, \psi_Q^{(g)} \qquad (31.\ 2)$$

sein. Das wußten wir zwar schon vorher, aber die jetzige Betrachtung zeigt, daß die Eigenschaft (31. 2) der Funktionen $\psi_Q^{(g)}$ auch *hinreicht*, damit die Funktionen (31. 1) nur von den Koordinaten q_0 bis q_f, nicht auch von der Wahl von D abhängen.

Man verifiziert leicht, daß bei beliebiger Wahl der Funktionen $\psi_Q^{(g)}$ gemäß der Bedingung (31. 2) die Funktionen (31. 1) wirklich eine lineare Schar bestimmen, welche bei Drehungen die Darstellung $\mathfrak{D}_K$ erleidet.

Bei festem Q sind die Funktionen $\psi_Q^{(g)}$ die Eigenfunktionen des freien Moleküls bei einer bestimmten Lage der Kerne auf der Z-Achse. *Wir nehmen nun an, daß diese Funktionen bis auf einen nur von ϱ abhängigen Faktor näherungsweise übereinstimmen mit den Eigenfunktionen φ_Λ des zu Anfang dieses Paragraphen besprochenen Zweizentrenproblems.* Daß diese Annahme berechtigt ist, sobald die Kernmasse groß gegen die Elektronenmasse ist, werden wir im nächsten Paragraphen genauer einsehen. Vorläufig genüge die Bemerkung, daß für das Studium der Elektronenbewegung die viel schwereren Kerne näherungsweise als ruhend betrachtet werden können. Da die Funktion $\psi_Q^{(g)}$ bei der Drehung D den Faktor $e^{-ig\gamma}$ annimmt, muß $g = \pm \Lambda$ sein. Im allgemeinen werden Funktionen φ_Λ mit verschiedenen Λ zu ganz verschiedenen Energietermen gehören; es wäre also aussichtslos, solche $\varphi_{\pm\Lambda}$ mit verschiedenen Λ als Approximationen für $\psi^{(g)}$ in einen einzigen Ausdruck (31. 1) zu vereinigen. *Wir nehmen daher an, daß in der Gleichung* (31. 1) *alle* $\psi_Q^{(g)}$ *rechter Hand approximativ Null sind, mit Ausnahme von höchstens zwei unter ihnen, die zu den Werten* $g = \pm \Lambda$ *gehören und näherungsweise durch* $f_+(\varrho)\,\varphi_\Lambda$ *und* $f_-(\varrho)\,\varphi_{-\Lambda}$ *gegeben werden.* Natürlich muß dann $K \geq \Lambda$ sein. Im Fall $\Lambda = 0$ ist entsprechend $\psi_Q^{(g)} = f(\varrho)\,\varphi_0$ zu setzen.

Das Verhältnis der Funktionen $f_+(\varrho)$ und $f_-(\varrho)$ bestimmt sich ohne Mühe aus dem Verhalten der Schar (31. 1) bei der Spiegelung s $(x' = -x, y' = -y, z' = -z)$. Ist s_y die Spiegelung $y' = -y$ und D_y die Umdrehung um die y-Achse $(x' = -x, z' = -z)$, so gilt $D_y s = s_y$. Um nun $\psi^{(m)}(sq_0, \ldots, sq_f)$ nach (31. 1) zu berechnen, müssen wir die Drehung kennen, die den Punkt sq_0 in Q überführt. Sie ist $D_y D$, denn D führt sq_0 in $sQ = (0, 0, -\varrho)$ und D_y führt sQ in Q über. Mithin ist

$$\psi^{(m)}(s\,q_0, \ldots, s\,q_f) = \sum_g a_{gm}(D_y D)\,\psi^{(g)}(Q, D_y D\,s\,q_1, \ldots, D_y D\,s\,q_f),$$

oder wegen $Ds = sD$ und $D_y s = s_y$:

$$\psi^{(m)}(sq_0, \ldots, sq_f) = \sum_h \sum_g a_{gh}(D_y)\,a_{hm}(D)\,\psi^{(g)}(Q, s_y D q_1, \ldots, s_y D q_f). \tag{31. 3}$$

Die Matrix $(a_{gh}(D_y))$ gibt an, wie sich die Grundvektoren v_g der Darstellung $\mathfrak{D}_K$ bei der Umdrehung D_y transformieren. Nun transformieren sich die v_g wie $u_1^{K+g}\,u_2^{K-g} : \sqrt{(K+g)(K-g)}$ [vgl. (17. 10)] und die Umdrehung D_y führt $u_1^{K+g}\,u_2^{K-g}$ in $(-1)^{K-g}\,u_1^{K-g}\,u_2^{K+g}$ über (vgl. § 16); mithin ist

$$a_{gh}(D_y) = (-1)^{K-g} \quad \text{für } h = -g, \text{ sonst Null}.$$

Das setzen wir in (31. 3) ein:

$$\psi^{(m)}(s\,q_0, \ldots, s\,q_f) = \sum_h (-1)^{K+h}\,a_{hm}(D)\,\psi^{(-h)}(Q, s_y D q_1, \ldots, s_y D q_f).$$

Damit nun die Funktionen $\psi^{(m)}$ zum Spiegelungscharakter w gehören, muß dieser Ausdruck mit $w \cdot \psi^{(m)}$ übereinstimmen, d. h. es muß sein:

$$(-1)^{K+g}\,\psi^{(-g)}(Q, s_y q_1, \ldots, s_y q_f) = w \cdot \psi^{(g)}(Q, q_1, \ldots, q_f),$$

oder: die Funktion $\psi_Q^{(g)}$ geht bei der Spiegelung s_y in $(-1)^{K+g}\,w\,\psi_Q^{(-g)}$ über. Nun haben wir oben angenommen, daß alle $\psi_Q^{(g)}$ näherungsweise Null sind mit Ausnahme von einer oder zwei mit $g = \pm \Lambda$, welche durch $f_\pm(\varrho)\,\varphi_{\pm\Lambda}$ gegeben sind. Im Fall $\Lambda = 0$ ergibt sich, daß $\psi_Q^{(0)}$ bei der

Spiegelung s_y den Faktor $(-1)^K w$ annimmt, d. h. daß

$$(-1)^K = \quad w \quad \text{für} \quad \varLambda = 0^+ \Big\}$$
$$(-1)^K = -w \quad \text{für} \quad \varLambda = 0^- \Big\} \qquad (31.\,3)$$

ist. Im Fall $\varLambda > 0$ finden wir, daß $f_+(\varrho)\,\varphi_\varLambda$ bei der Spiegelung s_y in $(-1)^{K+\varLambda}\, w f_-(\varrho)\, \varphi_{-\varLambda}$ übergehen muß; da aber $\varphi_\varLambda$ bei derselben Spiegelung in $\varphi_{-\varLambda}$ übergeht, so hat man

$$f_-(\varrho) = (-1)^{K+\varLambda}\, w f_+(\varrho)\,. \qquad (31.\,4)$$

In diesen Fällen sind also immer *beide* Werte von w möglich; zu jedem $w = \pm 1$ gehört eine Schar von Eigenfunktionen (31. 1). Dagegen ist für $\varLambda = 0$ das w durch (31.3) bestimmt. Wir schreiben fortan $f(\varrho)$ statt $f_+(\varrho)$.

Im nächsten Paragraphen wird sich ergeben, daß die Funktion $f(\varrho)$ eine Eigenfunktion eines Schwingungsproblems ist und von einer *Schwingungsquantenzahl* $v = 0, 1, 2, \ldots$ abhängt. Die Quantenzahl K, die den Gesamtdrehimpuls hK des Moleküls bestimmt, heißt die *Rotationsquantenzahl*; sie kann die Werte $K = \varLambda, \varLambda + 1, \varLambda + 2, \ldots$ annehmen. Die Energie des ganzen Moleküls hängt in erster Linie von dem Elektronenzustand, in zweiter Linie von der Schwingungsquantenzahl v und in noch geringerem Maß schließlich von der Rotationsquantenzahl K ab. Es gibt also für jeden Elektronenzustand ein System von Schwingungstermen, deren jeder durch die Rotation weiter aufgespalten erscheint.

Wie aus der Bedeutung der Quantenzahl $\varLambda$ im Fall der festen Kerne hervorgeht, hat man $h\varLambda$ als die Größe der Komponente des Gesamtdrehimpulses in der Richtung der Kernverbindungslinie anzusehen. Die Terme mit $\varLambda = 0, 1, 2, 3, 4$ werden, wie schon bemerkt, mit den Buchstaben $\varSigma,\ \varPi,\ \varDelta,\ \varPhi,\ \varGamma$ bezeichnet.

Es gelten aus allgemein-gruppentheoretischen Gründen die Auswahlregeln:

$$K \longleftrightarrow K - 1,\ K,\ K + 1 \ (\text{ausgenommen } 0 \longleftrightarrow 0) \Big\}$$
$$w \longleftrightarrow -w\,. \qquad\qquad\qquad\qquad\qquad\qquad \Big\} \qquad (31.\,5)$$

Um die Auswahlregel für $\varLambda$ herzuleiten, betrachten wir die Matrixelemente des elektrischen Moments von Elektronen und Kernen zusammen. Man überlegt sich leicht, daß die von den Kernen herrührenden Beiträge wegen ihrer langsamen Bewegung bei den in Frage kommenden recht großen Frequenzen ganz bedeutungslos sind. Wir haben es also praktisch nur mit den Elektronen zu tun und haben die Operatoren $X = \sum e x_\nu,\ Y,\ Z$ mit den Eigenfunktionen (31. 1) zu multiplizieren und das Ergebnis wieder nach den Eigenfunktionen (31. 1) zu entwickeln. Die Entwicklung gilt identisch in q_0 und daher insbesondere für $q_0 = Q,\ D = 1,\ \psi^{(m)} = \psi_Q^{(m)}$. Nun ist approximativ

$\psi_Q^{(m)} = f_{\pm}(\varrho)\, \varphi_{\pm A}$ für $m = \pm \Lambda$, sonst $= 0$. Bei der Entwicklung von $(X + iY)\,\varphi_A$, $(X - iY)\,\varphi_A$ und $Z\,\varphi_A$ nach den $\varphi_{\pm A'}$ kommen nur die Werte $\Lambda' = \Lambda + 1, \Lambda, \Lambda - 1$ wirklich vor, da die Produkte $(X + iY)\,\varphi_A$, usw. bei Drehungen D_γ die Faktoren $e^{-i(\Lambda+1)\gamma}$, usw. annehmen. Ebenso kommen bei der Entwicklung von $(X \pm iY)\,\varphi_0^+$ und $Z\,\varphi_0^+$ nur die Werte $\Lambda = 1$ oder 0^+ und bei der Entwicklung von $(X \pm iY)\,\varphi_0^-$ und $Z\,\varphi_0^-$ nur $\Lambda = 1$ oder 0^- vor, weil $Z\,\varphi_0^+$ bzw. $Z\,\varphi_0^-$ sich bei den Drehungen D_γ und bei der Spiegelung s_v genau so verhält wie φ_0^+ bzw. φ_0^-. Mithin heißt die Auswahlregel für Λ:

$$\Lambda \longleftrightarrow \Lambda + 1, \; \Lambda, \Lambda - 1, \quad \textit{aber nicht} \quad 0^+ \longleftrightarrow 0^-. \qquad (31.\,6)$$

Es sei noch bemerkt, daß bei den Übergängen $0^+ \longleftrightarrow 0^+$ und $0^- \longleftrightarrow 0^-$ notwendig K um Eins springen muß, da sonst wegen (31. 3) die Auswahlregel für w verletzt sein würde.

§ 32. Die Rotationsniveaus.

Zur exakten Rechtfertigung des im vorigen Paragraphen gemachten Ansatzes und zur Berechnung der Rotationsaufspaltung greifen **wir auf die in § 3 aufgestellte Wellengleichung des Moleküls** zurück. Sie lautet bei festgehaltenem Schwerpunkt und Vernachlässigung der allerkleinsten Glieder:

$$\frac{h^2}{2M}\, \Delta_0 \psi - \frac{h^2}{2\mu} \sum_1^f \Delta_\alpha \psi + U\psi = E\psi, \qquad (32.\,1)$$

wo μ die Elektronenmasse und $M = \dfrac{M^0 M'}{M^0 + M'}$ eine fiktive Kernmasse bedeutet. In ihr setzen wir für ψ die Funktion (31. 1) ein. Um $\Delta_0 \psi$ auszuwerten, schreiben wir den Δ-Operator in Polarkoordinaten:

$$\Delta_0 = \frac{\partial^2}{\partial \varrho^2} + \frac{2}{\varrho}\, \frac{\partial}{\partial \varrho} + \frac{1}{\varrho^2}\, \Lambda_0,$$

wo Λ_0 der bekannte, nur auf θ_0 und φ_0 bezügliche Operator ist, für den man nach (6. 4) auch schreiben kann:

$$\Lambda_0 = -\mathfrak{L}_0^2 = -\left(L_{0x}^2 + L_{0y}^2 + L_{0z}^2\right).$$

Die direkte Auswertung von $\Lambda_0 \psi$ nach (31. 1) wäre nicht leicht, da D und $a_{\varrho m}(D)$ in recht komplizierter Weise von θ und φ abhängen. Wir führen daher lieber den Gesamtdrehimpuls $\mathfrak{L}$ mit Komponenten

$$L_x = L_{0x} + L_{1x} + \cdots + L_{fx}, \; \text{usw.}$$

und den Elektronendrehimpuls $\mathfrak{L}'$ mit Komponenten

$$L_x' = L_{1x} + \cdots + L_{fx}, \; \text{usw.}$$

ein. L_x ist mit L_x' vertauschbar, ebenso L_y mit L_y' und L_z mit L_z'. Weiter ist $\mathfrak{L}_0 = \mathfrak{L} - \mathfrak{L}'$, mithin

$$-\Lambda_0 = \mathfrak{L}_0^2 = (\mathfrak{L} - \mathfrak{L}')^2 = \mathfrak{L}^2 - 2\,\mathfrak{L}' \cdot \mathfrak{L} + \mathfrak{L}'^2. \qquad (32.2)$$

Nun ist $\mathfrak{L}^2 \psi = K(K+1)\psi$, da ψ zur Darstellung $\mathfrak{D}_K$ und zum Drehimpuls hK gehört. Der Operator $\mathfrak{L}'^2$ bezieht sich nur auf die Elektronen und ist von derselben Art und Größenordnung wie die Operatoren $\varDelta_\alpha$, wird aber in (32. 1) mit dem tausendfach kleineren Massenfaktor $h^2/2M$ multipliziert; wir fassen ihn daher als kleines Störungsglied mit dem Operator $\sum \varDelta_\alpha$ zusammen. So erhalten wir:

$$\frac{h^2}{2M}\left(-\frac{\partial^2}{\partial \varrho^2} - \frac{2}{\varrho}\frac{\partial}{\partial \varrho} + \frac{K(K+1)}{\varrho^2}\right)\psi - \frac{h^2}{M\varrho^2}\mathfrak{L}'\cdot\mathfrak{L}\psi$$

$$+\left(-\frac{h^2}{2\mu}\sum \varDelta_\alpha + \frac{h^2}{2M\varrho^2}\mathfrak{L}'^2\right)\psi + U\psi = E\psi. \qquad (32.\,3)$$

Das schwierigste Glied dieser Summe ist das mit $\mathfrak{L}'\cdot\mathfrak{L}$. Nach (17. 8) ist

$$\begin{aligned}
L_x \psi^{(m)} &= \frac{1}{2}\sqrt{(K+m)(K-m+1)}\,\psi^{(m-1)} \\
&\quad + \frac{1}{2}\sqrt{(K-m)(K+m+1)}\,\psi^{(m+1)}, \\
L_y \psi^{(m)} &= -\frac{1}{2i}\sqrt{(K+m)(K-m+1)}\,\psi^{(m-1)} \\
&\quad + \frac{1}{2i}\sqrt{(K-m)(K+m-1)}\,\psi^{(m+1)}, \\
L_z \psi^{(m)} &= m\,\psi^{(m)}.
\end{aligned} \qquad (32.4)$$

Führen wir das in (32. 3) ein, so sind alle auf θ_1, φ_1 bezüglichen Differentialoperatoren verschwunden. Da die Schar (31. 1) und die Differentialgleichung (32. 3) drehungsinvariant sind, so ist die Differentialgleichung (32. 3) identisch in D erfüllt, sobald sie im Spezialfall $D = 1$, $q_0 = Q$ erfüllt ist. In diesem Fall wird

$$\psi = \psi_Q^{(m)} = \psi(m\,|\,\varrho,\,q_1,\,\ldots,\,q_f) \qquad (m = K,\,K-1,\,\ldots,\,-K).$$

Die Differentialgleichung (32. 3) verknüpft nun wegen (32. 4) die zu verschiedenen Werten von m gehörigen Funktionen $\psi_Q^{(m)}$ untereinander. Eine Lösung von (32. 3) ist also erst durch ein System von $2K+1$ Funktionen $\psi_Q^{(m)}$ gegeben.

Wie aus (32. 4) hervorgeht, liegt das Glied mit $\mathfrak{L}'\cdot\mathfrak{L}$ in (32. 3) für große K größenordnungsmäßig zwischen dem nicht sehr großen Glied mit $K(K+1)$ und dem sehr kleinen Glied mit $\mathfrak{L}'^2$. Vernachlässigen wir zunächst einmal die beiden kleinen Glieder mit $\mathfrak{L}'\cdot\mathfrak{L}$ und $\mathfrak{L}'^2$, so bleibt eine Differentialgleichung übrig, in der jeweils nur *eine* der $2K+1$ Funktionen $\psi_Q^{(m)}$ vorkommt, und die vom Index m unabhängig ist:

$$\frac{h^2}{2M}\left(-\frac{\partial^2}{\partial \varrho^2} - \frac{2}{\varrho}\frac{\partial}{\partial \varrho} + \frac{K(K+1)}{\varrho^2}\right)\psi - \frac{h^2}{2\mu}\sum \varDelta_\alpha\psi + U\psi = E\psi. \qquad (32.\,5)$$

Wir können also für $m = K, K-1, \ldots, -K$ *beliebige* Lösungen von (32. 5) wählen, welche zum gleichen Eigenwert E gehören und der

Bedingung $D_\gamma \psi_Q^{(m)} = e^{-im\gamma} \psi_Q^{(m)}$ genügen. Insbesondere ist es erlaubt, alle $\psi_Q^{(m)}$ bis auf ein $\psi_Q^{(0)}$ oder bis auf zwei $\psi_Q^{(\pm A)}$ gleich Null zu setzen, wie wir es in § 31 getan haben. Das so gefundene Lösungssystem von (32. 5) bezeichnen wir mit $\psi_0^{(m)}$, weil wir es als erste Approximation für die exakte Lösung von (32. 3) zugrunde legen wollen.

Wenn man zu (32. 5) noch das sehr kleine Glied $\dfrac{h^2}{2M}\mathfrak{L}'^2$ hinzufügt, so ändern sich die Eigenfunktionen nicht wesentlich, sondern es tritt nur eine winzige Termverschiebung ein. Von den drei Gliedern des Ausdrucks $\mathfrak{L}'^2 = L_x'^2 + L_y'^2 + L_z'^2$ ist das dritte am leichtesten auszuwerten: es ist nämlich $L_z' \psi_Q^{(m)} = m \psi_Q^{(m)}$, mithin $L_z'^2 \psi_Q^{(m)} = m^2 \psi_Q^{(m)}$. Wir wollen nur dieses dritte Glied beibehalten, die übrigen beiden aber vernachlässigen, trotzdem alle drei Glieder natürlich von derselben Größenordnung sind. Als zweites Störungsglied betrachten wir das Glied mit $\mathfrak{L}' \cdot \mathfrak{L}$ in (32. 3). Wir wenden also den Störungsoperator

$$\frac{h^2}{2M}(L_z'^2 - 2\,\mathfrak{L}' \cdot \mathfrak{L}) = \frac{h^2}{2M}\{L_z'^2 - 2(L_x' L_x + L_y' L_y + L_z' L_z)\}$$

auf die approximativen Eigenfunktionen $\psi_0^{(m)}$ an und entwickeln nach diesen. Die Anwendung der Operatoren L_x oder L_y auf ein System $\psi_0^{(K)}$, $\psi_0^{(K-1)}$, $\ldots$, $\psi_0^{(-K)}$, von denen nur $\psi_0^{(\pm A)}$ von Null verschieden sind, ergibt nach (32. 4) ein System $\psi^{(K)}$, $\psi^{(K-1)}$, $\ldots$, $\psi^{(-K)}$, in welchem nur $\psi^{(\pm A \pm 1)}$ von Null verschieden sind. Übt man nachher noch die Operatoren L_x' und L_y' aus, die den oberen Index m nicht ändern, so bleiben alle $\psi^{(m)}$ außer $\psi^{(\pm A \pm 1)}$ Null. Entwickelt man dann die erhaltenen Funktionen von m, ϱ, q nach den Funktionen $\psi_0^{(m)}$, so kommen nur solche Funktionen wirklich vor, die für $m = \pm A \pm 1$ von Null verschieden sind. Diese gehören also zum Wert $A' = A \pm 1$ und daher im allgemeinen auch zu einem anderen Energiewert als die $\psi_0^{(\pm A)}$. Die Terme mit $L_x' L_x$ und $L_y' L_y$ im Störungsoperator ergeben daher für unsere Störungsrechnung keinen Beitrag. Es bleibt:

$$\frac{h^2}{2M\varrho^2}(L_z'^2 - 2 L_z' L_z)\,\psi_0^{(m)} = \frac{h^2}{2M\varrho^2}(m^2 - 2\,m\,m)\,\psi_0^{(m)}$$

$$= -\frac{h^2}{2M\varrho^2}\,m^2\,\psi_0^{(m)} = -\frac{h^2}{2M\varrho^2}\,A^2\,\psi_0^{(m)}.$$

Dieses Glied nehmen wir noch in die Differentialgleichung (32. 5) auf, ersetzen diese also durch:

$$\frac{h^2}{2M}\left(-\frac{\partial^2}{\partial\varrho^2} - \frac{2}{\varrho}\frac{\partial}{\partial\varrho} + \frac{K(K+1)-A^2}{\varrho^2}\right)\psi - \frac{h^2}{2\mu}\sum_1^f \Delta_\alpha \psi + U\psi = E\psi. \tag{32.6}$$

Die Lösung $\psi^{(\pm A)}$ dieser Differentialgleichung stellt dann die erste Approximation der Störungsrechnung dar. In dieser Approximation gibt es, wie man sieht, noch keinen Unterschied zwischen den Termen mit verschiedenen Spiegelungscharakteren w. Die Aufspaltung in zwei

Terme mit $w = \pm 1$ (das sog. σ-Typ-Dublett) würde erst in der nächsten Approximation zum Vorschein kommen. Wir gehen darauf nicht näher ein und bemerken nur, daß die σ-Typ-Aufspaltung sich bei kleineren Werten von K noch nicht bemerkbar macht, da dann das Störungsglied $\mathfrak{L}' \cdot \mathfrak{L}$ nach (32. 4) sehr klein ist.

Wir lösen nun (32. 6) durch den Ansatz

$$\psi = f(\varrho)\varphi(\varrho, q_2, \ldots, q_f), \tag{32. 7}$$

wo $f(\varrho)$ eine sich mit ϱ stark ändernde Funktion sein mag, φ dagegen sich mit ϱ nur so langsam ändern soll, daß der auf φ bezügliche Teil der Differentiation $\dfrac{\partial}{\partial \varrho}$ mit dem kleinen Massenfaktor $\dfrac{h^2}{2M}$ in (32. 6) vernachlässigt werden kann.

Die Funktion φ bestimmt sich aus der Differentialgleichung des Zweizentrenproblems:

$$-\frac{h^2}{2\mu}\sum_1^f \Delta_\alpha\,\varphi + U\,\varphi = E(\varrho)\,\varphi, \tag{32. 8}$$

während die Funktion $\varrho f = F$ der Differentialgleichung

$$\left(-\frac{h^2}{2M_0}\frac{\partial^2}{\partial\varrho^2} + E(\varrho) + \frac{h^2}{2M_0}\frac{K(K+1)-\Lambda^2}{\varrho^2}\right)F = EF \tag{32. 9}$$

genügen soll. Man errechnet leicht, daß die so bestimmte Funktion (32. 7) tatsächlich mit der angegebenen Vernachlässigung die Differentialgleichung (32. 6) löst, und unter der Annahme der Vollständigkeit des Systems der φ ergibt sich weiter wie im § 2, daß man so alle Lösungen von (32. 6) erhält. Die Annahme, daß die Lösung φ des Zweizentrenproblems, passend normiert, nicht übermäßig stark von ϱ abhängt, scheint wohl berechtigt. Eine Mitberücksichtigung dieser Abhängigkeit mittels der Störungsrechnung würde übrigens nur eine Termverschiebung, keine Aufspaltung ergeben.

Die Gleichung (32. 9) hat dieselbe Gestalt wie die Gleichung für die Schwingung eines materiellen Punktes in einer Dimension (Oszillator) mit der potentiellen Energie

$$E(\varrho) + \frac{h^2}{2M_0}\frac{K(K+1)-\Lambda^2}{\varrho^2}. \tag{32. 10}$$

Ein stabiles Molekül ist natürlich nur dann möglich, wenn dieser Ausdruck irgendwo ein Minimum besitzt. Das ausschlaggebende Glied in (32. 10), nämlich $E(\varrho)$, ist nach (32. 8) genau die Energie eines fiktiven Moleküls mit festen Kernen im Abstand ϱ, während das Zusatzglied die Energie der „Zentrifugalkraft" darstellt. Für $\varrho \to 0$ strebt $E(\varrho)$ gegen ∞ und für $\varrho \to \infty$ strebt $E(\varrho)$ gegen die Energie $E(\infty)$ eines Systems aus zwei getrennten Atomen oder Ionen (siehe Abb. 7).

Die Differentialgleichung (32. 9) besitzt, wenn der Ausdruck (32. 10) gegeben ist und ein Minimum hat, endlich oder unendlich viele Eigenwerte $E < E(\infty)$ oder *Schwingungsterme*, die durch eine *Schwingungsquantenzahl* $v = 0, 1, 2, 3, \ldots$ voneinander unterschieden werden. Ein solcher Schwingungsterm ändert sich meistens nicht sehr viel, wenn K die Werte $\Lambda, \Lambda + 1, \Lambda + 2, \ldots$ durchläuft, da die Änderungen von $\dfrac{h^2}{2 M_0} \dfrac{K(K+1)}{\varrho^2}$ klein gegenüber den Entfernungen der Schwingungsterme untereinander sind; daher gehört zu jedem Schwingungsterm $E_{v\Lambda}$ eine Reihe von dicht nebeneinander gelegenen *Rotationsniveaus*, die zu den verschiedenen Werten von K gehören. Die ungefähre Lage der Rotationsniveaus ergibt sich sehr leicht aus der Störungsrechnung: Wenn F_k eine normierte Lösung von (32. 9) für irgendeinen mittleren Wert k von K ist, so bewirkt das Störungsglied $\dfrac{h^2}{2 M} \dfrac{K(K+1) - k(k+1)}{\varrho^2}$ eine Erhöhung des Eigenwerts um den Mittelwert dieses Ausdrucks, also um

$$\frac{h^2}{2 M} \{K(K+1) - k(k+1)\} \widehat{\varrho^{-2}},$$

wo

$$\widehat{\varrho^{-2}} = \int\limits_0^\infty \overline{F}_k \varrho^{-2} F_k \, d\varrho \quad \text{ist.}$$

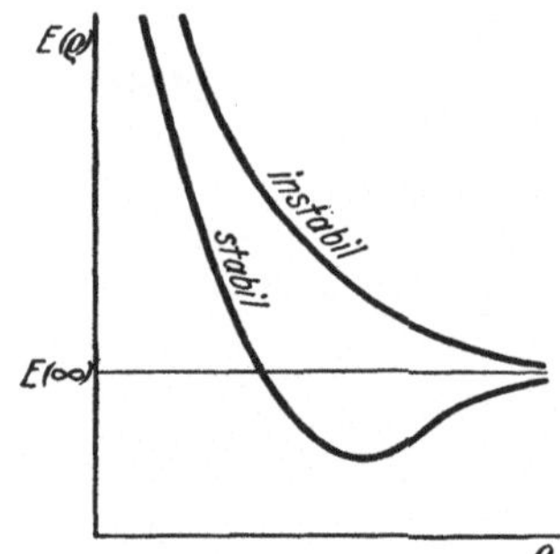

Abb. 7. Die Funktion $E(\varrho)$.

Ein bestimmter Quantensprung der Elektronenkonfiguration (d. h. der Eigenfunktion $\varphi_{\pm\Lambda}$ des Zweizentrenproblems), eventuell verbunden mit einem Sprung $v \to v'$ der Schwingungsquantenzahl, gibt im Spektrum Anlaß zu einer „Bande": einem Agglomerat von sehr vielen, meist dicht zusammenliegenden Linien, die den verschiedenen möglichen Werten von K und K' entsprechen. Die Bande zerfällt in zwei oder drei „Zweige": den *P-Zweig* mit $K \to K + 1$, den *Q-Zweig* mit $K \to K$ und den *R-Zweig* mit $K \to K - 1$ (die Pfeile gelten für Emission; bei der Absorption verlaufen sie gerade umgekehrt)[1]. Sind Anfangs- und Endzustand beide Σ-Zustände, so muß K um Eins springen (vgl. § 31, Schluß) und der Q-Zweig fällt weg. Ist weder der Anfangs- noch der Endzustand ein Σ-Zustand, so sind alle drei Zweige doppelt, da für den Spiegelungscharakter w dann die beiden Sprünge $+1 \to -1$ und $-1 \to +1$ möglich sind (σ-Typ-Dublett). Die Verdopplung tritt erst bei den größeren Werten von K in Erscheinung.

Alle diese Betrachtungen gelten streng für Singuletterme ($S = 0$). Ist aber ein resultierendes Spinmoment vorhanden, so kommt eine weitere Aufspaltung hinzu, der wir uns jetzt zuwenden.

---

[1] Genauer müßte man nach den neuesten Verabredungen die Zweige durch $P(K), Q(K)$ und $R(K)$ bezeichnen.

§ 33. Berücksichtigung des Spin.

Wir haben zwei Fälle zu unterscheiden:

a) die Multiplettaufspaltung (Spinwirkung) ist groß in Vergleich zur Rotationsaufspaltung;

b) die Multiplettaufspaltung ist klein in Vergleich zur Rotationsaufspaltung.

Der Fall a tritt bei Molekülen aus schweren Atomen (J_2, Hg_2 usw.) ein, der Fall b bei den leichteren Molekülen (H_2, He_2 usw.), sowie *stets* bei Σ-Termen. Den Grund dafür werden wir noch einsehen. Das Übergangsgebiet, wo Rotations- und Multiplettaufspaltung von derselben Größenordnung sind, ist zum Glück nicht groß, da die Rotationsaufspaltung bei wachsenden Atomgewichten abnimmt und die Multiplettaufspaltung gleichzeitig zunimmt. Im Übergangsgebiet neigen die Terme mit großer Rotationsquantenzahl K mehr zum Fall b, die mit kleinem K mehr zu a.

Im Fall b hat man einfach zuerst die Theorie des § 32 anzuwenden und nachher den Spin zu berücksichtigen. Aus jedem Term mit Rotationsquantenzahl K und Spinquantenzahl S entsteht dann nach dem uns geläufigen Schema ein Multiplett mit $J = K + S \quad K + S - 1$, $\ldots$, $|K - S|$, und es gelten die gleichen Auswahlregeln wie für ein Atom (vgl. § 24).

Im Fall a hat man schon beim Zweizentrenproblem vor der Diskussion der Rotationsaufspaltung die Spinkoordinaten einzuführen. Jede spinfreie Eigenfunktion $\varphi_\Lambda (q_1, \ldots, q_f)$ gehört zu einer bestimmten irreduziblen Darstellung der Permutationsgruppe, zu der nach dem Pauliprinzip wiederum eine bestimmte Spinzahl S gehört. Die Projektion des Spinvektors auf die Z-Achse ($=$ Kernverbindungslinie) hat die Eigenwerte $h\Sigma$ ($\Sigma = S, S - 1, \ldots, -S$) und zu jedem Wert von Σ gehört eine bestimmte Funktion $u_\Sigma (\sigma_1, \ldots, \sigma_f)$ der Spinkoordinaten. Die Produkte $\varphi_\Lambda u_\Sigma$ oder vielmehr ihre antisymmetrischen Linearkombinationen

$$\Phi_{\Lambda, \Sigma} = \Sigma \delta_P P \varphi_\Lambda u_\Sigma$$

sind die Eigenfunktionen des ganzen Systems in erster Annäherung. Sie nehmen bei den Drehungen $D_\gamma (0, 0, \gamma)$ die Faktoren $e^{-i\gamma(\Lambda + \Sigma)}$ an. Wir setzen daher $\Omega = \Lambda + \Sigma$.

Bei der Spiegelung s_y geht φ_Λ in $\varphi_{-\Lambda}$ über. Um die Transformation der u_Σ zu erhalten, bemerken wir, daß die Spiegelung s_y sich aus der Spiegelung s an den Anfangspunkt und der Umdrehung D_y um die y-Achse zusammensetzt. Bei s bleiben die Spinfunktionen u_Σ invariant, während bei D_y das u_Σ in $(-1)^{S+\Sigma} u_{-\Sigma}$ übergeht. Daher geht $\Phi_{\Lambda, \Sigma}$ in $\Phi_{-\Lambda, -\Sigma}$ über, und die beiden Funktionen $\Phi_{\Lambda \Sigma}$, $\Phi_{-\Lambda, -\Sigma}$ erleiden zusammen im Fall $\Omega > 0$ eine irreduzible Darstellung der Drehspiegelungsgruppe. Im Fall $\Omega = 0$ hätte man eigentlich noch Summe und

Differenz $\Phi_0^+ = \Phi_{A,\Sigma} + \Phi_{-A,-\Sigma}$ und $\Phi_0^- = \Phi_{A,\Sigma} - \Phi_{-A,-\Sigma}$ zu bilden, welche die Darstellungen $\mathfrak{A}_0^+$ und $\mathfrak{A}_0^-$ erleiden; jedoch verzichten wir hier auf diese Unterscheidung, weil ihr keine bedeutende Spinaufspaltung entspricht. Die Aufspaltung in $\mathfrak{A}_0^+$ und $\mathfrak{A}_0^-$ kann nachher gleichzeitig mit der σ-Typ-Aufspaltung berücksichtigt werden, da sie von derselben Größenordnung ist.

Durch die Spinstörung treten die $2S + 1$ Terme mit verschiedenen Σ auseinander. Ähnliche Überlegungen, wie man sie bei der Spin-Bahnwechselwirkung bei Atomen anstellt, führen dazu, die Wechselwirkungsenergie zwischen den Vektoren $\mathfrak{L}$ und $\mathfrak{S}$ proportional dem Skalarprodukt $\mathfrak{L} \cdot \mathfrak{S} = L_x S_x + L_y S_y + L_z S_z$ anzusetzen[1]. In der ersten Approximation der Störungsrechnung bleibt von diesem Produkt $\mathfrak{L} \cdot \mathfrak{S}$ nur das Glied $L_z S_z = \Lambda \Sigma$ übrig und das ergibt eine Aufspaltung proportional zu Σ, in Übereinstimmung mit der Erfahrung. Das Multiplett heißt normal, wenn die Energie mit Σ steigt, verkehrt, wenn sie bei wachsendem Σ abnimmt. Für $\Lambda = 0$ wird die Koppelungsenergie Null, also findet bei den Σ-Termen in dieser Näherung *keine* Spinaufspaltung statt. Das ist der Grund, warum bei Σ-Termen stets der Fall b vorliegt. Wir setzen also jetzt $\Lambda > 0$ voraus.

Nunmehr gehen wir wieder vom Zweizentrenproblem zum frei drehbaren Molekül über. Eine Schar von Eigenfunktionen des Moleküls mit Spin, gehörig zur Darstellung $\mathfrak{D}_J$ der Drehungsgruppe, möge durch

$$\psi^{(m)}(q_0, \ldots, q_f; \sigma_1, \ldots, \sigma_f) = \sum_\nu \psi_\nu^{(m)}(q_0, \ldots, q_f) w_\nu$$

gegeben sein, wo die w_ν irgendwelche linearunabhängige Funktionen der Spinkoordinaten allein sind. Übt man auf beiden Seiten eine Drehung D^{-1} aus, welche den Punkt $Q = (0, 0, \varrho)$ in q_0 überführt, so erhält man

$$\sum a_{gm}(D^{-1}) \psi^{(g)}(q_0, \ldots, q_f; \sigma) = \sum_\nu \psi_\nu^{(m)}(Dq_0, \ldots, Dq_f) D^{-1} w_\nu, \quad (33.1)$$

wo $(a_{gm}(D^{-1}))$ die Matrices für D^{-1} in der Darstellung $\mathfrak{D}_J$ sind und wo

$$D^{-1} w_\nu = \sum_\mu b_{\mu\nu}(D^{-1}) w_\mu$$

die Transformationsformel der Spinfunktionen bei der Drehung D^{-1} ist. Auflösung von (33. 1) nach den $\psi^{(g)}$ linker Hand ergibt wegen $Dq_0 = Q$:

$$\psi^{(m)}(q_0, \ldots, q_f; \sigma) = \sum_g a_{gm}(D) \sum_\nu \psi_\nu^{(g)}(Q, Dq_1, \ldots, Dq_f) D^{-1} w_\nu. \quad (33.2)$$

Diese Gleichung ist das Analogon der Gleichung (31. 1). Die rechts auftretende Summe $\sum_\nu$ entsteht durch die Drehung D^{-1} aller Elektronen *und* Spins aus der Funktion

$$\psi_Q^{(m)} = \sum_\nu \psi_\nu^{(m)}(Q, q_1, \ldots, q_f) w_\nu = \psi^{(m)}(\varrho, q_1, \ldots, q_f; \sigma_1, \ldots, \sigma_f).$$

---

[1] Für eine genauere Begründung siehe W. Kramers: Z. f. Physik Bd. 53 (1929) S. 429.

Von diesen Funktionen ψ_Q^σ nehmen wir wieder an, daß sie näherungsweise Null sind mit Ausnahme von (einer oder) zwei unter ihnen, $\psi_Q^{(\Omega)}$ und $\psi_Q^{(-\Omega)}$, welche gleich $f_+(\varrho)\,\Phi_{\Lambda,\Sigma}$ und $f_-(\varrho)\,\Phi_{-\Lambda,-\Sigma}$ gesetzt werden. Die Rechtfertigung dieser Approximation kann in derselben Weise wie in § 32 durchgeführt werden, sobald die Spinglieder in der Wellengleichung bekannt sind oder plausibel angenommen werden. Jedoch verzichten wir hier auf die Durchführung dieser etwas umständlichen Rechnung. Das Verhältnis der Funktionen f_+ und f_- kann wie in § 31 bestimmt werden aus dem Spiegelungscharakter der Eigenfunktionen (33. 2); man findet

$$f_-(\varrho) = (-1)^{J+\Omega}\,w\,f_+(\varrho)\,.$$

Die Funktion $f(\varrho) = f_+(\varrho)$ wird als Eigenfunktion einer Schwingungsgleichung bestimmt, die analog zu (32. 9) gebaut ist, nur daß darin J an Stelle von K auftritt.

Jeder Term des Zweizentrenproblems mit Spin mit bestimmten Quantenzahlen $\Lambda > 0$, S, Σ und $\Omega = \Lambda + \Sigma$ gibt also Anlaß zu einer Reihe von Schwingungstermen mit $v = 0, 1, 2, \ldots$, von denen jeder wieder aufgespalten ist in Rotationsniveaus, die durch die *Rotationsquantenzahl* J und den Spiegelungscharakter $w = \pm 1$ voneinander unterschieden werden. Es gelten die *exakten* Auswahlregeln

$$\left.\begin{array}{l} J \to J-1,\ J,\ J+1 \quad (P\text{-},\ Q\text{- und } R\text{-Zweig});\\[2mm] w \to -w\,. \end{array}\right\} \qquad (33.\,3)$$

Um die Auswahlregeln für Λ und Σ herzuleiten, verfahren wir wie im § 31: Wir setzen in den Reihenentwicklungen für $X\psi, Y\psi, Z\psi$ einfach $q_0 = Q$ und $D = 1$, wodurch wir auf die Auswahlregeln für das Zweizentrenproblem mit Spin zurückkommen. Bei nicht zu großer Spinwirkung lauten diese Auswahlregeln, wie man ohne weiteres sieht:

$$\left.\begin{array}{l} \Lambda \to \Lambda+1,\ \Lambda,\ \Lambda-1,\\[2mm] S \to S,\\[2mm] \Sigma \to \Sigma\,. \end{array}\right\} \qquad (33.\,4)$$

Die erste dieser drei Regeln ist praktisch sehr gut erfüllt. Wenn die beiden anderen bei schwereren Elementen einmal verletzt werden, so gilt doch immer für die Summe $\Lambda + \Sigma = \Omega$ die Regel

$$\Omega \to \Omega-1,\ \Omega,\ \Omega+1\,.$$

Bei Übergängen von Fall a zu Fall b oder umgekehrt ($\Sigma - \Pi$ Übergängen bei schwereren Elementen), sowie im Übergangsgebiet, wo die Spinstörung gleichzeitig mit der Rotationsaufspaltung zu behandeln ist, gelten nur die Auswahlregeln für J, w, Λ und S, nicht aber die für K und Σ.

Sowohl im Fall a wie im Fall b wird den Termsymbolen Σ, Π, Δ usw. die „Multiplizität" $2S + 1$ als Index angehängt, wie bei den Atomtermen. So bedeutet $^3\Sigma^+$ (sprich: Triplett Sigma Plus) einen Term des Zweizentrensystems mit $\Lambda = 0^+$, $S = 1$.

§ 34. Moleküle mit zwei gleichen Kernen.

Wenn die beiden Kerne des Zweizentrenproblems gleiche Ladungen haben, so gestattet das Problem außer der axialen Drehspiegelungsgruppe noch die Spiegelung s am Schwerpunkt, welche mit allen Elementen der Drehspiegelungsgruppe vertauschbar ist. Die spinfreien Eigenfunktionen nehmen bei dieser Spiegelung den Faktor $\varepsilon = \pm 1$ an. Dasselbe gilt auch nach Hinzunahme des Spin, da die reinen Spinfunktionen bei der Spiegelung s invariant bleiben. Je zwei zusammengehörige Eigenfunktionen $\varphi_{\pm\Lambda}$ haben immer dieselbe Quantenzahl ε. Man bezeichnet die Terme folgendermaßen:

$$\varepsilon = +1: \quad \Sigma_g, \Pi_g, \Delta_g, \ldots: \quad \text{„gerade Terme",}$$

$$\varepsilon = -1: \quad \Sigma_u, \Pi_u, \Delta_u, \ldots: \quad \text{„ungerade Terme".}$$

Setzen wir die Spiegelung s mit der Umdrehung D_z um die Z-Achse zusammen, bei der die Eigenfunktionen $\varphi_{\pm\Lambda}$ den Faktor $(-1)^\Lambda$ annehmen, so erhalten wir die Spiegelung an die Mittelebene $s_z = s \cdot D_z$, und wir sehen, daß die Eigenfunktionen $\varphi_{\pm\Lambda}$ dabei den Faktor $(-1)^\Lambda \varepsilon$ annehmen. Wir benutzen im folgenden diese Spiegelung *nicht*, da die Spiegelung s zu bedeutend einfacheren Regeln führt.

Wenn die Kerne gleicher Ladung auch gleiche Masse haben, so geht die Differentialgleichung des frei drehbaren Moleküls auch in sich über bei der Vertauschung der beiden Kerne oder, was auf dasselbe hinauskommt, bei der Ersetzung des fiktiven Kerns q_0 durch $-q_0$. Die Eigenfunktion ψ kann in den Kernen symmetrisch oder antisymmetrisch sein, d. h. sie nimmt bei der Transformation $q_0 \to -q_0$ den Faktor $\chi = \pm 1$ an. Wir wollen die Beziehung zwischen diesem Symmetriecharakter χ und ε herleiten.

Führen wir nacheinander die Kernvertauschung $q_0 \to -q_0$ und die Spiegelung s des ganzen Systems ($q_0 \to -q_0$, $q_1 \to -q_1$, usw.) aus, so erhalten wir die Transformation $q_1 \to -q_1, \ldots, q_f \to -q_f$, wobei also nur auf die Elektronen die Spiegelung s ausgeübt wird und wobei die Eigenfunktionen ψ den Faktor $w \cdot \chi$ annehmen. Das gilt insbesondere bei Festhaltung des Kerns q_1 auf der Z-Achse, also für $q_1 = Q$ in den Bezeichnungen von § 32. Für $q_1 = Q$ stimmt aber die Funktion ψ nahezu mit einer Eigenfunktion $\varphi_{\pm\Lambda}$ des Zweizentrenproblems überein, und diese nimmt bei der Spiegelung s aller Elektronen den Faktor ε an. Also ist

$$\varepsilon = w \cdot \chi. \tag{34.1}$$

Dieses Ergebnis ist von allen Annahmen über die Größe der Spinwirkung unabhängig; es gilt sowohl in den beiden Fällen a und b des § 33 als in allen Übergangsfällen.

Für den Symmetriecharakter χ gilt offenbar die Auswahlregel $\chi \to \chi$, denn wenn ψ in den Kernen symmetrisch bzw. antisymmetrisch ist, so sind $X\psi, Y\psi, Z\psi$ es auch und in ihrer Reihenentwicklung treten nur wieder ebensolche Funktionen auf. Da außerdem $w \to -w$ gilt, so folgt für ε die strenge Auswahlregel:

$$\varepsilon \to -\varepsilon. \tag{34. 2}$$

D. h.: *Gerade Terme kombinieren nur mit ungeraden und umgekehrt.*

§ 35. Die Entstehung des Moleküls aus zwei Atomen.

Wenn die Kerne des Zweizentrenproblems adiabatisch auseinandergezogen werden, spaltet sich das Molekül in zwei Atome (oder Ionen) und die Molekülterme $E(\varrho)$ gehen stetig in Terme des Atompaares über. Der Prozeß läßt sich sogar spektroskopisch verfolgen: bei Erhöhung der Schwingungsquantenzahl erreicht die Kernentfernung (klassisch gesprochen) einen immer größeren Maximalwert, und die Energie des Moleküls nähert sich der Energie des getrennten Atompaares, d. h. die Schwingungsterme konvergieren bei wachsendem v zu einer Summe zweier Atomterme. Wir wollen nun untersuchen, welche Beziehungen bei dieser Zuordnung zwischen den Symmetrieeigenschaften des Moleküls und denen der getrennten Atome bestehen.

Wir gehen von zwei getrennten Atomen aus. Das eine sei in einem Zustand $\varphi = \varphi_L^{(m)}$ mit Spiegelungscharakter w, das andere im Zustand $\varphi' = \varphi_{L'}^{'(m')}$ mit Spiegelungscharakter w'. Der Spin möge zunächst wieder ganz außer acht bleiben; φ ist also eine Funktion der Ortskoordinaten q_1 bis q_f der Elektronen des ersten Atoms und φ' eine der Ortskoordinaten q_{f+1} bis $q_{f+f'}$ des zweiten Atoms. Die Kerne liegen in festen, weit entfernten Punkten der Z-Achse, aber so, daß ihr Schwerpunkt in den Anfangspunkt fällt.

Das Produkt $\varphi\varphi'$ ist eine Eigenfunktion des Atompaares. Durch die Wechselwirkung zwischen den Elektronen und Kernen der beiden Atome spaltet der zugehörige Term $E + E'$ auf in mehrere Terme, deren Eigenfunktionen in „nullter Näherung“ durch Ausreduktion der *axialen* Drehspiegelungsgruppe im Raum der Produkte $\varphi^{(m)} \varphi'^{(m')}$ gefunden werden. Diese Ausreduktion verläuft so: Zunächst fassen wir die Funktionen $\varphi_L^{(m)}$ in Paaren $\varphi_L^{(\pm\lambda)}$ $(\lambda = 0, 1, \ldots, L)$ zusammen, wobei jedes Paar sich bei der Drehspiegelungsgruppe nach der Darstellung $\mathfrak{A}_\lambda$ transformiert. Für $\lambda = 0$ handelt es sich nur um eine Funktion $\varphi_L^{(0)}$ und um die Darstellung $\mathfrak{A}_0^+$ oder $\mathfrak{A}_0^-$, je nachdem $(-1)^L w = +1$

oder -1 ist[1]. Der häufigste Fall ist $(-1)^L w = +1$. Ebenso erhalten wir beim zweiten Atom die Paare von Eigenfunktionen $\varphi_{L'}^{'(\pm\lambda')}$ und die Darstellungen $\mathfrak{A}_{\lambda'}$. Die Produkte $\varphi(\pm\lambda, \pm\lambda') = \varphi_L^{(\pm\lambda)}\,\varphi_{L'}^{'(\pm\lambda')}$ transformieren sich nach der Produktdarstellung $\mathfrak{A}_\lambda \times \mathfrak{A}_{\lambda'}$, welche nach § 12 folgendermaßen zerfällt:

$$\mathfrak{A}_\lambda \times \mathfrak{A}_{\lambda'} = \mathfrak{A}_{\lambda+\lambda'} + \mathfrak{A}_{|\lambda-\lambda'|} \quad \text{für } \lambda_1 \neq \lambda_2,\ \text{beide} > 0,$$
$$\mathfrak{A}_\lambda \times \mathfrak{A}_\lambda = \mathfrak{A}_{2\lambda} + \mathfrak{A}_0^+ + \mathfrak{A}_0^- \quad \text{für } \lambda > 0,$$
$$\mathfrak{A}_\lambda \times \mathfrak{A}_0^\pm = \mathfrak{A}_\lambda \quad \text{für } \lambda > 0,$$
$$\mathfrak{A}_0^+ \times \mathfrak{A}_0^+ = \mathfrak{A}_0^- \times \mathfrak{A}_0^- = \mathfrak{A}_0^+,$$
$$\mathfrak{A}_0^+ \times \mathfrak{A}_0^- = \mathfrak{A}_0^-. \tag{35. 1}$$

Auch die zugehörigen Eigenfunktionen sind mühelos zu finden: im ersten Fall sind es die Paare $\varphi(\lambda, \lambda')$, $\varphi(-\lambda, -\lambda')$ und $\varphi(\lambda, -\lambda')$, $\varphi(-\lambda, \lambda')$, im zweiten Fall das Paar $\varphi(\lambda, \lambda)$, $\varphi(-\lambda, -\lambda)$ und die einzelnen Funktionen $\varphi(\lambda, -\lambda) + \varphi(-\lambda, \lambda)$ und $\varphi(\lambda, -\lambda) - \varphi(\lambda, -\lambda)$, während die übrigen Fälle trivial sind. Aus den Gleichungen (35. 1) liest man die möglichen Λ-Werte für das Molekül ab. Die eben aufgestellten Eigenfunktionen mögen mit $\Phi(\pm\Lambda)$ bezeichnet werden.

Für die niedersten Fälle sind die Ergebnisse in folgender Tabelle zusammengestellt:

Atomterme	Darstellungen Λ	Molekülterme
$S, S\ (L = L' = 0)$	$\lambda = \lambda' = 0,\quad \text{also}\quad \Lambda = 0$	$\Sigma^\pm$ *
$P, S\ (L = 1, L' = 0)$	$\lambda = 1, \lambda' = 0,\quad \text{also}\quad \Lambda = 1$ $\lambda = 0, \lambda' = 0,\quad \text{also}\quad \Lambda = 0$	Π $\Sigma^\pm$ *
$D, S\ (L = 2, L' = 0)$	$\lambda = 2, \lambda' = 0,\quad \text{also}\quad \Lambda = 2$ $\lambda = 1, \lambda' = 0,\quad \text{also}\quad \Lambda = 1$ $\lambda = 0, \lambda' = 0,\quad \text{also}\quad \Lambda = 0$	Δ Π $\Sigma^\pm$ *
$P, P\ (L = L' = 1)$	$\lambda = 1, \lambda' = 1,\quad \text{also}\quad \Lambda = 2,\ 0^+,\ 0^-$ $\lambda = 1, \lambda' = 0,\quad \text{also}\quad \Lambda = 1$ $\lambda = 0, \lambda' = 1,\quad \text{also}\quad \Lambda = 1$ $\lambda = 0, \lambda' = 0,\quad \text{also}\quad \Lambda = 0$	Δ, Σ^+ und Σ^- Π Π $\Sigma^\pm$ *

Im Fall *gleicher Kerne* tritt zu jeder Eigenfunktion $\Phi(\pm\Lambda)$ noch eine andere $s\Phi(\pm\Lambda)$ hinzu, die durch die Spiegelung s am Schwerpunkt aus ihr entsteht, und man hat die Summen und Differenzen

$$(1 + s)\,\Phi(\pm\Lambda) \quad \text{und} \quad (1 - s)\,\Phi(\pm\Lambda)$$

---

[1] Ob es sich um $\mathfrak{A}_0^+$ oder $\mathfrak{A}_0^-$ handelt, hängt nämlich von dem Benehmen der Funktion bei der Spiegelung s_y ab, die sich aus der Umdrehung D_y um die Y-Achse und der Spiegelung an den Kern des ersten Atoms zusammensetzt, wobei $\varphi_L^{(m)}$ die Faktoren $(-1)^L$ und w annimmt.

* Das Vorzeichen ($+$ oder $-$) wird durch $(-1)^L w \cdot (-1)^{L'} w'$ bestimmt.

zu bilden, für die die Spiegelungsquantenzahl ε die Werte $+1$ und -1 hat. Jeder Term des obigen Schemas spaltet sich also in einen geraden und einen ungeraden Term. Durch das Pauliverbot können aber, wie wir noch sehen werden, unter Umständen einige Terme wegfallen, falls die Atome in gleichen Zuständen sind.

Wir ziehen nun den Spin und das Pauliverbot heran. Die Spinwirkung sei klein in Vergleich zur elektrostatischen Wechselwirkung und wird zunächst vernachlässigt. Für das frühere m schreiben wir jetzt m_L und statt $\varphi_L^{(m)}(q)$ schreiben wir $\varphi(m_L \mid q)$, wo q steht für q_1 bis q_f. Das erste Atom habe die Spinzahl s und die Eigenfunktionen[1]

$$\psi(m_L, m_s \mid q, \sigma) = \varphi(m_L \mid q) \cdot u(m_s \mid \sigma)$$

und ebenso das zweite die Spinzahl s' und die Eigenfunktionen[1]

$$\psi'(m_L', m_s' \mid q, \sigma) = \varphi'(m_L' \mid q) \cdot u'(m_s' \mid \sigma).$$

Die Multiplikation ergibt für das Molekül die approximativen Eigenfunktionen $\psi\psi'$, aus denen nach dem Pauliprinzip die antisymmetrischen Linearkombinationen

$$\psi_a = \sum \delta_P P \psi \psi' = \sum \delta_P P \varphi \varphi' u u' \qquad (35.\ 2)$$

zu bilden sind.

Man kann diesen Ausdruck noch anders schreiben. Bezeichnet man nämlich in der Permutationsgruppe $\mathfrak{S}_{f+f'}$ mit Q alle die Permutationen, die nur die ersten f Elektronen untereinander permutieren und die übrigen ungeändert lassen und mit Q' alle die, welche nur die letzten f' Elektronen permutieren, so bilden die Produkte QQ' eine Untergruppe $\mathfrak{g}$ von $\mathfrak{S}_{f+f'}$, deren Nebenklassen mit $R\mathfrak{g}$ bezeichnet werden mögen, wo also R jeweils ein aus der Nebenklasse beliebig herausgegriffenes Element ist. Dann ist (35. 2) gleichbedeutend mit

$$\psi_a = \sum_R \delta_R R \left(\sum_Q \delta_Q Q \psi \right) \left(\sum_{Q'} \delta_{Q'} Q' \psi \right). \qquad (35.\ 3)$$

Die einzelnen Glieder dieser Summe entsprechen Zuständen, bei denen sich bestimmte Elektronen beim einen Kern und die übrigen beim anderen Kern befinden. Es ist klar, daß die Summe (35.3) nicht verschwindet, sobald die einzelnen Faktoren $\sum \delta_Q Q \psi$ (die antisymmetrischen Eigenfunktionen der einzelnen Atome) nicht verschwinden. Die Anzahl der linearunabhängigen Funktionen (35. 3) ist gleich dem Produkt aus den Anzahlen der linearunabhängigen antisymmetrischen Eigenfunktionen der einzelnen Atome, also gleich der Anzahl der möglichen Zahlenkombinationen m_L, m_s, m_L', m_s'.

---

[1] Man kann aus diesen Eigenfunktionen auch vorher für jedes einzelne Atom antisymmetrische Linearkombinationen $\sum \delta_Q Q \psi$ bilden; das kommt im Ergebnis (35. 2) auf dasselbe hinaus.

Die Drehungen und Spiegelungen der Elektronen und ihrer Spins sind mit allen Permutationen vertauschbar und können daher auf (35. 2) gliedweise ausgeübt werden. Wir reduzieren nun die Produkte $\varphi \varphi'$ in (35. 2) nach der axialen Drehspiegelungsgruppe und die Produkte $u u'$ nach der räumlichen Drehungsgruppe aus. Ersteres geschieht nach den obigen Gleichungen (35. 1) und gibt zu den verschiedenen Werten von Λ Anlaß; letzteres geschieht nach der bekannten Gleichung für die Zusammensetzung der Spinvektoren:

$$S = s + s', \qquad s + s' - 1 , \ldots, |s - s'| . \tag{35. 4}$$

In dieser Weise erhalten wir die neuen Linearkombinationen der Funktionen (35. 2):

$$\psi'_a = \sum_P \delta_P \, P \varphi \, (\pm \Lambda \,|\, q) \, v \, (S, \, M_S \,|\, \sigma) . \tag{35. 5}$$

Die zu den verschiedenen Werten von Λ und S gehörigen Terme treten durch die Wechselwirkung der Elektronen und Kerne auseinander. *Die gesamte Termmannigfaltigkeit wird erhalten, wenn man jeden Wert von Λ, so oft er sich aus der Gleichung (35. 1) ergibt, mit jedem Wert von S aus (35. 4) kombiniert.*

Im Fall *gleicher Kerne* erhält man durch die Spiegelung s am Schwerpunkt aus jeder Eigenfunktion ψ'_a eine neue $s \, \psi'_a$ mit den gleichen Quantenzahlen Λ, S, M_s und gleicher Energie. Diese neuen Funktionen $s \, \psi'_a$ sind von den schon aufgezählten ψ'_a linear unabhängig, falls die Faktoren φ, φ' in (35. 2) zu verschiedenen Termen der beiden Atome gehören. In diesem Fall kann man wie oben $(1 + s) \, \psi'_a$ und $(1 - s) \, \psi'_a$ bilden und erhält *alle aufgezählten Termarten zweimal: einmal mit $\varepsilon = + 1$ und einmal mit $\varepsilon = - 1$.*

Gehören aber die Faktoren φ, φ' zu gleichen Termen der beiden Atome, d. h. sind die Atome in äquivalenten Zuständen, so sind die $s \, \psi'_a$ schon in der linearen Schar der ψ_a enthalten und man erhält alle Terme doch nur einmal mit $\varepsilon = + 1$ oder $- 1$. Die dafür gültigen Regeln werden wir jetzt herleiten.

Man kann die Spiegelung s ersetzen durch eine Spiegelung am ersten Kern k, wobei die Funktion ψ in (35. 2) den Faktor w annimmt, und eine Parallelverschiebung um ϱ in die Richtung $k k'$, wobei die Funktion ψ in die Funktion ψ' mit denselben Quantenzahlen übergeht. Also ist

$$s \, \psi \, (m_L, m_s \,|\, q_1, \ldots, q_f; \sigma_1, \ldots, \sigma_f) = w \cdot \psi' \, (m_L, m_s \,|\, q_1, \ldots, q_f; \sigma_1, \ldots, \sigma_f).$$

Ebenso

$$s \, \psi' \, (m'_L, m'_s \,|\, q_{f+1}, \ldots, q_{2f}; \sigma_{f+1}, \ldots, \sigma_{2f})$$
$$= w \cdot \psi \, (m'_L, m'_s \,|\, q_{f+1}, \ldots, q_{2f}, \sigma_{f+1}, \ldots, \sigma_{2f})$$

mithin (wegen $w^2 = 1$)

$$s \, \psi \, (m_L, m_s \,|\, q_1, \ldots; \ldots, \sigma_f) \, \psi' \, (m'_L, m'_s \,|\, q_{f+1}, \ldots; \ldots, \sigma_{2f})$$
$$= \psi \, (m'_L, m'_s \,|\, q_{f+1}, \ldots; \ldots, \sigma_{2f}) \, \psi' \, (m_L, m_s \,|\, q_1, \ldots; \ldots, \sigma_f).$$

D. h.: die Wirkung der Spiegelung s auf ein Produkt $\psi\psi'$ besteht in der Vertauschung von m_L mit m'_L, von m_s mit m'_s und der Elektronen mit Nummern 1 bis f mit den Elektronen $f+1$ bis $2f$. Die letztere Elektronenvertauschung P^* ist, als Produkt von f Transpositionen, eine gerade oder ungerade Permutation, je nachdem f gerade oder ungerade ist. Wendet man nun auf beiden Seiten des eben erhaltenen Ausdrucks die mit s vertauschbare Operation $\sum \delta_P P$ an, so kann man auf der rechten Seite die Elektronenvertauschung P^* rückgängig machen unter Hinzufügung des Faktors $\delta_{P^*} = (-1)^f$. D. h. also: die Spiegelung s, angewandt auf die Funktionen ψ_a (35. 2), kommt auf die Vertauschung von m_L mit m'_L und von m_s mit m'_s und Hinzufügung eines Faktors $(-1)^f$ hinaus.

Gehen wir nun von den Funktionen ψ_a (35. 2) auf ihre Linearkombinationen ψ'_a (35. 5) über, so heißt das, daß statt der Spinfunktionen uu' ihre Linearkombinationen $v\,(S, M_S)$ und statt der Produkte $\varphi\varphi'$ ihre Linearkombinationen $\Phi\,(\pm\Lambda)$ eingeführt werden. In § 26 wurde bewiesen, daß die $v\,(S, M_S)$ bei Vertauschung der Spins m_L, m'_L für $S=2s, 2s-2, \ldots, 0$ symmetrisch sind und für $S=2s-1, 2s-3, \ldots, 1$ antisymmetrisch; d. h., die $v\,(S, M_S)$ nehmen bei dieser Vertauschung den Faktor $(-1)^{2s-S}$ an. Dabei ist $2s$ gerade oder ungerade, je nachdem f gerade oder ungerade ist; daher ist $(-1)^f (-1)^{2s-S} = (-1)^S$. Die Funktionen $\Phi\,(\pm\Lambda)$ haben die folgende Gestalt:

$$\text{für } \lambda \neq \lambda',\, \Lambda = \lambda + \lambda' \qquad : \Phi(\Lambda) = \varphi(\lambda)\varphi'(\lambda') \quad ; \Phi(-\Lambda) = \varphi(-\lambda)\varphi'(-\lambda').$$
$$\text{für } \lambda > \lambda' > 0,\, \Lambda = \lambda - \lambda' : \Phi(\Lambda) = \varphi(\lambda)\varphi'(-\lambda'); \Phi(-\Lambda) = \varphi(-\lambda)\varphi'(\lambda'),$$
$$\text{für } \lambda = \lambda' > 0,\, \Lambda = 2\lambda \qquad : \Phi(\Lambda) = \varphi(\lambda)\varphi'(\lambda) \quad ; \Phi(-\Lambda) = \varphi(-\lambda)\varphi'(-\lambda),$$
$$\text{für } \lambda = \lambda' > 0,\, \Lambda = 0^{\pm} \qquad : \Phi(0^{\pm}) = \varphi(\lambda)\varphi'(-\lambda) \pm \varphi(-\lambda)\varphi'(\lambda),$$
$$\text{für } \lambda = \lambda' = 0^{\pm},\, \Lambda = 0^+ \quad : \Phi(0^+) = \varphi(0)\varphi'(0).$$

In den beiden ersten Fällen $(\lambda \neq \lambda')$ gibt es außer der angeschriebenen Φ-Funktion noch eine andere mit vertauschten λ und λ', die zum gleichen Energiewert gehört, und wir können statt der eben betrachteten Φ-Funktionen auch ihre Summen Φ_+ und Differenzen Φ_- betrachten, die sich genau nach derselben Darstellung $\mathfrak{A}_\Lambda$ transformieren:

$$\text{für } \lambda \neq \lambda',\, \Lambda = \lambda + \lambda' : \quad \Phi_\pm(\Lambda) = \varphi(\lambda)\varphi'(\lambda') \pm \varphi(\lambda')\varphi'(\lambda),$$
$$\Phi_\pm(-\Lambda) = \varphi(-\lambda)\varphi'(-\lambda') \pm \varphi(-\lambda')\varphi'(-\lambda);$$
$$\text{für } \lambda > \lambda' > 0,\, \Lambda = \lambda - \lambda' : \Phi_\pm(\Lambda) = \varphi(\lambda)\varphi'(-\lambda') \pm \varphi(\lambda')\varphi'(-\lambda),$$
$$\Phi_\pm(-\Lambda) = \varphi(-\lambda)\varphi'(\lambda') - \varphi(-\lambda')\varphi'(\lambda).$$

Tun wir das, so können wir aus der Form der Funktionen in allen Fällen direkt ablesen, welche Faktoren sie annehmen bei der Vertauschung der Quantenzahlen $m_L = \pm\lambda$ und $m'_L = \pm\lambda'$. Fügen wir noch den Faktor $(-1)^S$ hinzu, so erhalten wir die gesuchten Werte von ε:

Für $\lambda \neq \lambda'$ kommen beide Werte $\varepsilon = \pm 1$ vor, aber jedes Wertepaar λ, λ' ist ohne Rücksicht auf die Reihenfolge nur einmal in Betracht zu ziehen. Für $\lambda = \lambda' > 0$ haben die Terme $\Lambda = 2\lambda$ und $\Lambda = 0^+$ beide $\varepsilon = (-1)^S$, der Term $\Lambda = 0^-$ dagegen $\varepsilon = (-1)^{S+1}$. Für $\lambda = \lambda' = 0, \Lambda = 0^+$ ist wieder $\varepsilon = (-1)^S$.

Zusammenfassend gelten folgende Regeln:

A. Verschiedene Atome:

$\lambda = 0^{\pm}, 1, \ldots, L$ (0^+ für $w = (-1)^L$, andernfalls 0^-),

$\lambda' = 0^{\pm}, 1, \ldots, L'$ (0^+ für $w = (-1)^L$, andernfalls 0^-),

$\Lambda = |\lambda \pm \lambda'|$ bzw. $\Lambda = 2\lambda, 0^+, 0^-$ usw. nach (35.1),

$S = s + s', s + s' - 1, \ldots, |s - s'|$ unabhängig von Λ.

B. Gleiche Atome in verschiedenen Zuständen:

Terme wie oben, alle mit $\varepsilon = 1$ (gerade) und mit $\varepsilon = -1$ (ungerade).

C. Gleiche Atome in gleichen Zuständen:

a) $\lambda \neq \lambda'$: Terme wie oben mit $\varepsilon = \pm 1$, aber jedes Paar λ, λ' ohne Rücksicht auf Reihenfolge nur einmal.

b) $\lambda = \lambda' > 0$: $\Lambda = 2\lambda, 0^+$ mit $\varepsilon = (-1)^S$,

$\Lambda = 0^-$ mit $\varepsilon = (-1^{S+1}$.

c) $\lambda = \lambda' = 0$: $\Lambda = 0^+$, $\varepsilon = (-1)^S$.

§ 36. Bemerkungen über die Abschätzung der Energie.

Ein schwieriges Problem ist die Abschätzung der aufgespaltenen Molekülterme und die Beurteilung der Stabilität des Moleküls. Es gibt dafür drei Methoden, von denen jede ihre Mängel hat und die sich daher gegenseitig ergänzen müssen.

Die *erste Methode* ist die Störungsrechnung, angewandt auf die nichtorthogonalen approximativen Eigenfunktionen (35. 2) oder (35. 5). Die Methode bietet prinzipiell nichts Neues gegenüber der Rechnung für das Atom in § 29; man kann auch hier entweder nach HEITLER *mit* oder nach SLATER *ohne* Gruppencharaktere rechnen. Die Methode ist von HEITLER und LONDON[1] mit Erfolg auf den Grundzustand des H_2-Moleküls angewandt; sie wurde sodann von denselben Autoren zur Erklärung der chemischen Bindung benutzt[2], von BORN und WEYL

---

[1] HEITLER, W., u. F. LONDON: Z. f. Physik Bd. 44 [1927]. S. 455 bis 472.

[2] Z. f. Physik Bd. 46 S. 455; Bd. 47 S. 835; Bd. 50 S. 24. Zusammenfassende Darstellung bei W. HEITLER: Phys. Z. Bd. 31 [1930]. S. 185.

vereinfacht[1] und von HEITLER und RUMER auf mehratomige Moleküle ausgedehnt[2]. Sie führt nur dann zu übersichtlichen Formeln, wenn alle beteiligten Atome (eventuell bis auf eines) in S-Zuständen sind und keine zufällige Entartung vorhanden ist. Das Ergebnis ist, daß derjenige Zustand die niederste Energie hat, bei dem die Spinzahl S den kleinsten Wert $|s - s'|$ hat, vorausgesetzt, daß ein gewisses „Austauschintegral" positiv ist und die übrigen Störungsglieder überwiegt. Beim Grundzustand des H_2 ist dieses Austauschintegral beträchtlich positiv, und die Erfahrung spricht dafür, daß dasselbe auch in den meisten anderen Fällen zutrifft. Das Ergebnis läßt sich als eine „Absättigung" der Spinvektoren, entsprechend der Absättigung der chemischen Valenzen deuten. Die „Valenz gegen Wasserstoff" eines Atoms im Grundzustand wäre dann gleich der doppelten Spinzahl $2S$ zu setzen.

Die skizzierte Störungsrechnung gilt nur bei großen Kernentfernungen ϱ; allerdings auch nicht für $\varrho \to \infty$, da für $\varrho \to \infty$ die zweite Näherung der Störungsrechnung, welche die Polarisation berücksichtigt und zu den Van der Waalsschen Kräften führt, die erste Näherung überwiegt[3]. Die Polarisationskräfte verhalten sich nämlich im Unendlichen wie ϱ^{-7}, während das Austauschintegral wie $e^{-\alpha\varrho}$ gegen Null geht. Man hofft, daß es sich in vielen Fällen so verhält wie beim Wasserstoff, nämlich daß für mäßig große ϱ die erste Näherung den Ausschlag gibt. Diese Hoffnung ist wohl berechtigt, falls die betrachteten Atomterme keine sehr nahen Nachbarterme besitzen; sind aber solche vorhanden, so müßte man sie mit in die Störungsrechnung einbeziehen (Ritzsches Verfahren). Zum Beispiel scheint die Vierwertigkeit des C-Atoms trotz des Triplettgrundzustandes $(2s^2\,2p^2\,{}^3S)$ erst durch das Vorhandensein eines nahen angeregten Terms $2s\,2p^3\,{}^5S$ verständlich zu werden. Bei kleinen Werten von ϱ, so wie sie im fertigen Molekül vorliegen, versagt die angegebene Methode. Für angeregte Molekülzustände wird ihre rechnerische Durchführung infolge der meistens vorliegenden hohen Entartung ungemein kompliziert, wenn nicht praktisch unmöglich. Auch vermag die Methode gewissen Feinheiten, wie gerichteten Valenzen, prinzipiell nicht gerecht zu werden. Ein von SLATER[4] angegebenes, abgeändertes Verfahren, welches von den Eigenfunktionen der einzelnen Elektronen (statt von den fertigen Atomen) ausgeht, vermag das wohl.

---

[1] BORN, M.: Z. f. Physik Bd. **64** [1927]. S. **729** bis **740**. WEYL, H.: Gött. Nachr. 1930 S. 285; 1931 S. 33. Zusammenfassende Darstellung bei M. BORN: Ergebnisse der exakten Naturwissenschaften Bd. 10 [1931]. S. 387 bis 444.

[2] HEITLER, W., u. G. RUMER: Z. f. Physik Bd. 68 [1931]. S. 12 bis 41. Siehe auch den eben zitierten Bericht von M. BORN.

[3] LONDON, F., u. R. EISENSCHITZ: Z. f. Physik Bd. 60 [1930]. S. 491 bis 572.

[4] SLATER, J. C.: Physic. Rev. Bd. 38 (1931) S. 1109.

Die *zweite Methode*, welche gerade umgekehrt für kleine Entfernungen gültig ist, besteht darin, daß man den Grenzfall $\varrho = 0$ betrachtet, wo die Kerne zusammenfallen und das Molekül zu einem Atom wird. Wir untersuchen zunächst wieder, wie sich die Symmetriequantenzahlen des Moleküls bei diesem Grenzübergang verhalten. Wir gehen dabei lieber umgekehrt aus von einem Atom, dessen Kern sich dann in der Z-Richtung in zwei Kraftzentren spaltet. Durch die Aufhebung der Zentralsymmetrie des Feldes spaltet sich jede Schar von Eigenfunktionen $\psi_L^{(m)}$ in Teilscharen $\psi_L^{(\pm \varLambda)}$ mit $\varLambda = 0, 1, 2, \ldots, L$. Ob $\varLambda = 0^+$ oder 0^- zu setzen ist, hängt davon ab, ob $(-1)^L w = +1$ oder -1 ist. Die Spinzahl S bleibt beim Auseinanderziehen erhalten. Im Fall gleicher Kerne ist $\varepsilon = w$, weil sowohl ε wie w das Verhalten der Eigenfunktionen der Elektronenfiguration bei der Spiegelung am Schwerpunkt angeben. Damit haben wir eine vollständige Übersicht über die Termarten, die bei der Kernspaltung aus einem Atomterm entstehen können.

Eine ungefähre Übersicht über die Lage der Terme für kleine ϱ gibt die folgende Regel: Von den Termen, in denen ein Atomterm sich spaltet, liegt derjenige am tiefsten, bei dem die Absolutwerte der Elektroneneigenfunktionen (oder die Dichtigkeit der Elektronenwolke) vom Anfangspunkt aus in der positiven und negativen Z-Richtung (wo die beiden Kernhälften hingezogen werden) am stärksten anwachsen. Im übrigen stimmen die Terme für sehr kleine ϱ mit denen des Atoms überein, wenn man von der Abstoßung der Kerne absieht; schaltet man diese Abstoßung ein, so erhöhen sich natürlich alle Energiewerte um einen für jedes ϱ festen Betrag.

Um die Kluft zwischen den großen und den kleinen ϱ-Werten zu überbrücken und über den Verlauf und die Anordnung der Molekültermterme für die wirklich vorkommenden mittleren ϱ-Werte Näheres zu erfahren, bedient man sich einer *dritten Methode*, die von MULLIKEN und HUND[1] entwickelt wurde: Man studiert das Verhalten der einzelnen Elektronen unter dem Einfluß der beiden Kerne, wobei aber die Wechselwirkung der Elektronen ausgeschaltet bzw. durch eine Abschirmung der Kernfelder ersetzt wird. Die Methode entspricht der Hartreeschen Methode für die Atomspektren und führt qualitativ zu sehr guten Resultaten. Jedes einzelne Elektron hat eine Quantenzahl $\lambda = 0, 1, 2, \ldots$ und wird daher als ein σ-, π- oder δ-Elektron bezeichnet. Bei den σ-Elektronen ist immer $\lambda = 0^+$, niemals $\lambda = 0^-$ *. Die Zusammensetzung der λ-Werte für die einzelnen Elektronen geschieht nach den bekannten

---

[1] HUND, F.: Zur Deutung der Molekelspektren V. Z. f. Physik Bd. **63** [1930]. S. 719. Anwendung auf die Frage der chemischen Bindung: Z. f. Physik Bd. **73** [1931] S. 1. Vgl. auch G. HERZBERG: Z. f. Physik Bd. **57** [1929]. S. 601.

* Denn wenn die Eigenfunktion ψ, in Zylinderkoordinaten r, z, φ geschrieben, von φ nicht abhängt, wie es für $\lambda = 0$ sein muß, so bleibt ψ auch bei der Spiegelung s_v invariant.

Regeln (35. 1), wobei aber zufolge des Pauliprinzips nicht alle berechneten Terme wirklich vorkommen. Nach dem Pauliverbot haben in derselben σ-Bahn nur zwei Elektronen (mit entgegengesetzten Spins) Platz, ebenso in derselben π- oder δ-Bahn nur vier Elektronen, entsprechend den Werten $m_A = \pm \Lambda$, $m_s = \pm \frac{1}{2}$ der Z-Komponenten der Bahn- und Spin-Drehimpulse. Für zwei äquivalente σ-Elektronen hat man das Symbol σ^2, ebenso für zwei, drei oder vier äquivalente π-Elektronen die Symbole π^2, π^3, π^4; usw. Eine vollbesetzte Schale σ^2, π^4 oder δ^4 erhöht die Termmannigfaltigkeit der übrigen Elektronen nicht und gibt für sich allein einen $^1\Sigma^+$-Zustand, da alle Spin- und Bahn-Drehimpulse sich aufheben. Die nicht vollbesetzten Schalen äquivalenter Elektronen geben zu den folgenden Termen Anlaß:

$$\text{ein } \sigma\text{-Elektron}: {}^2\Sigma.$$
$$\pi \text{ oder } \pi^3: {}^2\Pi.$$
$$\pi^2: {}^3\Sigma^-, {}^1\Sigma^+, {}^1\Delta.$$
$$\delta \text{ oder } \delta^3: {}^2\Delta.$$
$$\delta^2: {}^3\Sigma^-, {}^1\Sigma^+, {}^1\Gamma.$$

Bei inäquivalenten Elektronen oder Elektronengruppen sind die λ-Werte und Spinzahlen einfach nach (35. 1) und (35. 4) zusammenzusetzen; keine Kombination ist verboten, genau wie im § 28. Z. B. hat man im Fall $\sigma\sigma$ (zwei inäquivalente σ-Elektronen) die Terme $^3\Sigma^+$ und $^1\Sigma^+$; ebenso im Fall $\sigma\pi$ oder $\sigma\pi^3$ die Terme $^3\Pi$, $^1\Pi$; im Fall $\sigma\pi^2$ durch Zusammensetzen von $^2\Sigma$ mit $^3\Sigma^-$, $^1\Sigma^+$, $^1\Delta$ die Terme $^4\Sigma^-$, $^2\Sigma^-$, $^2\Sigma^+$, $^2\Delta$; usw.

Im Fall gleicher Kerne hat jedes Elektron noch eine Quantenzahl $\varepsilon = \pm 1$ (oder einen Index g oder u am Elektronensymbol: σ_g, σ_u usw.) und es ist $\varepsilon = \varepsilon_1 \varepsilon_2 \cdots \varepsilon_{2f}$.

Über die relative Lage der einzelnen Energiestufen orientiert man sich entweder mittels der beiden Grenzübergänge $\varrho \to \infty$ und $\varrho \to 0$, die natürlich auch für ein einzelnes Elektron Sinn haben, oder durch direkte Berechnung der Eigenfunktionen des Zweizentrenproblems für ein Elektron mittels elliptischer Koordinaten oder Störungsmethoden. Für die weitere Ausführung verweisen wir auf die auf S. 156 unter [1] zitierte Arbeit von F. Hund.

Bei der Zuordnung der Terme für kleine, mittlere und große ϱ ist darauf zu achten, daß nur Terme gleicher „Rasse", d. h. gleicher Symmetriequantenzahlen (in unserem Fall Λ, S und eventuell ε) stetig ineinander übergehen können. Terme verschiedener Rasse können sich gegenseitig überschneiden, ohne daß eine gegenseitige Störung eintritt, Terme gleicher Rasse dagegen überschneiden sich in der Regel nicht und sind daher einfach der Reihe nach (von unten angefangen) einander zuzuordnen.

Struktur der Materie in Einzeldarstellungen. Herausgegeben von **M. Born**-Göttingen und **J. Franck**-Göttingen.

***I. Zeemaneffekt und Multiplettstruktur der Spektrallinien.** Von Dr. **E. Back,** Privatdozent für Experimentalphysik in Tübingen, und Dr. **A. Landé,** a. o. Professor für Theoretische Physik in Tübingen. Mit 25 Textabbildungen und 2 Tafeln. XII, 213 Seiten. 1925.

RM 14.40; gebunden RM 15.90

***II. Vorlesungen über Atommechanik.** Von Dr. **Max Born,** Professor an der Universität Göttingen. Herausgegeben unter Mitwirkung von Dr. Friedrich Hund, Assistent am Physikalischen Institut Göttingen. Erster Band. Mit 43 Abbildungen. IX, 358 Seiten. 1925.

RM 15.—; gebunden RM 16.50

***IX. Zweiter Band: Elementare Quantenmechanik.** Von Dr. **Max Born,** Professor an der Universität Göttingen, und Dr. **Pascual Jordan,** Professor an der Universität Rostock. XI, 434 Seiten. 1930.

RM 28.—; gebunden RM 29.80

***III. Anregung von Quantensprüngen durch Stöße.** Von Dr. **J. Franck,** Professor an der Universität Göttingen, und Dr. **Pascual Jordan,** Professor an der Universität Rostock. Mit 51 Abbildungen. VIII, 312 Seiten. 1926.   RM 19.50; gebunden RM 21.—

***IV. Linienspektren und periodisches System der Elemente.** Von Dr. **Friedrich Hund,** Privatdozent an der Universität Göttingen. Mit 43 Abbildungen und 2 Zahlentafeln. VI, 221 Seiten. 1927.

RM 15.—; gebunden RM 16.20

***VII. Graphische Darstellung der Spektren von Atomen und Ionen mit ein, zwei und drei Valenzelektronen.** Von Dr. **W. Grotrian,** a. o. Professor an der Universität Berlin, Observator am Astrophys. Observatorium in Potsdam. Erster Teil: Textband. Mit 43 Abbildungen. XIII, 245 Seiten. 1928. Zweiter Teil: Figurenband. Mit 163 Abbildungen. X, 168 Seiten. 1928.

Beide Bände zusammen RM 34.—; gebunden RM 36.40

XII. Der Smekal-Raman-Effekt. Von Dr. **K. W. F. Kohlrausch,** o. ö. Professor der Physik an der Technischen Hochschule Graz. Mit 85 Abbildungen. VIII, 392 Seiten. 1931.   RM 32.—; gebunden RM 33.80

XIII. Die Quantenstatistik und ihre Anwendung auf die Elektronentheorie der Metalle. Von **Léon Brillouin,** Professor der Theoretischen Physik an der Sorbonne in Paris. Aus dem Französischen übersetzt von Dr. E. Rabinowitsch, Göttingen. Mit 57 Abbildungen. X, 530 Seiten. 1931.   RM 42.—; gebunden RM 43.80

** Auf alle vor dem 1. Juli 1931 erschienenen Bücher wird ein Notnachlaß von 10°/o gewährt.*